中文版Flash CS5
项目化教程

主　编　方跃胜　张美虎

副主编　李文文　潘祖聪

参　编　孙子娴　薛文峰　张继美　桂红兵

　　　　杨　静　黄　熹　秦晓彬　范永琨

　　　　华江林　余　强

主　审　丁亚明　徐启明

上海科学技术出版社

内容提要

本书基于"项目导向、任务驱动、学做合一"的编写思路,以实例带动理论知识讲解,读者可在学习制作 Flash CS5 动画的过程中掌握动画制作的基本方法与技巧。全书分为动画基础篇、动画制作篇和综合应用篇,共 14 大项目 48 个任务,内容包括初识 Flash CS5,图形的绘制与导入,文本的处理,对象的操作,图层与帧的应用,元件、库和实例的使用,基本动画制作,高级动画制作,ActionScript3.0 编程基础与提高,组件的应用,声音和视频的应用以及影片的优化、导出与发布等。

本书结构清晰、语言流畅、图表丰富,可作为高职高专院校计算机及相关专业动画设计与制作的入门教材,也可作为各类中等职业学校和岗位培训机构的培训与考证教材,以及广大 Flash 爱好者、动漫设计爱好者的自学教材。

本书提供免费电子教学课件、相关实例和素材的教学资源包文件,需要者可在上海科学技术出版社网站(www.sstp.cn)"课件/配套资源"栏目下载。

图书在版编目(CIP)数据

中文版 Flash CS5 项目化教程 / 方跃胜,张美虎主编.
—上海:上海科学技术出版社,2012.8(2021.8 重印)
ISBN 978 - 7 - 5478 - 1289 - 1

Ⅰ.①中… Ⅱ.①方…②张… Ⅲ.①动画制作软件—
教材 Ⅳ.①TP391.41

中国版本图书馆 CIP 数据核字(2012)第 158947 号

中文版 Flash CS5 项目化教程
主编/方跃胜 张美虎

上海世纪出版(集团)有限公司
上海 科 学 技 术 出 版 社 出版、发行
(上海钦州南路 71 号 邮政编码 200235 www.sstp.cn)
当纳利(上海)信息技术有限公司印刷
开本 787×1092 1/16 印张 21.75
字数:510 千字
2012 年 8 月第 1 版 2021 年 8 月第 7 次印刷
ISBN 978 - 7 - 5478 - 1289 - 1/TP·21
定价:43.80 元

前　言

Flash 作为一款优秀的交互式二维矢量动画制作和多媒体设计软件,目前已广泛应用于网站广告、游戏设计、MTV 制作、电子贺卡、多媒体课件等诸多领域,应用范围之广已经远远高于其他同类软件。美国著名影像处理软件公司 Adobe 推出的最新版本 Flash CS5 在原有版本的基础上改进了诸多功能,如简化了工作界面,丰富了绘图功能,新增了基于对象的补间动画、骨骼运动与 3D 立体方面的操作工具,增强了与 Photoshop 或 Illustrator 等图像编辑软件的配合,尤其重要的是,Flash CS5 引入了代码编写更加规范、执行效率更高的 ActionScript3.0 脚本语言。

本书根据教育部《高职高专教育专门课程基本要求》和《高职高专专业人才培养目标及规格》的要求,从高等职业技术教育的教学特点出发,结合编者多年来的教学实践编写而成,具有以下特点:

(1) 本书从教学实际需求出发,对原有的教学体系和内容进行重组和优化,合理安排知识结构,力求将理论与实践相结合。全书分为三篇,从入门开始,由浅入深、循序渐进地讲解了 Flash CS5 动画制作的基础知识、方法和技巧。

(2) 为了突出特色和突出技能的练习和培养,本书基于“项目引导、任务驱动”的教学模式来构建教材内容。采用“知识准备—典型案例—习题与实训”的编写思路,在项目的组织和任务的安排上考虑到读者的实际,难易适度;每个案例经过精细设计和选择,然后通过综合实例,培养读者综合应用技能。另外,在书中包括了大量的“提示”与“技巧”,使读者在学习时能够事半功倍,技高一筹。在每一项目的末尾,还精心设计了“习题与实训”,读者可以通过这些练习熟悉、掌握该项目的操作技巧和方法。

(3) 全书重点突出、结构清晰、图文并茂、选例典型。既注重知识的科学性、系统性,又注重技能的实用性、可操作性,力求做到“教、学、做”三位一体,体现了教育部对高职高专教学“以培养学生职业能力为本位、以学生就业目标为导向”的精神要求。

(4) 本书采用的编程语言全部是 ActionScript3.0,力求追赶 Flash 发展的潮流。

本书可作为高职高专院校计算机及相关专业动画设计与制作的入门教材,也可作为各类中等职业学校和岗位培训机构的培训与考证教材,以及广大 Flash 爱好者、动漫设计爱好者的自学教材。

本书由老虎创意工作室策划,由安徽水利水电职业技术学院方跃胜、扬州市职业大学张美虎任主编,负责统稿、定稿,安徽水利水电职业技术学院李文文、潘祖聪任副主编,安徽水利水电职业技术学院丁亚明和安徽邮电职业技术学院徐启明任主审。参加本书编写的教师都长期工作在教学第一线,具有丰富的教学经验,本书是他们多年教学的心血结晶。具体编写分工如下:方跃胜编写项目一、项目十,张美虎编写项目二、项目七,扬州市职业大学孙子娴和薛文峰编写项目三,亳州职业技术学院张继美和桂红兵编写项目四,安徽工商职业技术学院杨静编写项目五、项目六,安徽水利水电职业技术学院李文文和扬州市职业大学黄熹编写项目八,安徽职业技术学院秦晓彬编写项目九,扬州市职业大学范永琨编写项目十一,安徽新闻出版职业技术学院华江林编写项目十二,安徽水利水电职业技术学院潘祖聪、余强编写项目十三,项目十四由方跃胜、张美虎共同编写。

在教材编写过程中,编者参考了大量资料,吸收了多位同仁的经验,得到了上海科学技术出版社和多所院校老师的大力支持和帮助,在此表示衷心的感谢。由于时间仓促,加之编者水平有限,书中缺点和错误在所难免,敬请专家、同仁和广大读者批评指正。

本书提供教材每一项目案例的源文件(所有源文件均经过测试)和其他教学资源包,方便教学和学习,需要者可登录上海科学技术出版社网站(www. sstp. cn/pebooks/download/)下载。

编 者

目　录

第一篇
Flash CS5 动画基础

掌握必备的动画制作基础知识是快速入门 Flash CS5 的前提,也是学习 Flash 动画制作技能的保障。因此,在开始真正制作 Flash CS5 动画之前,有必要学习 Flash CS5 动画入门基础知识。本篇共分为六个项目。

项目导航

项目列表	■ 项目一 初识 Flash CS5 ■ 项目二 图形的绘制与导入 ■ 项目三 Flash 文本的处理 ■ 项目四 Flash 对象的操作 ■ 项目五 图层和帧的应用 ■ 项目六 元件、库和实例的使用
学习方法	任务驱动法、演练结合、分组讨论法、理论实践一体化
课时建议	24 学时

初识 Flash CS5

Flash 动画以画面精美、易于传输播放、制作相对简单、媒体表现力丰富、交互空间广阔等一系列优势,借助网络风行天下。在今天,Flash 的身影几乎无处不在,网站制作、多媒体开发、动漫游戏设计、产品展示、影视广告、Flash MV 和手机屏保等诸多领域,Flash 都大显身手。Flash 是一款交互式二维矢量动画制作软件,目前已经升级至 Flash CS5 版本,界面更友好,功能更强大,使用更简便。本书将以 Adobe Flash CS5 Professional 为讲述对象,对动画的设计与制作进行较全面讲解,带领读者进入 Flash 动画设计与制作的殿堂。

任务一　Flash 动画基础知识

学习要点

1. 了解动画的定义、分类。
2. 熟悉 Flash 动画的发展历史、技术特点及应用领域。
3. 掌握 Flash 动画的制作流程。

知识准备

一、Flash 动画设计综述

动画(animation)作为一门艺术形式,历久而弥新。打开电视,可以看到形形色色的动画片;走进影院,可以欣赏到美国迪士尼、梦工厂生产的激动人心的动画电影;各种 PC 游戏和电视游戏都离不开动画;登录互联网,跃入眼帘的是各个网页上大大小小的动画;甚至,当人们打开手机,接收多媒体短信(multimedia messaging service, MMS)时发现,其主要内容也是动画。在各种思想百花齐放的现代社会,动画作为一种传播思想和文化的手段已经取得了巨大的成功。

1. 动画的定义

世界著名动画艺术家约翰·哈拉斯(John Halas)曾指出:"运动是动画的本质"。动画是一种源于生活而又抽象于生活的艺术形式。医学研究表明:人眼具有"视觉暂留效应",动画正是根据人眼的"视觉暂留"生物现象,将很多内容上连续但又彼此略有差别的单个画面按一定的顺序和速度播放即可使人们在视觉上产生物体连续运动的错觉。图1-1所示是一组人走路的连续图片,只要将其放在连续的帧上播放,即可看到人走路的动画效果。

图1-1　人走路序列图

2. 动画的分类

从播放的媒体来划分,动画分为 TV 版动画、OVA 版动画、剧场版动画;从制作技术手段上划分,动画分为以手工绘制为主的传统动画和以计算机制作为主的电脑动画;从动画的视觉空间上划分,动画分为二维动画(平面动画)和三维动画(空间动画);从动画内容与画面数量关系上划分,动画分为全动画(=24 fps)和半动画(<24 fps)(fps 全称 frames per second,指帧频);从动画的播放效果上划分,动画分为顺序动画(连续动作)和交互式动画(反复动作)。

3. Flash 动画

Flash 动画是一种动画类型,也归属于动漫产业。

Flash 动画的主要形式有两种:静态 Flash 动画和动态 Flash 动画。静态 Flash 动画类似于漫画,只不过创作的环境改在了 Flash 中;而动态 Flash 动画,是指在 Flash 中创作的多媒体互动动画,其动感强烈、表现力强且可以互动,受到了网页制作者、动画制作人员,尤其是“闪客”们的青睐。如今的 Flash 已不仅仅是一项动画制作软件及技术,如同网络中的“黑客文化”一样,Flash 动画创造了“闪客文化”,这种文化正在对网络文化产生深远的影响。

二、Flash 的发展历史与技术特点

1. Flash 的发展历史

Flash 是一款有着传奇历史背景的动画软件,它的产生到发展距今已有 17 年的历史,经过这些年软件功能与版本的不断更新,逐渐发展到如今的 Flash CS5 版本。

追溯 Flash 的历史,要从 1995 年开始。一家名为 Future Wave 的软件公司发布了一个 FutureSplash Animator 动态变化小程序,这个软件就是 Flash 的前身。1996 年 11 月,Macromedia 公司成功收购 Future Wave 公司,并将 FutureSplash Animator 改名为 Macromedia Flash 1.0。一年后推出了 Flash 2.0,次年推出了 Flash 3.0,到 1999 年的 Flash 4.0 开始有了自己专用的播放器——Flash Player,2000 年 8 月 Macromedia 推出了 Flash 5.0,2002 年 3 月推出了 Flash MX,2003 年 8 月推出了 Flash MX 2004,2005 年 4 月推出了 Flash 8.0 版本。同年 Adobe 公司收购了 Macromedia 公司,并于 2007 年 4 月推出了 Flash CS3,并开发出全新的面向对象的语言 ActionScript3.0。2008 年 9 月推出了 Flash CS4,它不仅仅是界面的修改和绘画工具以及 ActionScript3.0 的完善,而且对动画的形式进行了彻底改变,新增了动画补间并加入了骨骼工具与 3D 功能。这些改变使得 Flash 不再是简单的网页动画工具,而是一款非常强大的专业动画制作软件。2010 年 4 月发行 Flash 的最新版本 Flash CS5,新版本中增加了很多实用的功能,并针对时下流行的软件提供了支持,从此 Flash 发展到了一

个新的阶段。如图 1-2 所示为 Flash CS5 的启动界面。

图 1-2　Flash CS5 启动界面

2. Flash 的技术特点

Flash 是一款以流控制技术和矢量技术等为代表的动画编辑和应用开发软件,能够将矢量图、位图、音频、视频、动画和交互动作有机地、灵活地结合在一起,从而制作出美观、新奇、交互性很强的动画效果。

与其他动画软件制作的动画相比,Flash 动画具有以下值得称道的优点:

(1)从动画组成来看,Flash 动画主要由矢量图形组成,品质高、体积小。

(2)从动画发布来看,在导出 Flash 动画的过程中,程序会压缩、优化动画组成元素。

(3)从动画播放来看,发布后的.swf 动画影片具有"流"媒体的特点。在通过网络播放动画时是可边下载边播放的。

(4)从交互性来看,可以通过为 Flash 动画添加动作脚本使其具有很强的交互性。这一点是传统动画所无法比拟的。

(5)从制作手法来看,Flash 动画的制作比较简单,制作效率高。爱好者很容易成为一个制作者。

(6)从制作成本来看,用 Flash 制作动画可以大幅度降低制作成本,减少了人力、物力资源的消耗。

此外,Flash 内置了 Shockwave 插件,提供了对浏览器的充分支持;支持多种可导入的文件格式;可实现在网络、电视上"一片两播";Flash 动画在制作完成后还可以把生成的文件设置成带保护的格式,从而维护了设计者的版权利益。但美中不足的是,在观看 Flash 动画时需要插件或播放器的支持。

三、Flash 的应用领域和动画制作流程

1. Flash 的应用领域

由于 Flash 生成的动画文件体积小,并采用了流媒体技术,同时具有很强的交互功能,所以使用 Flash 制作的动画文件在各种媒体环境中被广泛应用。例如,使用 Flash 制作的网页、网站动画、产品广告、动漫与 MV、教学课件、电子贺卡,电影、电视中的 Flash 短片、栏目,以及在手机中应用的屏保、游戏,甚至使用 Flash 进行视频交流等诸多领域,如图 1-3 所示。如今的 Flash 几乎无处不在,它的应用被延伸到了网络、单机与无线设备等多个平台,成为多媒体应用开发及富互联网应用(rich internet application, RIA)的一个重要分支,现已是名副其实的跨平台、跨媒体、跨行业的大众流行软件之一。相信随着互联网和 Flash 技术的发展,Flash 应用范围将会越来越广泛。

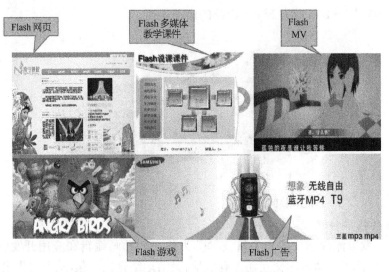

图 1-3 Flash 动画的应用领域

2. Flash 动画的制作流程

完成一部优秀的 Flash 动画作品需要经过很多的制作环节,其中每一环节的质量都直接关系到作品的最终效果,因此应该认真地把握每个环节的制作,切忌边做边看边想。每个公司或制作人员创建 Flash 动画的习惯不同,但都会遵循一个基本的流程。从宏观上看,商业 Flash 动画创作的流程大致可分为前期策划(包括动画目的、规划以及团队等)、素材准备(包括剧本编写、场景设计、造型设计、分镜头)、动画制作(包括录音、建立和设置影片、输入线稿、上色、动画编排)、后期处理(包括合成并添加音效、总检等)和发布(包括优化、制作 Loadin 和结束语)五个步骤。从微观上看,Flash 动画制作的流程分为新建文档、设置文档属性、制作或导入素材、制作动画、发布设置、测试影片、发布影片、保存文档八个步骤,如图 1-4 所示。其中制作动画部分是流程的关键,发布影片控制着发布影片的大小、质量和文件格式等重要性质,所以是十分重要的。

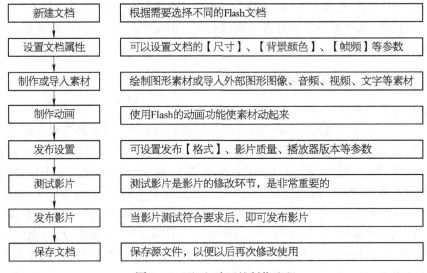

图 1-4 Flash 动画的制作流程

任务二 初识 Flash CS5

学习要点

1. 了解 Flash CS5 的新增功能。
2. 认识 Flash CS5 的工作环境。
3. 掌握 Flash CS5 的环境设置。

知识准备

在开始使用 Flash CS5 进行动画设计与制作之前,首先应了解 Flash CS5 的新增功能和工作环境,学会配置工作环境。

一、Flash CS5 新增功能

在 Flash CS4 的基础上,Flash CS5 在众多功能上都有了有效的改进,下面将介绍 Flash CS5 的一些较为重要的新增功能。

1. 代码片断面板

针对 Flash 设计人员,Flash CS5 增强了代码易用性方面的功能,Flash CS5 代码片断库可以让用户方便地通过导入和导出功能,管理代码。通过将预建代码注入项目,可以让用户更快、更高效地生成和学习 ActionScript 代码,为项目带来重大的创造力。

2. 改进的 ActionScript 编辑器

Flash CS5 增强了 ActionScript 编辑器代码提示功能,已经完全支持代码提示及自动代码补全功能,且同样支持扩展类库的代码。借助经过改进的 ActionScript 编辑器,开发人员在 Flash IDE 中编码有体验 Flash Builder 的感觉,可以加快开发流程。

3. 基于 XML 的 FLA 源文件

一般开发者会把所有项目相关的资源存放在同一个文件夹内,而现在 Adobe 软件会自动生成一个 XML 文件来描述这些内容的组织关系,这个自动生成的 XML 文件即 .xlf 文件。

使用 XFL 文件开发者可以轻松地将项目添加到各种版本管理系统中,更轻松地实现文件协作。

4. 多平台内容发布

Flash CS5 增强了广泛的内容分发功能,可以实现跨任何尺寸屏幕的一致交付(包括 iPhone),Adobe Device Central 用于增强测试。

5. 骨骼工具大幅改进

Flash CS5 中加入的骨骼动画控制,大大提高了动画制作的效率。借助为骨骼工具新增的动画属性,从而创建出更逼真的反向运动(inverse kinematics,IK)效果。

6. 增强的 Deco 喷涂与高级动画能力

使用 Deco 工具可以将任何元件转变为即时设计元素。相比 Flash CS4 而言,Flash CS5 对 Deco 工具进行了增强,新增了 10 款绘制效果,包括"颗粒"、"树"、"火焰动画"、"闪电"等。

7. 新的文本布局引擎

针对设计师,Flash CS5 增加了新的 Flash 文本布局框架(text layout framework,TLF),

包含在文本布局面板中。通过新的文本布局框架，用户可以借助印刷质量的排版全面控制文本内容。可以为 TLF 文本直接应用色彩效果、混合模式和 3D 旋转等。

8. 视频改进

Flash CS5 进一步增强了视频支持功能，借助新"提示点"属性检查器，向 Flash 中的视频添加视频提示，可允许事件在视频中的特定时间出发，简化了视频流程。

9. 与 Flash Builder 完美集成

Flash CS5 新功能主要是面对开发者进行改进。Flash CS5 对开发人员更加友好，可以将 Flash Builder 用作 Flash 项目的 ActionScript 主编辑器，和 Flash Builder 协作来完成项目。

10. 增强的 Creative Suite 集成

可以从 Photoshop CS5 Extended、Illustrator CS5 或 InDesign CS5 等 Adobe Creative Suite® 组件导入设计，然后使用 Flash 添加交互性和动画，无需编写代码，就可完成互动项目，提高工作效率。Flash CS5 还可以与 Flash Catalyst CS5 完美集成，将开发团队中的设计及开发快速串联起来。

Flash CS5 的新功能还不止上述介绍的这些。在增加软件新功能的同时，Flash CS5 还弃用了一些不常用或不好用的功能。总的来说，Flash CS5 的改进还是十分令人兴奋的，它在动画制作功能上的改进，使得动画行业可以用以节省成本，提高制作效率。

二、Flash CS5 工作环境

（一）Flash CS5 欢迎屏幕

默认情况下，启动 Flash CS5 后，程序将打开如图 1 - 5 所示的欢迎屏幕，其中包括"从模板创建"、"打开最近的项目"、"新建"、"扩展"和"学习"五个主要版块。使用该页面，用户可以方便地打开最近创建的 Flash 文档，创建一个新文档或项目文件，或者选择从任意一个模板创建 Flash 文档等。

图 1 - 5 Flash CS5 欢迎屏幕

（二）Flash CS5 工作界面

Flash CS5 默认的"基本功能"工作界面,由菜单栏、标题栏、编辑栏、工作区域和舞台、"时间轴"面板、"工具"面板、"属性"面板所组成,如图 1-6 所示。

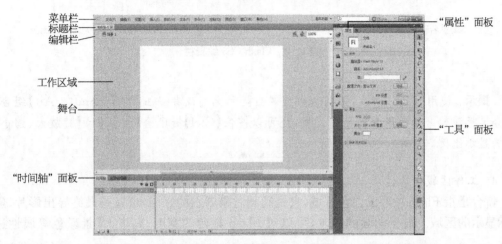

图1-6 Flash CS5 工作界面

1. 菜单栏

菜单栏处于 Flash 工作界面的最上方,其中包含了 Flash CS5 的所有菜单命令、工作区布局按钮、关键字搜索以及用于控制工作窗口的三个按钮——最小化、最大化(还原)和关闭,如图 1-7 所示。

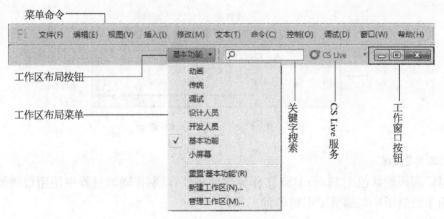

图1-7 Flash CS5 菜单栏

2. 标题栏

标题栏用于显示 Flash CS5 中打开文档的名称,在标题栏中如果有多个打开的文档选项卡,那么当前编辑的文档名称将以高亮显示,只要在需要编辑的文档的名称上单击,即可切换到此文档的编辑窗口中。

3. 编辑栏

编辑栏处于标题栏的下方,用于控制场景与元件编辑窗口的切换,以及场景与场景、元件与元件之间的切换,并且还可以通过单击右侧的"100％"按钮,在弹出的下拉列表中设置舞台窗口的显示比例,如图1-8所示。

场景名称   编辑场景   编辑元件   舞台比例

图1-8   Flash CS5 编辑栏

> **提示:** 使用"缩放工具" 🔍 可以调整舞台显示比例或者按住【Ctrl＋Shift＋Alt】组合键配合鼠标滚轮来调整舞台的显示比例,还可以按住【Ctrl】键配合【＋】、【－】键放大、缩小舞台的显示比例。

4. 工作区域和舞台

舞台是指 Flash 中心的白色区域,它是动画对象展示的区域,也就是最终导出影片、影片实际显示的区域。根据动画的需求,可以对 Flash 舞台的宽度、高度、背景颜色等属性进行设置。

工作区域包含舞台,是整个制作动画的区域,其中白色的舞台区域是动画实际显示的区域,而除舞台之外的其他工作区域在影片播放时不会被显示。

5. "时间轴"面板

时间轴用于组织和控制影片内容在一定时间内播放的层数和帧数。"时间轴"面板是进行动画创作的面板,包括两部分:左侧的图层操作区与右侧的帧操作区,如图1-9所示。

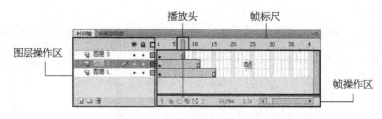

图1-9   Flash CS5"时间轴"面板

6. "工具"面板

"工具"面板默认位于 Flash CS5 工作界面的右侧,是制作动画过程中使用最频繁的面板,提供了用于绘制图形与编辑图形的各种工具。

7. "属性"面板

"属性"面板是一个非常实用而又比较特殊的面板,在"属性"面板中并没有固定的参数选项,它会随着选择对象的不同而动态出现不同的选项设置,这样就可以很方便地设置对象属性。图1-10所示是选择"矩形工具" 后出现的该工具相关设置的"属性"面板。

8. 其他面板

Flash CS5 中包含了 20 多个面板,很多面板并不能全部展现在工作界面中,如果需要使用它们,可以单击菜单栏中"窗口"菜单下的相应命令将其打开,图1-11所示是单击菜单命令显示的"场景"面板。

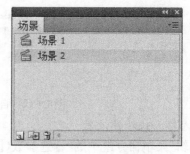

图1-10 "属性"面板   图1-11 "场景"面板

三、Flash CS5 环境设置

应用 Flash CS5 制作动画时,可以使用系统默认的设置。为了提高工作效率,使软件最大程度地符合个人操作习惯,可以在动画制作之前对 Flash CS5 的系统环境进行设置。

1. 自定义面板

打开/关闭面板:Flash CS5 工作界面中只有几个常用的面板,如果需要打开相关的面板进行操作,只需单击菜单栏中"窗口"菜单下相关的命令即可。对于不需要使用的面板可以将其关闭。

折叠/展开面板:为节省工作空间,可以将不常用的面板暂时折叠起来,需要使用时再将其展开。面板的折叠/展开操作非常简单,只需单击面板右上角的双三角按钮 ◀◀ 或 ▶▶ 即可,当面板折叠起来时,面板会以图标文字的形式进行显示。

移动/分离/组合面板:用户只需鼠标拖曳该面板的标题栏,即可移动面板;在面板名称上单击并按下鼠标左键拖曳可使之分离成为浮动面板;单击并拖曳面板名称或面板标题栏到其他面板名称的右侧释放可对其进行重新组合,以适应不同的工作需要。

> **技巧**:在 Flash 中,按【F4】键可隐藏或显示所有面板。

2. 自定义工作区布局

在 Flash CS5 中,用户使用"工具"面板和其他面板、栏以及窗口等各种元素来创建和处理文档和文件,这些元素的任何排列方式称为工作区布局。除了使用预设的七种工作区布局方式以外,还可以对整个工作区进行手动调整和保存,使工作区更加符合个人的使用习惯,如图1-12所示。选择菜单栏"窗口"→"工作区"下的命令针对要执行的任务对其进行自定义。

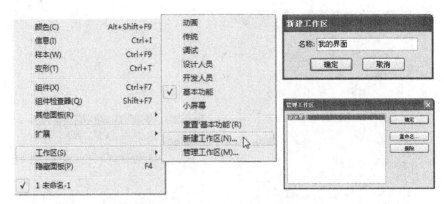

图 1-12 自定义工作区布局

3. 首选参数和快捷键设置

选择"编辑"菜单命令组中的"首选参数（【Ctrl＋U】）"和"快捷键"命令可打开相应对话框进行设置，如图 1-13 和图 1-14 所示。

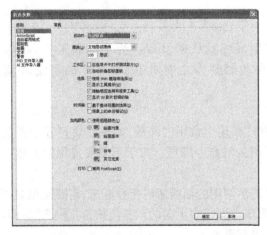

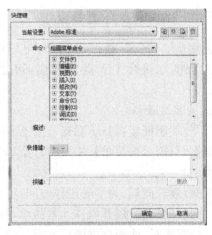

图 1-13 "首选参数"设置对话框 　　**图 1-14** "快捷键"设置对话框

4. 创建和管理命令

使用 Flash CS5 的"命令"菜单，可以将用户在 Flash 中的操作步骤保存成一个命令动作。用户可以选中"历史记录"面板中的某一个或某一系列步骤，然后在"命令"菜单中创建一个命令，再次使用该命令，将完全按照原先的执行顺序来重放这些步骤，这使得 Flash 也具有了批量操作的能力。Flash CS5 还允许用户使用 JSFL 文件创建自己的命令。

> **提示：** 选择菜单栏中的"窗口"→"其他面板"→"历史记录"命令，或直接按下【Ctrl＋F10】组合键，打开"历史记录"面板。选择菜单栏中的"命令"→"管理保存的命令"命令，将会打开"管理保存的命令"对话框，如图 1-15 所示。

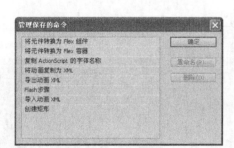
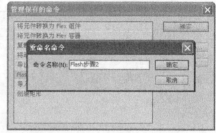

图1-15 Flash CS5创建和管理命令

任务三 初显身手——制作"心跳动画效果"

在本案例中,通过制作一个十分简单的"心跳动画效果"案例,使读者熟悉Flash CS5的工作环境,掌握文档的基本操作,了解Flash动画的制作流程和思路。希望通过本案例的制作,使读者对Flash CS5有一个感性的认识。

➤ 源文件:项目一\典型案例\效果\心跳动画.fla

设计思路

- 新建文档。
- 制作背景。
- 导入素材。
- 制作动画。
- 保存影片。
- 发布影片。

设计效果

创建如图1-16所示效果。

图1-16 最终设计效果

操作步骤

1. 新建文档

(1) 运行Flash CS5,选择菜单栏中的"文件"→"新建"→"ActionScript3.0"命令,新建一个ActionScript3.0的Flash文档。

提示：此处选择"ActionScript3.0"和"ActionScript2.0"差别在于其动画文件支持的后台脚本不同。建议使用ActionScript3.0，Flash CS5中的新功能只能在ActionScript3.0的文档中使用。

（2）选择菜单栏中的"修改"→"文档"命令，打开"文档设置"对话框，将文档尺寸设置为"500像素×400像素"，其他属性保持默认参数即可，如图1-17所示，单击"确定"按钮完成设置。

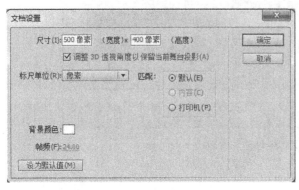

图1-17 "文档设置"对话框

图1-18 绘制矩形

2. 制作背景

（1）双击"时间轴"面板左侧的图层名称"图层1"，激活图层重命名功能，重命名为"背景"层。选择"矩形工具"，在舞台上绘制一个矩形，效果如图1-18所示。

（2）选择"选择工具"，双击刚才绘制的矩形，然后在"属性"面板中设置矩形的笔触颜色为"无"，填充类型为"径向渐变"，宽、高分别为"500像素×400像素"，选区的X和Y坐标分别为"0"和"0"，如图1-19所示。

图1-19 设置矩形属性

图1-20 设置矩形颜色

（3）在"颜色"面板中,设置渐变的第一个色块颜色为"♯FFFFFF"（白色）,第二个色块颜色为"♯B60000"（暗红色）,如图1-20所示。

> **提示**：在设置"颜色"面板的属性时,一定要保证矩形处于被选中的状态,否则矩形的颜色将无法改变。

3. 导入素材

（1）单击新建图层按钮 ,在"背景"层上面新建一个"特效"层。再在"特效"层上面新建一个"动画"层,如图1-21所示。

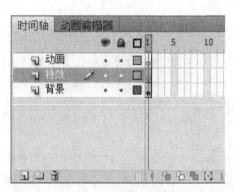

图1-21 新建图层

图1-22 打开特效库

（2）单击选择"特效"层,执行菜单栏中的"文件"→"导入"→"打开外部库"命令,将教学资源包中的"项目一\典型案例\素材\特效库.fla"文件打开,如图1-22所示。

（3）按下鼠标左键拖动鼠标光标,将"星星"元件拖曳到舞台中,在拖曳过程中操作界面中会自动显示"星星"元件的虚框,然后将其放置到适当的位置。

（4）单击选择"动画"层,按下鼠标左键将"心"元件拖曳到舞台中,效果如图1-23所示。

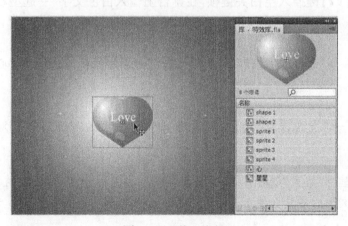

图1-23 拖入素材

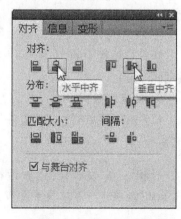

图1-24 "对齐"面板

（5）调整"心"元件的位置。单击选择场景中的"心"元件，按【Ctrl+K】组合键打开"对齐"面板，确认勾选"与舞台对齐"，再单击 ⿴ 与 ⿴ 按钮，使元件水平居中对齐、垂直居中对齐，如图 1-24 所示。

4. 制作动画

（1）单击选择"动画"层，将"心"元件选中。

（2）执行菜单栏中的"窗口"→"动画预设"命令，打开"动画预设"面板。展开"默认预设"文件夹，单击选中"脉搏"选项。

（3）单击"应用"按钮为场景中的"心"元件创建心跳的动画效果，效果如图 1-25 所示。

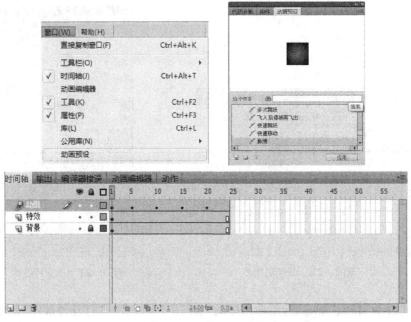

图 1-25　制作心跳动画

（4）在"动画"层上面新建一个"文字"层，单击右侧"工具"面板中的"文本工具" T ，在舞台上输入白色文字"心动？"。

（5）单击该层的第 12 帧，按【F7】键插入空白关键帧，在舞台上输入白色文字"一起型动吧！"，效果如图 1-26 所示。

5. 保存影片

执行菜单栏中的"文件"→"保存"命令或者按【Ctrl+S】组合键将影片保存，文档名为"心跳动画. fla"。

6. 发布影片

（1）执行菜单栏中的"文件"→"发布设置"命令，打开图 1-27 所示的"发布设置"对话框。

提示： 在"发布设置"对话框的"格式"选项卡中可以设置发布影片的格式和路径，在"Flash"选项卡中可以设置发布文件的播放器版本、压缩比例、防止导入等重要属性。

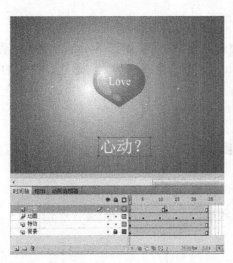

图1-26 输入文字

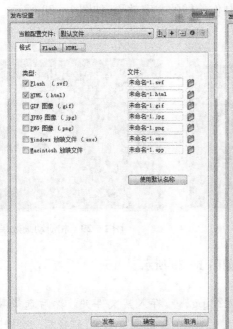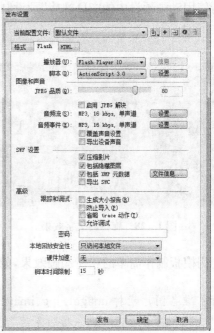

图1-27 "发布设置"对话框

（2）全部保持默认设置，单击"发布"按钮，发布影片，然后单击"确定"按钮完成发布设置（也可以按【F12】快捷键发布影片）。至此动画制作完成。

> **提示：** 通常在制作过程中，需要实时地测试和观看影片效果，并不需要正式发布影片，所以可用【Ctrl＋Enter】组合键测试影片。

案例小结

在本案例中,通过一个比较简单的 Flash 动画制作,简述了制作 Flash 动画的流程和思路。例子虽然比较简单,却包含了制作复杂 Flash 动画的各个基本步骤。通过本案例的操作,希望读者对 Flash CS5 有所了解。

习题与实训

一、思考题

1. 简述 Flash 的发展历史、技术特点及应用领域。
2. Flash 动画的一般制作流程是什么?

二、实训题

1. 上机练习 Flash CS5 文档的基本操作及自定义 Flash CS5 的工作环境。
2. 动手制作本项目的案例。
3. 请使用动画预设中的"3D 螺旋"预设制作旋转的文字效果,如图 1-28 所示。

图 1-28　旋转的文字效果

图 1-29　相册动画效果

4. 利用模板制作简单的相册动画效果,如图 1-29 所示。

> **提示:** 准备图片素材 image1. jpg、image2. jpg、…,存入某文件夹。然后选择菜单栏中的"文件"→"新建"命令,弹出"从模板新建"对话框,在对话框中切换到"模板"选项卡,在"类别"列表中选择"媒体播放"选项,在"模板"列表中选择"高级相册"。最后将文档和素材存入该文件夹下即可。

图形的绘制与导入

在 Flash 动画制作中,动画素材是不可缺少的。除了可以通过导入方式获得外,还可以利用 Flash CS5 自带的绘图工具来绘制。绘制素材是 Flash 动画素材的一个主要来源。Flash CS5 中提供了丰富的绘图工具用于绘制和填充图形,相比其他图形编辑软件,具有简单、实用、矢量化的特色,用户可以轻松地使用这些绘图工具创建 Flash 图形对象。在本项目中将重点介绍 Flash CS5 中各种绘图工具的使用以及扩展功能,并通过实例对各种绘图工具的操作方法进行实际演练。

任务一　Flash 绘图的基本知识

学习要点

1. 了解位图和矢量图的概念。
2. 认识绘图"工具"面板。
3. 掌握 Flash 的两种绘图模式。
4. 熟悉 Flash 的两种色彩模式。

知识准备

一、位图和矢量图

1. 位图

位图又称点阵图,由很多像素(色块)组成。像素(pixel)是图像中最小的元素,放大后会失真,如图 2-1 所示。处理位图图像时,所编辑的是像素而不是对象或形状,它的大小和质量取决于图像中的像素点的多少,每平方英寸中所含像素越多,图像越清晰,颜色之间的混合也越平滑。计算机存储位图图像实际上是存储图像的各个像素的位置和颜色数据等的信息,所以图像越清晰,像素越多,相应的存储容量也越大。位图适用于表现层次和色彩细腻丰富、包含大量细节的图像,如数码相机拍摄的照片、扫描仪扫描的稿件以及绝大多数的图片都属于点阵图。

原图   放大后

图2-1 放大后的位图效果

2. 矢量图

矢量图又称向量图,是用一系列计算机指令来描述和记录的一幅图。一幅图可以分解为一系列由点、线、面等组成的子图,它所记录的是对象的几何形状、线条粗细和色彩等。矢量图大小与图像大小无关,只与图形复杂程度有关,故无论放大多少倍,都不会产生锯齿或模糊,如图2-2所示。矢量图无法通过数码或扫描设备获得。矢量图文件存储量很小,特别适用于文字与标志设计、版式与图案设计、计算机辅助设计(computer aided design,CAD)、工艺美术设计等。

原图   放大后

图2-2 放大后的矢量图效果

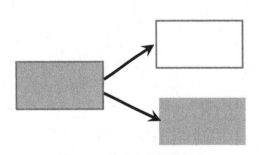

图2-3 Flash 矢量图的组成

使用 Flash 绘图工具绘制出的素材是矢量图,矢量图是 Flash 动画的最主要组成元素,它由轮廓线(笔触)和填充两部分组成,如图 2-3 所示。用户可以对矢量图进行移动、调整大小、重定形状、更改颜色等操作,而不影响素材的品质。

二、认识绘图"工具"面板

在 Flash CS5 的"基本功能"工作区布局中,"工具"面板(又称"工具箱")默认显示在工作界面右侧呈单列显示。由于面板中工具较多,凡是工具按钮右下角含有黑色小箭头的,则表示还有其他隐藏的工具,按下鼠标可展开该工具按钮组。

选择菜单栏中的"窗口"→"工具"命令或按【Ctrl+F2】组合键可以打开/关闭该面板。"工具"面板中提供了图形绘制、选择和编辑的各种工具,分为"工具"、"查看"、"颜色"、"选项"四个功能区,各工具名称及其快捷键如图2-4所示。

1. "工具"区

提供选择、创建、编辑图形的工具。

"选择工具" ▶ (V):用于选择和移动舞台上的对象,改变对象的大小和形状等。

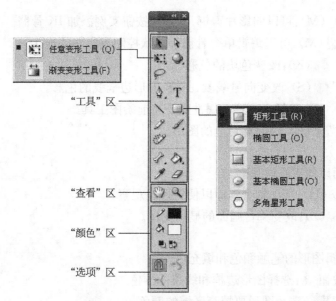

图 2-4　Flash CS5"工具"面板

"部分选取工具" ：用来抓取、选择、移动和改变形状路径。

"任意变形工具" ：用于对舞台上选定的对象进行缩放、扭曲和旋转变形。

"渐变变形工具" ：用于对舞台上选定对象的填充渐变色变形。

"3D 旋转工具" ：可以在 3D 空间中旋转影片剪辑实例。

"3D 平移工具" ：可以在 3D 空间中移动影片剪辑实例。

"套索工具" ：在舞台上选择不规则的区域或多个对象。

"钢笔工具" ：绘制直线和光滑的曲线，调整直线长度、角度及曲线曲率等。

"文本工具" ：创建、编辑字符对象和段落文本。

"线条工具" ：绘制直线段。

"矩形工具" ：绘制矩形向量色块或图形。

"椭圆工具" ：绘制椭圆形、圆形向量色块或图形。

"基本矩形工具" ：绘制基本矩形图元对象。图元对象是允许用户在"属性"面板中调整其特征的形状。可以在创建形状之后，精确地控制形状的大小、边角半径以及其他属性。

"基本椭圆工具" ：绘制基本椭圆形图元对象。可以在创建形状之后，精确地控制形状的开始角度、结束角度、内径以及其他属性。

"多角星形工具" ![]：绘制等比例的多边形。

"铅笔工具" ：绘制任意形状的向量图形。

"刷子工具" ：绘制任意形状的色块向量图形。

"喷涂刷工具" ：可以一次性地将形状图案"刷"到舞台上。默认情况下，喷涂刷使用当前选定的填充颜色喷射粒子点，也可以使用该工具将影片剪辑或图形元件作为图案应用。

"Deco 工具" ：可以对舞台上的选定对象应用效果。在选择 Deco 工具后，可以从"属性"面板中选择要应用的效果样式。

"骨骼工具" ✐ (M)：可以向影片剪辑、图形和按钮实例添加 IK 骨骼。

"绑定工具" ✐ (M)：可以编辑单个骨骼和形状控制点之间的连接。

"颜料桶工具" ⬙ (K)：改变色块的色彩。

"墨水瓶工具" ⬙ (S)：改变向量线段、曲线、图形边框线的色彩。

"滴管工具" ✐ (I)：将舞台图形的属性赋予当前绘图工具。

"橡皮擦工具" ⬙ (E)：擦除舞台上的图形。

2."查看"区

改变舞台画面以便更好地观察。

"手形工具" ⬙ (H)：移动舞台画面以便更好地观察。

"缩放工具" 🔍 (Z)：改变舞台画面的显示比例。

3."颜色"区

选择绘制、编辑图形的笔触颜色和填充色。

"笔触颜色"按钮 ✐ ：选择图形边框和线条的颜色。

"填充色"按钮 ■ ：选择图形要填充区域的颜色。

"黑白"按钮 ⬙ ：系统默认的颜色。

"交换颜色"按钮 ⬙ ：可将笔触颜色和填充色进行交换。

4."选项"区

不同工具有不同的选项，通过"选项"区为当前选择的工具进行属性选择。

提示：用户使用 Flash 的绘图工具进行图形绘制时，应尽量使用工具对应的快捷键去控制工具的选择和更换，这样可大大提高工作效率。

三、Flash 的绘图模式

1. 合并绘制模式

合并绘制模式是 Flash 默认的绘图模式，在该模式下绘制的图形是分散的，两个图形之间如果有交接，后绘制的图形会覆盖先绘制的图形，此时移动后绘制的图形会改变先绘制的图形，如图 2 - 5 所示。为方便对绘制的图形进行形状调整，通常使用合并绘制模式。

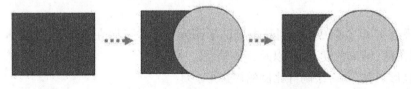

图 2 - 5 合并绘制模式下绘制的图形

2. 对象绘制模式

选中绘图工具后单击"工具"面板选项区的"对象绘制"按钮 ⬙ ，可在对象绘制模式下绘图，在该模式下绘制出的图形会自动组合成一个整体对象，这样两个图形叠加时可以互不影响，如图 2 - 6 所示。

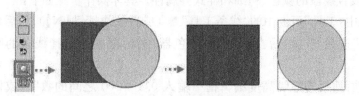

图 2-6　对象绘制模式下绘制的图形

四、Flash 的色彩模式

1. RGB 色彩模式

RGB 色彩模式是一种最为常见、使用最广泛的色彩模式,它是以色光的三原色理论为基础的。计算机显示器就是通过 RGB 方式来显示颜色的。任何一种 RGB 颜色都可以使用十六进制数值代码表示(如:♯FF0000 表示红色)。

2. HSB 色彩模式

HSB 色彩模式是以人体对色彩的感觉为依据的,它描述了色彩的三种特性,其中 H 代表色相,S 代表纯度,B 代表明度。HSB 色彩模式比 RGB 色彩模式更为直观,更接近人的视觉原理。

任务二　绘制和调整线条

学习要点

1. 学会使用"线条工具"、"铅笔工具"等绘制线条。
2. 掌握使用"选择工具"、"部分选取工具"等调整线条。
3. 通过实例熟悉绘制和调整线条的方法和技巧。

知识准备

在 Flash 中绘制图形的常见流程是先想好所要绘制的图形形状,或者使用笔在纸上绘制出图形的草图,接着使用"线条工具"、"铅笔工具"、"钢笔工具"、"椭圆工具"、"矩形工具"等绘制出图形的大致轮廓线,再使用"选择工具"或"部分选取工具"等调整轮廓线形状,然后使用"颜料桶工具"、"墨水瓶工具"等为图形的不同区域上色,最后再次对图形的细微处进行调整。由此可以看出,绘制和调整线条是作图的基本操作,是绘制复杂图形的基础。

Flash CS5 中提供了一些基本作图工具,例如"线条工具"、"钢笔工具"、"刷子工具"等。熟练运用这些工具就能绘制出更多样式的图形图像,使动画更加精彩。

一、使用"线条工具"

在 Flash CS5 中,使用"线条工具"可以绘制不同角度的矢量直线线段,并且通过"属性"面板还可以设置线段的颜色、粗细和样式等属性。具体操作步骤如下：

(1) 单击选中"工具"面板中的"线条工具" <u>\</u> (或者按快捷键【N】)，然后单击"属性"面板中的"笔触颜色"按钮 <u>/</u> ，然后在弹出的"拾色器"对话框中可选择线条的颜色，如图 2-7 所示。

(2) 在"属性"面板的笔触高度编辑框中输入 0.1～200 之间的数字，或拖动其左侧的滑块，可改变线条的粗细，默认的宽度为"1"，如图 2-8 所示。

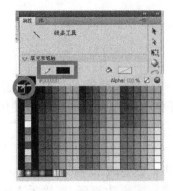

图 2-7　设置笔触颜色

图 2-8　设置笔触高度

(3) 单击"属性"面板中的笔触样式下拉按钮，可在展开的下拉列表中选择线条的样式，如图 2-9 所示。

(4) 单击笔触样式下拉按钮右侧的"编辑笔触样式"按钮 <u>/</u> ，可在打开的"笔触样式"对话框(图 2-10)中对选择的线条类型进行细致调整。

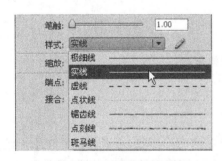

图 2-9　设置笔触样式

图 2-10　"笔触样式"对话框

(5) 设置好属性后将光标移动到舞台上，然后按住鼠标左键不放并拖动，松开鼠标后即可绘制一条直线线段；若在拖动鼠标的同时按住【Shift】键，可绘制水平、垂直或与水平方向成 45°增量角的线段，如图 2-11 所示。

图 2-11　在舞台上绘制线段

二、使用"铅笔工具"

利用"铅笔工具" 可以在舞台上模仿用笔在纸上绘制图形的效果,并且通过设置绘图模式,可以绘制不同风格的线条。具体操作步骤如下:

(1) 单击"工具"面板中的"铅笔工具" 将其选中(或者按快捷键【Y】),会发现"铅笔工具" 与"线条工具" 的"属性"面板(图2-12)大同小异。

(2) 单击"工具"面板选项区的"铅笔模式"按钮 ,可在打开的下拉菜单中选择绘图模式,如图2-13所示。

图2-12 "属性"面板

图2-13 设置绘图模式

(3) 设置好"铅笔工具" 的属性并选择绘图模式后,将光标移动到舞台中,按住鼠标左键不放并拖动,松开鼠标后,便会沿拖动轨迹生成线条,如图2-14所示。

图2-14 "铅笔工具"绘制的线条

提示:"铅笔工具" 的三种绘图模式(图2-15)各有特点,在绘图时应根据不同的需要进行选择。

伸直

平滑

墨水

图2-15 "铅笔工具"的三种绘图模式

三、使用"钢笔工具"

使用"钢笔工具" 可以绘制连续的折线或平滑流畅的曲线。具体操作步骤如下：

（1）选中"工具"面板中的"钢笔工具" （或者按快捷键【P】），然后打开"属性"面板（图2-16），会发现其与"线条工具" 的"属性"面板完全一样。这里将笔触颜色设为"＃000000"（黑色），笔触高度设为"1"。

（2）将光标移动到舞台上的适当位置并单击，确定起始锚点，锚点在舞台上表现为一个小圆圈，如图2-17所示。

图 2-16 "属性"面板

图 2-17 确定起始锚点

（3）将光标移动到舞台的另一处，单击创建第二个锚点，此时在起始锚点和第二个锚点之间会出现一条直线线段，如图2-18所示。

（4）继续在其他位置单击，创建第三个锚点，最后将光标移动到起始锚点处，光标会呈 形状，此时单击可创建封闭图形，如图2-19所示。

图 2-18 创建直线线段

图 2-19 创建封闭图形

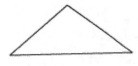

图 2-20 结束绘制

（5）图形绘制完成后，再选择除钢笔工具组中工具和"部分选取工具" 以外的任意工具，或按【Esc】键可结束绘制，如图2-20所示。

（6）选择"钢笔工具" 后，在舞台上单击确定起点，然后在另一处按住鼠标左键不放并拖动，可拖出一个调节杆，向任意方向拖动调节杆，可调整曲线弧度，对曲线弧度满意后，释放鼠标左键即可创建一个曲线锚点，如图2-21所示。

（7）在起始锚点下方单击创建第三个锚点（图2-22），由于前一个锚点是曲线锚点，所以此时的线段不是直线而是一条与曲线锚点相切的曲线。

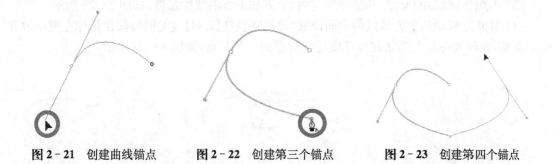

图 2-21 创建曲线锚点　　　图 2-22 创建第三个锚点　　　图 2-23 创建第四个锚点

（8）参照步骤（6）的操作，在起始锚点右侧再创建一个曲线锚点，如图 2-23 所示。

（9）将光标移动到起始锚点处，当光标呈 ♣ 形状时单击创建封闭图形，如图 2-24 所示。

（10）选择除钢笔工具组中工具和"部分选取工具" 以外的任意工具，结束绘制，如图 2-25 所示。

图 2-24 创建封闭图形　　　　　图 2-25 结束绘制后的图形效果

> **提示**：使用"钢笔工具" 单击生成的锚点称为直线锚点，通过拖动生成的锚点称为曲线锚点。可以利用"部分选取工具" 拖动锚点，以改变图形形状。另外，还可以通过拖动曲线锚点的调节杆，来改变曲线弧度。

四、使用"选择工具"

利用"选择工具" 可以方便地将线条或图形调整为动画需要的形状，具体操作步骤如下：

（1）新建一个 Flash 文档，然后使用"线条工具" 绘制一个梯形，如图 2-26 所示。

（2）单击选中"工具"面板中的"选择工具" （或者按快捷键【V】），然后将光标移动到梯形右侧的边线上，当光标呈 ♣ 形状时，按住鼠标左键不放并拖动，可调整线段弧度，如图 2-27 所示。

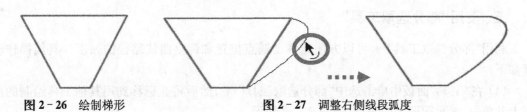

图 2-26 绘制梯形　　　　　图 2-27 调整右侧线段弧度

（3）参照步骤（2）的操作，调整梯形左侧、上方和下方的线段弧度，如图 2-28 所示。

（4）将光标移动到上方线段的中间位置，然后在按住【Ctrl】键的同时按住鼠标左键不放并向下拖动，此时光标呈 ↳ 形状并会在线段中间添加一个节点，如图 2-29 所示。

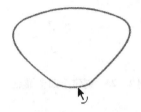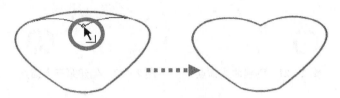

图 2-28 调整其余线段的弧度　　　　**图 2-29** 为上方线段添加节点

（5）参照步骤（4）的操作，在下方线段中间位置添加一个节点并向上拖动，如图 2-30 所示。

（6）选择"线条工具" ✎，将笔触颜色设为"＃660000"（棕色），然后在苹果上方绘制一条线段，并使用"选择工具" ▸ 调整其弧度，作为苹果梗，如图 2-31 所示。

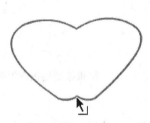

图 2-30 为下方线段添加节点　　　　**图 2-31** 绘制苹果梗

（7）选择"选择工具" ▸ 后，将光标移动到线段的端点位置，当光标呈 ↳ 形状时，按住鼠标左键不放并拖动，可改变线段的端点位置，如图 2-32 所示。

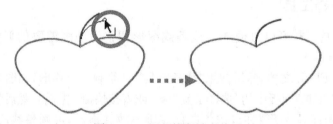

图 2-32 调整线段端点位置

五、使用"部分选取工具"

利用"部分选取工具" ▸ 可以方便地移动锚点位置和调整曲线路径的弧度。具体操作步骤如下：

（1）在"工具"面板中单击选中"部分选取工具" ▸，然后将光标移到用其他工具绘制的图形上并单击，显示图形上的锚点，如图 2-33 所示。

（2）使用"部分选取工具" 单击选取要移动的锚点，然后按住鼠标左键并拖动，可移动锚点位置，如图 2-34 所示。

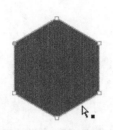
图 2-33 单击显示锚点

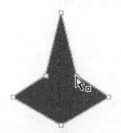
图 2-34 移动锚点

（3）将光标移动到直线锚点上，然后在按住【Alt】键的同时按住鼠标左键并拖动，可将直线锚点转换为曲线锚点，如图 2-35 所示。

（4）将光标移动到曲线锚点的调节杆上，然后按住鼠标左键并拖动，可调整曲线路径的弧度，在拖动的同时按住【Alt】键，可单独调整一边的调节杆，如图 2-36 所示。

图 2-35 直线锚点转换为曲线锚点

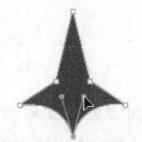
图 2-36 调整一边的调节杆

六、使用"转换锚点工具"

利用"转换锚点工具" 可以实现曲线锚点与直线锚点间的转换，还可以改变曲线锚点的角度。具体操作步骤如下：

（1）在钢笔工具组中选择"转换锚点工具" ，然后将光标移到用其他工具绘制的线条上并单击，可显示图形上的锚点，如图 2-37 所示。

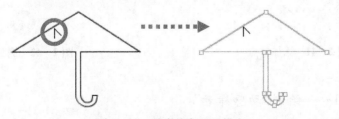
图 2-37 单击线条显示锚点

（2）将光标移动到直线锚点上，然后按住鼠标左键不放并拖动，即可将直线锚点转换为曲线锚点,如图 2-38 所示。

(3) 将光标移动到曲线锚点的调节杆上,然后按住鼠标左键并拖动,可以单独调整一边的调节杆,如图 2-39 所示。

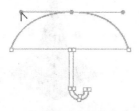 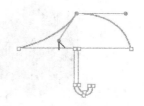

图 2-38 将直线锚点转换为曲线锚点   **图 2-39** 单独调整一边的调节杆

(4) 将光标移到曲线锚点上并单击,可将曲线锚点转换为直线锚点,如图 2-40 所示。

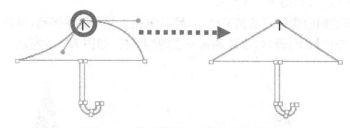

图 2-40 将曲线锚点转换为直线锚点

七、使用"添加锚点工具"和"删除锚点工具"

利用"添加锚点工具" 和"删除锚点工具" 可以在图形上添加或删除锚点。具体操作步骤如下:

(1) 选择"添加锚点工具" 后将光标移到已显示锚点的图形上方并单击,即可添加一个锚点,如图 2-41 所示。

(2) 选择"删除锚点工具" 后将光标移到已有锚点上方并单击鼠标,即可删除该锚点,如图 2-42 所示。

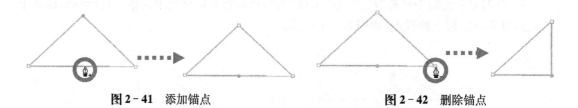

图 2-41 添加锚点   **图 2-42** 删除锚点

 典型案例 1——绘制"动感舞者"

前面主要讲解了"线条工具" 、"铅笔工具" 、"钢笔工具" 、"选择工具" 和"部分选取工具" 的使用方法,下面来运用这几个工具绘制"动感舞者"。

➢ 源文件:项目二\典型案例1\效果\动感舞者.fla

设计思路

- 新建文档。
- 绘制舞者身体轮廓。
- 绘制舞者头部。
- 绘制舞者另一只手臂。
- 保存和测试影片。

设计效果

创建如图 2-43 所示效果。

图 2-43 最终设计效果

操作步骤

1. 新建文档

运行 Flash CS5，选择菜单栏中的"文件"→"新建"→"ActionScript3.0"命令，新建一个 Flash 文档，并设置文档尺寸为"600 像素×400 像素"，其他属性保持默认参数。

2. 绘制舞者身体轮廓

(1) 选择"工具"面板中的"钢笔工具" ◊ ，在"属性"面板中选择笔触颜色为"♯990066"，笔触高度为"2"，然后在舞台右上方单击，产生第一个锚点；在第一个锚点的下方按下鼠标左键并拖动，生成第二个平滑锚点；接着在第二个锚点的左下方按下鼠标左键并拖动，生成第三个平滑锚点；继续在第三个锚点的右上方按下鼠标并拖动，生成第四个平滑锚点；接着继续在第四个锚点的右上方按下鼠标并拖动，生成第五个平滑锚点；最后在起始（第一个）锚点上单击并拖动来闭合曲线。生成的曲线和锚点位置如图 2-44 所示。

(2) 选择"工具"面板中的"部分选取工具" ▶ ，在刚刚绘制的曲线上单击，曲线锚点全部显示出来，在第一个锚点上单击，然后按住【Alt】键的同时单击并拖动第一个锚点，将锚点的双向调节杆都显示出来，如图 2-45 所示。

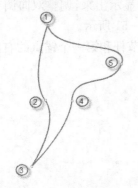

图 2-44 生成的曲线和锚点位置

图 2-45 单击并拖动第一个锚点

(3) 将鼠标放置在第一个锚点左调节杆的端点处，当鼠标指针变成如图 2-46 所示形状时，按住【Alt】键的同时移动鼠标，改变锚点左边曲线的形状，如图 2-47 所示。

(4) 鼠标单击第二个锚点，将该锚点的双向调节杆显示出来，将鼠标放置在任意一个方向调节杆的端点处，按下并拖动鼠标，改变该锚点所连接的两个曲线段的形状，如图 2-48 所示。

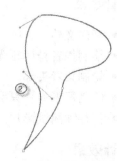

图 2-46　鼠标指针形状　　　　图 2-47　改变锚点左边曲线的形状　　　　图 2-48　改变两个曲线段的形状

　　（5）鼠标单击第三个锚点，按住【Alt】键的同时单击并拖动第三个锚点，将锚点的双向调节杆都显示出来，如图 2-49 所示。

　　（6）按住【Alt】键的同时单击并拖动左方向的调节杆，修改该锚点连接的左曲线，接着，单击并拖动右方向的调节杆，修改该锚点连接的右曲线，如图 2-50 所示。

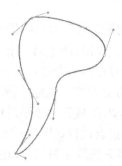

图 2-49　单击并拖动锚点显示调节杆　　　　图 2-50　修改第三个锚点连接的左右曲线

　　（7）鼠标单击第四个锚点，将该锚点的双向调节杆显示出来，调整双向调节杆，必要时也要调整第三个锚点的右向调节杆，修改曲线形状如图 2-51 所示。

　　（8）用相同的方法，继续调整第五个锚点的双向调节杆和第一个锚点的右向调节杆，最终形成如图 2-52 所示形状的曲线。

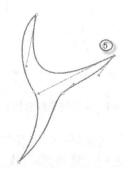

图 2-51　修改第四个锚点后的曲线形状　　　　图 2-52　最终的曲线形状

3. 绘制舞者头部

(1)选择"工具"面板中的"铅笔工具" ，在"工具"面板的最下方选择"铅笔模式"为"伸直" ，在舞台的空白地方画一个圆形，效果如图2-53所示。

(2)选择"工具"面板中的"选择工具" ，在刚刚绘制的圆形上单击并拖动，将圆形移动到身体轮廓的右上方，效果如图2-54所示。

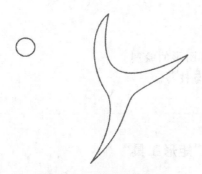

图2-53 绘制舞者头部

图2-54 调整头部位置

4. 绘制舞者另一只手臂

(1)选择"工具"面板中的"线条工具" ，在身体轮廓的左侧绘制两条直线，如图2-55所示。

(2)选择"工具"面板中的"选择工具" ，把鼠标放到下面一条直线上，当鼠标变成 形状时，单击并拖动鼠标，调整直线段为曲线段，效果如图2-56所示。

用同样的方法创建另外一个动感的舞者，如图2-57所示。至此，动感的舞者绘制完毕。

图2-55 绘制手臂直线

图2-56 调整直线段为曲线段

图2-57 创建另外一个动感的舞者

5. 保存和测试影片

按【Ctrl+S】组合键保存影片，按【Ctrl+Enter】组合键测试影片。

案例小结

本案例通过绘制简单的线条图形，让读者掌握绘制和调整线条的方法和技巧。在这几个绘图工具中,"钢笔工具" 和"部分选取工具" 的组合使用可以绘制出各种曲线,功能十分强大,希望读者多多练习。

任务三　绘制几何图形

1. 学会矩形、椭圆、多边形、星形等简单几何图形的绘制。
2. 通过实例掌握几何图形绘图工具的使用与技巧。

一、使用"矩形工具"

利用"矩形工具" 可以绘制不同样式的矩形、正方形和圆角矩形。具体操作步骤如下:

(1) 选中"工具"面板中的"矩形工具" ,可以看到"矩形工具" 的"属性"面板比"线条工具" 多了"填充颜色"按钮 和"矩形选项"编辑框,如图 2-58 所示。

图 2-58　"矩形工具"的"属性"面板

(2) 单击"填充颜色"按钮 ,可在打开的"拾色器"对话框中设置"矩形工具" 的填充颜色,如图 2-59 所示。

(3) 在"矩形选项"编辑框中输入数值,或拖动下方的滑块,可设置圆角矩形的边角半径,如图 2-60 所示。

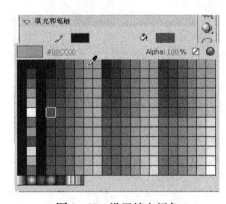

图 2-59　设置填充颜色

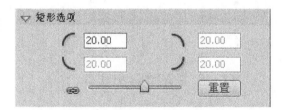

图 2-60　设置圆角矩形的边角半径

(4) 设置好"矩形工具" 的属性后,将光标移动到舞台中,按住鼠标左键不放并拖动,松开鼠标后即可绘制一个矩形;若在拖动鼠标的同时按住【Shift】键,则可以绘制正方形;若设置了"矩形选项"的数值,则可以绘制圆角矩形,如图 2-61 所示。

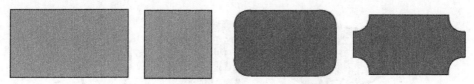

图2-61 绘制矩形、正方形和圆角矩形

技巧：绘制矩形，在按下鼠标的同时按键盘的上下键可以调整矩形圆角的半径。"选择工具"移到线条边缘后拖曳可以调整线条的弯曲弧度。如果同时按住【Ctrl】或【Alt】键可以拖出尖角。

二、使用"椭圆工具"

"椭圆工具"的使用方法与"矩形工具"大同小异，利用它可以绘制出椭圆形、正圆形、扇形和弧线等。具体操作步骤如下：

（1）"椭圆工具"与其他几何工具默认情况下是看不到的，按住"工具"面板中的"矩形工具"不放，然后在展开的工具列表中选择"椭圆工具"，如图2-62所示。

（2）"椭圆工具"的"属性"面板与"矩形工具"的相似，包括"开始角度"、"结束角度"、"内径"几个选项以及"闭合路径"复选框，如图2-63所示。

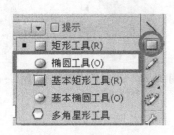

图2-62 选择"椭圆工具"

图2-63 "椭圆工具"的"属性"面板

（3）若不对"开始角度"、"结束角度"、"内径"选项以及"闭合路径"复选框进行设置，在舞台中按住鼠标左键不放并拖动，可绘制椭圆形，如图2-64所示。

（4）在"椭圆工具"的"属性"面板中的"开始角度"和"结束角度"编辑框中输入数值或拖动其左侧的滑块，设置开始角度和结束角度，可以绘制扇形；如果取消勾选"闭合路径"复选框，则可以绘制弧线，如图2-65所示。

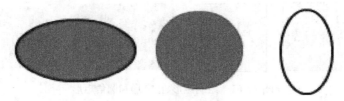

图 2 - 64　绘制椭圆形和正圆形

图 2 - 65　绘制扇形和弧线　　　　　图 2 - 66　绘制带有空心圆的椭圆和扇形

（5）若在"内径"对话框中输入正值，并勾选"闭合路径"选项，则可以绘制带有空心圆的椭圆或扇形，如图 2 - 66 所示。

三、使用"基本矩形工具"和"基本椭圆工具"

"基本矩形工具"▦和"基本椭圆工具"◯的使用方法与"矩形工具"▦及"椭圆工具"◯基本相同，所不同的是用"基本矩形工具"▦和"基本椭圆工具"◯绘制的是对象图形。

利用"基本矩形工具"▦绘制的矩形，可通过使用"选择工具"▸拖动矩形边角上的节点，改变圆角矩形的弧度，如图 2 - 67 所示。利用"基本椭圆工具"◯绘制的椭圆，可通过使用"选择工具"▸拖动椭圆外围的节点，改变开始角度和结束角度，如图 2 - 68 所示。使用"选择工具"▸拖动椭圆内部的节点，可改变内径的数值，如图 2 - 69 所示。

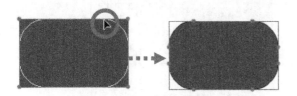

图 2 - 67　改变圆角矩形的弧度　　　　图 2 - 68　改变开始角度　　图 2 - 69　改变内径
　　　　　　　　　　　　　　　　　　　　　和结束角度

四、使用"多角星形工具"

利用"多角星形工具"◯可以绘制多边形和星形。具体操作步骤如下：

（1）按住"工具"面板中的"矩形工具"▦不放，然后在展开的工具列表中选择"多角星形工具"◯，其"属性"面板如图 2 - 70 所示。

（2）单击"属性"面板中的"选项"按钮，在打开的"工具设置"对话框（图 2 - 71）的"样式"下拉列表中可选择绘制星形还是多边形，在"边数"编辑框中可设置星形的角数或多边形的边数，在"星形顶点大小"编辑框中可设置星形的顶点大小。

图2-70　"多角星形工具"的"属性"面板

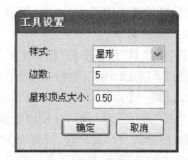

图2-71　"工具设置"对话框

（3）设置好"多角星形工具"  的属性后，将光标移动到舞台中按住鼠标左键不放并拖动，即可绘制多边形或星形，如图2-72所示。

图2-72　绘制多边形和星形

 典型案例2——绘制"闹钟精灵"

前面主要讲解了绘图"工具"面板中的"矩形工具"、"椭圆工具"和"多角星形工具"的使用方法，下面来运用这几个工具绘制一个"闹钟精灵"。

➤ 源文件：项目二\典型案例2\效果\闹钟精灵.fla

设计思路

- 新建文档。
- 绘制精灵头部。
- 绘制精灵脸部。
- 绘制精灵耳朵。
- 绘制精灵棒。
- 绘制精灵手臂。
- 保存和测试影片。

设计效果

创建如图2-73所示效果。

图2-73　最终设计效果

操作步骤

1. 新建文档

运行 Flash CS5,选择菜单栏中的"文件"→"新建"→"ActionScript3. 0"命令,新建一个 Flash 文档,并设置文档尺寸为"550 像素×400 像素",其他属性保持默认参数。

2. 绘制精灵头部

(1)选择"工具"面板中的"椭圆工具" ⬭,在"属性"面板中设置笔触颜色为"♯482D7A", 填充颜色为"♯DDDDDD",笔触高度为"4",然后在舞台的中央,按住【Shift】键的同时单击并 拖动鼠标,绘制一个圆形,如图 2-74 所示。

(2)选择"选择工具" ▸,在刚刚绘制的圆形的中央位置双击,将圆形全部选中,在"属性" 面板中调整圆形的大小及位置,设置宽为"170",高为"170",X 为"190",Y 为"115"。"属性"面 板设置如图 2-75 所示,舞台效果如图 2-76 所示。

图 2-74　绘制圆形　　　　图 2-75　"属性"面板设置　　　图 2-76　舞台效果

(3)继续选择"椭圆工具" ⬭,在"属性"面板中设置笔触颜色为"无",填充颜色为 "♯9082B7",在舞台上刚刚绘制的圆旁边,按住【Shift】键的同时单击并拖动鼠标,绘制一个小 圆形,如图 2-77 所示。

(4)选择"选择工具" ▸,在刚刚绘制的小圆形的中央位置单击,将圆形选中,在"属性"面 板中调整圆形的大小及位置,设置宽为"130",高为"130",X 为"210",Y 为"135"。"属性"面板 设置如图 2-78 所示,舞台效果如图 2-79 所示。

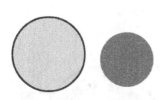

图 2-77　绘制另一个圆形　　　图 2-78　"属性"面板设置　　　图 2-79　舞台效果

图 2-80　绘制内部小圆形

3. 绘制精灵脸部

(1)选择"椭圆工具" ⬭,在"属性"面板中设置笔触颜色为 "♯000000",填充颜色为"♯AADBC6",笔触高度为"1",在舞台上 按住【Shift】键的同时单击并拖动鼠标,绘制一个小圆形,如图 2-80 所示。

（2）选择"选择工具" ，在刚刚绘制的圆形的中央位置双击，将圆形全部选中，在"属性"面板中调整圆形的大小及位置，设置宽为"110"，高为"110"，X 为"220"，Y 为"145"。"属性"面板设置如图 2-81 所示，舞台效果如图 2-82 所示。

（3）继续选择"椭圆工具" ，在"属性"面板中设置笔触颜色为"♯000000"，填充颜色为"♯0684CE"，笔触高度为"1"，在舞台上按住【Shift】键的同时单击并拖动鼠标，绘制一个小圆形，如图 2-83 所示。

图 2-81　"属性"面板设置　　　　图 2-82　舞台效果　　　图 2-83　绘制小圆形

（4）选择"选择工具" ，在刚刚绘制的圆形的中央位置双击，将圆形全部选中，在"属性"面板中调整圆形的大小，设置宽为"22"，高为"22"。

（5）继续选择"椭圆工具" ，在"属性"面板中选择笔触颜色为"无"，填充颜色为"♯000000"，在舞台上单击并拖动鼠标，绘制一个小椭圆形，如图 2-84 所示。设置椭圆的宽为"10"，高为"15"，并拖动到小圆的内部，如图 2-85 所示。

（6）用同样的方法再绘制一个白色的小椭圆，宽为"3"，高为"7"，并将其放置在黑色椭圆的内部，再绘制一个白色的小圆，放置在白色小椭圆的旁边，效果如图 2-86 所示，这样就绘制了精灵的一只眼睛。

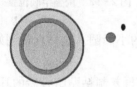

图 2-84　绘制小椭圆　　　　图 2-85　绘制内部小椭圆　　　　图 2-86　绘制白色的小圆

（7）利用"选择工具" 将眼睛选中，按【Ctrl＋G】组合键将其成组。按【Ctrl＋C】组合键将其进行复制，再按【Ctrl＋V】组合键进行粘贴，这样就有了另一只眼睛。将复制出来的眼睛选中，执行菜单栏中的"修改"→"变形"→"水平翻转"命令，再将两只眼睛分别放置在 X 为"245"、Y 为"170"和 X 为"285"、Y 为"170"的位置上，如图 2-87 所示。

（8）选择"线条工具" ，在舞台上画一条直线，利用"选择工具" ，将直线修改为曲线，并拖动到精灵脸部，作为精灵的嘴，效果如图 2-88 所示。这样精灵的脸就画好了。

图 2-87　调整眼睛位置　　图 2-88　绘制嘴巴

4. 绘制精灵耳朵

（1）选择"矩形工具"▭，在"属性"面板中设置笔触颜色为"无"，填充颜色为"♯482D7A"，在精灵脸的旁边绘制一矩形，宽为"36"，高为"7"。选中该矩形，单击"变形"按钮，打开"变形"面板，设置旋转为"－25°"。面板设置如图 2－89 所示，舞台效果如图 2－90 所示。

 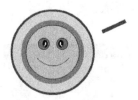

图 2－89　"变形"面板设置　　　　　图 2－90　舞台效果

（2）选择"椭圆工具"◯，在"属性"面板中设置笔触颜色为"无"，填充颜色为"♯F26C00"，按住【Shift】键在舞台上单击并拖动鼠标，绘制一个小圆形，如图 2－91 所示。

（3）选择"工具"面板中的"线条工具"╲，设置笔触高度为"2"，在刚刚绘制的圆形上画一条直线，效果如图 2－92 所示。

（4）选择"选择工具"▱，在右半圆上单击，选中了右边的半个圆，将其拖动到图 2－93 所示的位置上，将左半圆和直线删除。

图 2－91　绘制圆　　　　　图 2－92　绘制直线　　　　　图 2－93　调整半圆位置

（5）选择"椭圆工具"◯，在如图 2－94 所示位置画两个白色的小椭圆。这样就绘制好了精灵的一只耳朵。

（6）利用"选择工具"▱，将精灵的耳朵全部选中，将其成组。再复制粘贴组合后的耳朵，这样就有了另一只耳朵。将复制出来的耳朵水平翻转，再将两只耳朵分别放置在脸的两侧，如图 2－95 所示。

图 2－94　绘制两个白色的小椭圆　　　　　图 2－95　复制耳朵并调整位置

5. 绘制精灵棒

（1）选择"矩形工具"▭，在"属性"面板中设置笔触颜色为"♯999999"，填充颜色为

"♯FFFF00",笔触高度为"2",边角半径为"10",在精灵脸的旁边绘制一矩形,宽为"140",高为"12"。选中该矩形,打开"变形"面板,设置旋转角度为"−40°",舞台效果如图 2−96 所示。

（2）选择"多角星形工具"  ,在"属性"面板中单击"选项"按钮,打开"工具设置"对话框,设置样式为"星形",边数为"5"。对话框参数设置如图 2−97 所示。

图 2−96 绘制圆角矩形   图 2−97 "工具设置"对话框参数设置

（3）在舞台上绘制一个星形,并将其放置在矩形的右上方,如图 2−98 所示。

（4）利用"选择工具" ,将精灵棒全部选中,将其成组。再将精灵棒放置在如图 2−99 所示的位置,这样精灵棒就制作完成。

图 2−98 绘制星形   图 2−99 调整精灵棒位置

6. 绘制精灵手臂

（1）选择"椭圆工具"  ,在"属性"面板中设置笔触颜色为"♯36167B",填充颜色为"♯BBAFD3",笔触高度为"6",按住【Shift】键在舞台上单击并拖动鼠标,绘制一个圆形,如图 2−100 所示。

（2）利用"选择工具" ,双击该圆形将其全部选中,将其成组,再复制粘贴该圆形,这样就有了另一个圆形,将两个圆形放置在如图 2−101 所示的位置上,作为精灵的小手臂。至此,闹钟精灵绘制完毕。

图 2−100 绘制手臂圆形   图 2−101 复制手臂圆形并调整位置

7. 保存和测试影片

按【Ctrl+S】组合键保存影片，按【Ctrl+Enter】组合键测试影片。

案例小结

熟练使用"工具"面板中常用工具是制作动画素材的前提。而"矩形工具" 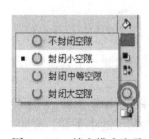、"椭圆工具" 和"多角星形工具" 是绘图的常用工具，它们绘出的图形是构成图形的基础元素，再复杂的图形都可由这些图形演变而来。希望读者以本例为引子，从现实生活中多多发掘绘图素材，并加以练习。

任务四　设置图形的填充和轮廓

学习要点

1. 学会使用"颜料桶工具"、"渐变变形工具"等为图形填充色彩。
2. 掌握纯色填充、渐变填充和位图填充等常用填充方式。
3. 通过实例掌握图形绘制和色彩填充的方法和技巧。

知识准备

一、使用"颜料桶工具"

1. 填充纯色——填充天鹅

要使用"颜料桶工具" 填充颜色，应首先设置填充模式，然后在"拾色器"对话框中选择或设置填充色，最后通过单击填充颜色。具体操作步骤如下：

（1）打开素材文档"纯色填充——天鹅.fla"，选中"工具"面板中的"颜料桶工具" ，再单击"工具"面板选项区的"空隙大小"按钮 ，可在展开的下拉列表中选择填充模式，如图2-102所示。

（2）单击"属性"面板填充颜色 右侧的色块，可在打开的"拾色器"对话框中选择 Flash 预设的填充色，如图2-103所示。

图2-102　填充模式选项

（3）若"拾色器"对话框中没有符合要求的填充色，可单击 按钮，打开"颜色"对话框进行设置，如图2-104所示。

（4）设置好填充色后，将光标分别移动到天鹅的嘴部并单击，即可为天鹅的相应位置填充颜色。

（5）为天鹅的身体和翅膀填充"♯DDF9FF"（青色），为眼睛填充"♯000000"（黑色），为脚填充"♯FF6600"（橙黄色）。

2. 填充渐变色——填充太阳和草地

通过在"颜色"面板中进行设置，可使用"颜料桶工具" 为对象填充渐变色。具体操作步

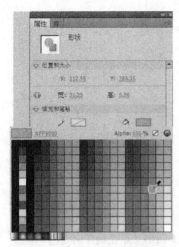 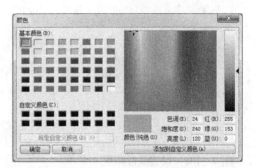

图2-103 "拾色器"对话框　　　　图2-104 "颜色"对话框

骤如下：

（1）打开素材文档"渐变填充——太阳和草地.fla"，打开"颜色"面板，然后按下填充颜色按钮 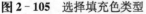，并在颜色类型下拉列表中选择"径向渐变"选项，如图2-105所示。

（2）双击渐变条左侧的色块，然后在打开的"拾色器"中选择"♯FF0000"（红色），这样便将渐变的起始颜色设为了红色，如图2-106所示。

（3）将右侧的色块设为"♯FFCC00"（金黄色），并将左侧的色块向右拖动，如图2-107所示。

图2-105 选择填充色类型　　图2-106 设置渐变的起始颜色　　图2-107 设置色块颜色并拖动色块

（4）选择"颜料桶工具" ，将光标移动到太阳处并单击进行径向渐变填充。

（5）在"颜色"面板的颜色类型下拉列表中选择"线性渐变"选项，然后将左侧色块的颜色设为"♯EEF742"（浅黄色），右侧色块的颜色设为"♯99CC00"（浅绿色），如图2-108所示。

（6）将光标移动到右下角的草地上方，然后按住鼠标左键不放并向下方拖动，松开鼠标后，即可为草地填充线性渐变色，如图2-109所示。

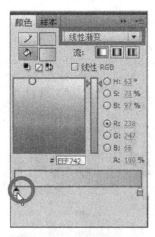

图 2 - 108　设置线性渐变　　　　**图 2 - 109　填充线性渐变色**

(7) 利用相同的方法，为另外两块草地填充渐变颜色。

3. 填充位图——填充衣服

利用"颜料桶工具" ◎ 不仅能够填充纯色和渐变色，通过在"颜色"面板中进行设置，还可以为对象填充位图。具体操作步骤如下：

(1) 打开素材文档"填充位图——酷狗. fla"，然后打开"颜色"面板并按下填充颜色按钮 ◎■ ，在颜色类型下拉列表中选择"位图填充"选项，如图 2 - 110 所示。

(2) 在打开的"导入到库"对话框中选择教学资源包中的"项目二\素材"目录下的"衣服纹饰.jpg"位图素材。

(3) 导入位图后，选择"颜料桶工具" ◎ ，将光标移动到衣服上并单击，即可填充位图，如图 2 - 111 所示。

图 2 - 110　选择填充色类型　　　　**图 2 - 111　填充位图**

二、使用"渐变变形工具"

利用"渐变变形工具" ■ 可以调整渐变色及位图填充的方向、角度和大小等属性，从而使填充效果更加符合要求。具体操作步骤如下：

（1）打开素材文档"渐变变形工具——路灯.fla"，按住"工具"面板中的"任意变形工具"，在展开的工具列表中选择"渐变变形工具"，如图2-112所示。

（2）将光标移动到路灯的灯光上并单击，会出现一个渐变控制圆，如图2-113所示。

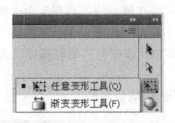

图 2-112 选择"渐变变形工具"

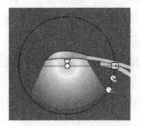

图 2-113 渐变控制圆

（3）在"渐变中心点"上按住鼠标左键并拖动，可移动径向渐变色的整体位置，如图2-114所示。

（4）拖动"渐变焦点控制柄"可移动渐变色的中心点，如图2-115所示。

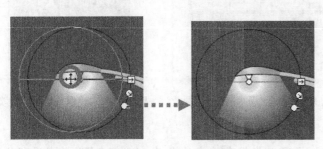

图 2-114 拖动渐变中心点

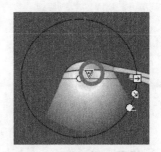

图 2-115 移动径向渐变焦点

（5）拖动"渐变长宽控制柄"可增加或减小渐变色的宽度，如图2-116所示。

（6）拖动"渐变大小控制柄"可沿中心位置增大或缩小渐变色，如图2-117所示。

（7）将光标放在"渐变方向控制柄"上，当光标呈 形状时按住鼠标左键并拖动，可调整渐变方向，如图2-118所示。

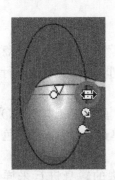

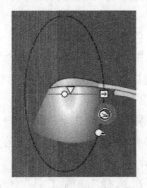

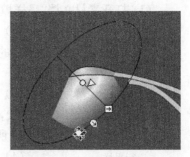

图 2-116 调整径向渐变色宽度 　图 2-117 调整径向渐变色大小 　图 2-118 调整径向渐变方向

三、使用"墨水瓶工具"

利用"墨水瓶工具"  可以改变线条的颜色和粗细等属性,还可以为没有轮廓线的填充区域添加边线。具体操作步骤如下:

(1)打开素材文档"墨水瓶——小熊.fla"。

(2)在"工具"面板中按住"颜料桶工具" 不放,在展开的工具列表中选择"墨水瓶工具" ,如图2-119所示。

(3)在"属性"面板中将笔触颜色设为"#663300"(深棕色),笔触高度设为"5",笔触样式设为"斑马线",如图2-120所示。

(4)将光标移动到小熊各边线上并单击,即可更改线条属性。

图2-119 选择"墨水瓶工具"　　图2-120 设置"墨水瓶工具"参数　　图2-121 设置笔触的颜色类型

> **提示:** 利用"墨水瓶工具" 除了可以为线条填充纯色外,在"颜色"面板中进行设置后,还可以为线条填充渐变色和位图,如图2-121所示。

四、使用"滴管工具"

1. 采样填充色和位图

使用"滴管工具" 可以对填充颜色和笔触属性进行采样,并将采样的属性应用于其他对象。具体操作步骤如下:

(1)打开素材文档"采样填充色和位图.fla"。

图2-122 对纯色
进行采样

(2)单击选中"工具"面板中的"滴管工具" ,然后将光标移动到易拉罐的罐口位置,当光标呈 形状时单击,即可对填充色进行采样,如图2-122所示。

(3)采样后"滴管工具" 会自动切换为"颜料桶工具" ,光标呈 形状,将光标移动到铁罐盖子的顶部并单击,即可填充纯色,如图2-123所示。

(4)再次选择"滴管工具" ,对易拉罐的罐身进行采样,如图2-124所示。

图 2-123 填充纯色

图 2-124 对渐变色进行采样

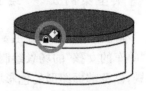
图 2-125 对罐身进行填充

（5）将光标移动到铁罐盖子的侧面，并单击填充，此时可以发现，填充的并不是渐变色而是纯色，如图 2-125 所示。

（6）选择"滴管工具" ，对易拉罐的接口处进行采样，然后单击"工具"面板中的"锁定填充"按钮 解除锁定，如图 2-126 所示。

图 2-126 对易拉罐的接口处进行
采样并解除锁定

图 2-127 填充渐变色

图 2-128 对位图进行采样

（7）将光标移动到铁罐的罐身处并单击进行填充，此时即可正常填充渐变色，如图 2-127 所示。

（8）使用"滴管工具" 对舞台中分离的位图进行采样，如图 2-128 所示。

（9）单击"工具"面板中的"锁定填充"按钮 解除锁定，然后将光标移动到罐身商标位置，单击填充位图，如图 2-129 所示。

图 2-129 填充位图

2. 采样线条

使用"滴管工具" 也可以对线条的颜色、样式和粗细等属性进行采样，并将其应用于其他线条。具体操作步骤如下：

（1）打开素材文档"采样线条.fla"。

（2）选择"滴管工具" ，将光标移动到左侧的线条上，光标会呈 形状，如图 2-130 所示。

（3）单击进行采样后，"滴管工具" 会自动切换为"墨水瓶工具" ，在目标线条上单击，即可改变线条属性，如图 2-131 所示。

图 2-130 对线条属性进行采样

图 2-131 应用线条属性

典型案例 3——绘制"等车的女孩"

本任务的前面部分主要介绍了图形绘制、色彩填充和调整工具的使用方法,接下来进行一个"等车的女孩"的场景绘制。通过本案例的制作,使读者学会灵活地运用绘图工具绘制复杂场景,以及掌握图形的色彩填充与调整等操作方法与技巧。

➢ 源文件:项目二\典型案例 3\效果\等车的女孩.fla

设计思路

- 新建文档。
- 绘制小女孩头部。
- 绘制小女孩身体。
- 绘制背景图片。
- 绘制箱子。
- 绘制公交站牌。
- 添加文字和装饰。
- 保存和测试影片。

设计效果

创建如图 2-132 所示效果。

图 2-132　最终设计效果

操作步骤

1. 新建文档

运行 Flash CS5,创建一个 Flash 文档,文档属性保持默认参数。

2. 绘制小女孩头部

(1) 选择"工具"面板中的"钢笔工具" ♦,在舞台上绘制出小女孩的头部轮廓线,如图2-133 所示。

(2) 使用"线条工具" ＼绘制小女孩的眉毛、鼻子和嘴巴,可以使用"选择工具" ▶对直线的弯曲度进行调整,然后使用"刷子工具" ✐为小女孩点上眼睛。得到如图 2-134 所示的效果。

图 2-133　绘制头部轮廓线　　图 2-134　绘制眼、眉、鼻、嘴　　图 2-135　头部填充效果

(3) 选择"颜料桶工具" ♢,用"♯9A543C"(棕色)填充头发部分,用"♯FFFFFF"(白色)填充小女孩的脸部,效果如图 2-135 所示。在填充的时候要注意,如果出现无法填色的情况,

可能是由于轮廓线条间存在一些缝隙,这时可以将填充的空隙大小改为"封闭小空隙"。完成后按【Ctrl+G】组合键将小女孩的头部成组。

3. 绘制小女孩身体

(1) 用"钢笔工具" 勾勒出小女孩的身体轮廓线,具体形状如图 2-136 所示。

(2) 小女孩身着横条服装,为了填充方便,可以先用直线将色块划分开来。以腿部的填色为例,选择"线条工具" 绘制一些直线作为色块的分割线,再用"选择工具" 对直线的弯曲度进行一定的调整,如图 2-137 所示。然后使用"颜料桶工具" 为其间隔填充"#F55124"(红色)和"#FCC7C1"(粉色),效果如图 2-138 所示。

图 2-136　勾勒身体轮廓线

图 2-137　绘制腿部分割线

图 2-138　填充腿部颜色

(3) 使用同样的方法填充小女孩身体部分的颜色。可使用"#F56770"(桃红色)和"#FCE4E4"(乳白色)间隔填充,效果如图 2-139 所示。然后将小女孩的头部和身体拼接在一起,最终效果如图 2-140 所示。

图 2-139　填充身体部分颜色

图 2-140　头部和身体拼接后效果

4. 绘制背景图片

(1) 单击"时间轴"面板中的"新建图层"按钮 ,创建一个"图层 2",并将"图层 2"拖曳到"图层 1"的下方。将在"图层 2"中绘制背景,在这里可以将"图层 1"的名称改为"人物",将"图层 2"的名称改为"背景"。

(2) 在"背景"图层中,先绘制地面。可使用"钢笔工具" 勾勒出地面的形状,然后填充"#D3D3D3"(灰色)。为了使画面更丰富,还可以使用"椭圆工具" ,取消笔触颜色,将填充颜色设为"♯A7A6AC"（深灰色），在地面上随意绘制一些椭圆的斑点，效果如图 2-141 所示。完成后将地面成组。

图 2-141 绘制的地面效果

（3）绘制草丛背景。使用"钢笔工具"🖋 随意勾勒出草丛的轮廓线，然后为其填充"♯ECFBA6"（浅绿色），如图 2-142 所示。完成后将其组合，并且将其排列次序调整为"地面"的下一层。

图 2-142 绘制的草丛效果

图 2-143 组合和调整位置后的箱子效果

5. 绘制箱子

使用"线条工具"📐绘制出箱子的轮廓线，然后在箱子的三个面分别填充"♯ACDBF5"、"♯78B2DA"、"♯356CAD"三种不同的蓝色。完成后将箱子组合，放置在画面合适的位置，效果如图 2-143 所示。

6. 绘制公交站牌

（1）首先绘制杆子部分。使用"线条工具"📐，将笔触高度设为"8"，在舞台上绘制一根粗实线，将其调整出一定的弯曲度，如图 2-144 所示。

（2）选择菜单栏中的"修改"→"形状"→"将线条转换为填充"命令，这时线条就变为了填充色块，如图 2-145 所示。使用"部分选取工具" ⬚，删除顶端不需要的端点，如图 2-146 所示，这样就制作出了上细下粗的效果，如图 2-147 所示。完成后也将其成组。

图 2-144 绘制杆子

图 2-145 将线条转换为填充    图 2-146 删除端点    图 2-147 杆子最终效果

（3）接下来绘制公交站牌。使用"椭圆工具" ◎，绘制出圆形的装饰牌，填充颜色设为"♯87B5D4"（蓝色），再绘制一颗红心作为装饰，完成后将其放置在杆子的顶端。然后绘制侧面的公交站牌，填充颜色设为"♯F2C99F"（肉红色），再使用"文本工具" T 为其添加文字"BUS"的字样，完成后将其放置在杆子的侧面。调整它们之间的位置，最终效果如图2-148所示。

图2-148 绘制的公交站牌效果

7. 添加文字和装饰

使用"文本工具" T 为画面添加一段文字，并添加两颗红心作为装饰。还可以使用"刷子工具" ✐，将填充颜色设为"♯F0F7F7"（浅蓝色），在天空绘制几朵云彩。这样就完成了这幅卡通画的制作。

8. 保存和测试影片

按【Ctrl＋S】组合键保存影片，按【Ctrl＋Enter】组合键测试影片。

案例小结

本案例通过绘制"等车的女孩"场景，着重讲解了 Flash CS5 中图形绘制和色彩填充的操作方法与技巧。希望读者从这个简单的案例，学会推而广之，掌握复杂场景的绘制与填充。

任务五　绘制填充色与图案

学习要点

1. 掌握使用"刷子工具"、"喷涂刷工具"等绘制填充色与图案。
2. 学会使用新增工具的"喷涂刷工具"、"Deco 工具"绘制和填充复杂图形。
3. 通过实例熟悉这些工具的使用方法和技巧。

知识准备

一、使用"刷子工具"

利用"刷子工具" ✐ 可以绘制任意形状、大小和颜色的填充色，并且通过设置涂色模式，可以达到不同效果。具体操作步骤如下：

（1）在"工具"面板中单击选中"刷子工具" ✐ 后，可在"属性"面板中设置"刷子工具" ✐ 的填充颜色和平滑度，如图2-149所示。

（2）在"工具"面板的下方"刷子大小"选项的下拉列表中，可选择刷子大小，如图2-150所示。

（3）在"刷子形状"选项的下拉列表中，可选择刷子形状，如图2-151所示。

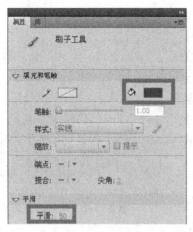

图 2-149　"刷子工具"的"属性"面板

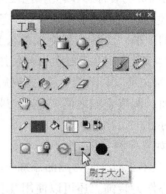

图 2-150　选择刷子大小

图 2-151　选择刷子形状

图 2-152　选择涂色模式

（4）在"工具"面板选项区中单击"刷子模式"按钮，可选择"刷子工具" 的涂色模式，如图 2-152 所示。

（5）设置好参数后，在舞台中按住鼠标左键并拖动，即可绘制图形，如图 2-153 所示。

标准绘画　　　颜料填充　　　后面绘画　　　颜料选择　　　内部绘画

图 2-153　利用不同的涂色模式进行图形绘制

提示："工具"面板中的"橡皮擦工具" 和"刷子工具" 的模式、形状等参数类似，但功能正好相反，它可用于快速擦除舞台中的任何矢量对象（图 2-154），包括笔触和填充区域。在使用该工具时，可以在"工具"面板中自定义擦除模式，以便只擦除笔触、多个填充区域或单个填充区域，还可以在"工具"面板中选择不同的橡皮擦形状。

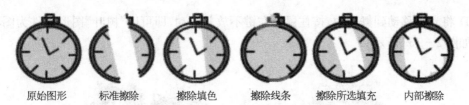

原始图形　　标准擦除　　擦除填色　　擦除线条　　擦除所选填充　　内部擦除

图 2 - 154　"橡皮擦工具"的模式

二、使用"喷涂刷工具"

利用"喷涂刷工具" 🖌️ 可以将填充色或图案喷涂到舞台中的指定位置。具体操作步骤如下：

(1) 打开素材文档"喷涂刷.fla"，选择"喷涂刷工具" 🖌️，然后在"属性"面板(图 2 - 155)中设置"喷涂刷工具" 🖌️ 的填充颜色、缩放比例、画笔大小和画笔角度等属性。

(2) 设置好"喷涂刷工具" 🖌️ 的属性后，将光标移动到舞台中，按住鼠标左键并拖动，即可喷涂填充色，如图 2 - 156 所示。

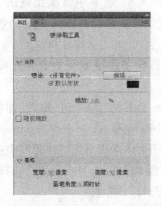

图 2 - 155　"喷涂刷工具"的"属性"面板

图 2 - 156　喷涂填充色

(3) 在"属性"面板中取消勾选"默认形状"复选框或单击"编辑"按钮，在打开的"选择元件"对话框(图 2 - 157)中选择"树叶"图形元件，然后单击"确定"按钮。

(4) 在"属性"面板中勾选"随机缩放"和"随机旋转"复选框，如图 2 - 158 所示。

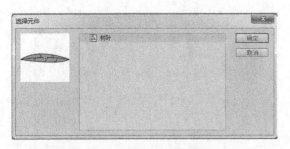

图 2 - 157　选择作为图案的图形元件

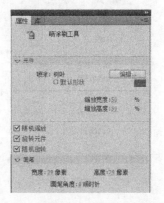

图 2 - 158　选择图形元件后的"属性"面板

（5）将光标移动到舞台中，按住鼠标左键不放并拖动，即可以"树叶"图形元件为图案进行喷涂，如图 2-159 所示。

图 2-159　以"树叶"图形元件为图案进行喷涂

三、使用"Deco 工具"

"Deco 工具" 是装饰性绘画工具，是在 Flash CS4 版本中首次出现的。使用它可以将"库"面板中的任意影片剪辑，或图形元件作为图案进行复杂绘图或制作动画效果。

1. 藤蔓式填充

利用"Deco 工具" 的"藤蔓式填充"模式，可以模仿藤蔓生长的方式在舞台、元件或封闭区域中填充图案或制作动画。具体操作步骤如下：

（1）打开素材文档"藤蔓式填充. fla"，选择"Deco 工具" ，在"属性"面板"绘制效果"下方的下拉列表中选择"藤蔓式填充"选项，如图 2-160 所示。

（2）单击"树叶"选项右侧的"编辑"按钮，在打开的"选择元件"对话框中选择"树叶"图形元件，然后单击"确定"按钮；单击"花"选项右侧的"编辑"按钮，在打开的"选择元件"对话框中选择"樱桃"图形元件，然后单击"确定"按钮，如图 2-161 所示。

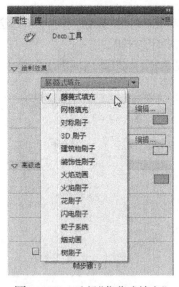

图 2-160　选择"藤蔓式填充"

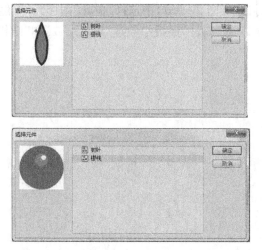

图 2-161　将"树叶"和"樱桃"设为树叶和花

（3）在舞台中绘制一个没有填充色的椭圆，然后使用"Deco 工具" 在椭圆中单击，即可填充图案，如图 2-162 所示。

（4）选择"Deco 工具"，勾选"属性"面板中的"动画图案"复选框，并将"帧步骤"设为"1"，如图 2-163 所示。

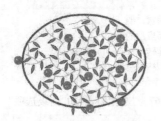

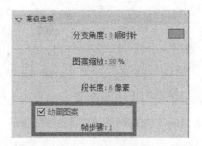

图 2-162　"藤蔓式填充"的效果　　　　　图 2-163　勾选"动画图案"复选框

（5）将光标移动到舞台适当位置并单击，即可创建逐帧动画，如图 2-164 所示。

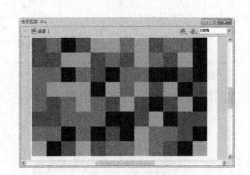

图 2-164　创建的逐帧动画　　　　　　　图 2-165　网格填充效果

2. 网格填充

选择"网格填充"模式，可以以元件填充设计区、元件或封闭区域。将网格填充绘制到设计区中，如果移动填充元件或调整其大小，则网格填充将随之移动或调整大小，效果如图 2-165 所示。

3. 对称刷子

选择"对称刷子"模式，可以围绕中心点对称排列元件。在设计区中绘制元件时，将显示一组手柄。可以使用手柄通过增加元件数、添加对称内容或者编辑和修改效果的方式来控制对称效果。"Deco 工具"的"对称刷子"的"属性"面板和"高级选项"如图 2-166 和图 2-167 所示。

4. 装饰性刷子

"装饰性刷子"在进行 Flash 绘图时很有用，可以通过应用"装饰性刷子"效果，绘制出多种装饰线，例如梯形图案、绳形、星形、波浪线等，如图 2-168 所示。

 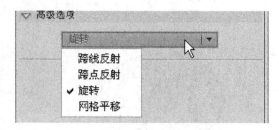

图 2 – 166 "对称刷子"的"属性"面板　　　　**图 2 – 167** "对称刷子"的"高级选项"

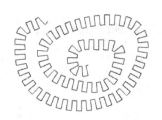   

图 2 – 168 "装饰性刷子"绘制的多种装饰线

5. 粒子系统

使用"粒子系统",可以创建火、烟、水、气泡及其他效果的粒子动画,如图 2 – 169 所示。

图 2 – 169 "粒子系统"的"属性"面板及绘制效果

6. 树刷子

通过"树刷子"效果,可以快速创建树状插图,选择"Deco 工具" 后,在"属性"面板中选择"树刷子",可打开该效果的"属性"面板,如图 2-170 所示。打开"高级选项"下拉列表框,可以选择多种树的效果,如图 2-171 所示。

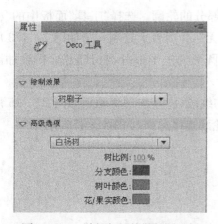

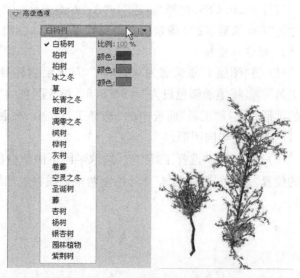

图 2-170 "树刷子"的"属性"面板 　　　　　**图 2-171** "树刷子"的"高级选项"

读者可尝试使用"建筑物刷子"、"火焰刷子"和"烟动画"等其他绘制效果,在此不再赘述。

 典型案例 4——绘制"咖啡厅招牌"

在本任务的前面部分对 Flash 中的各种绘图工具作了较详细的介绍,下面将进入 Flash 新增装饰性绘画工具的实例制作。在本案例中,主要通过 Flash CS5 中"Deco 工具" 提供的许多刷子,绘制出"咖啡厅招牌"。希望通过这个案例,使读者掌握装饰工具的使用方法,创作出精美的图案,同时进一步熟悉其他工具的使用方法。

> 源文件:项目二\典型案例 4\效果\咖啡厅招牌.fla

设计思路

- 新建文档。
- 制作咖啡杯。
- 制作图案和装饰。
- 制作背景曲线。
- 创建和编辑文本。
- 保存和测试影片。

设计效果

创建如图 2-172 所示效果。

图 2-172 最终设计效果

操作步骤

1. 新建文档

运行 Flash CS5，选择"新建"→"ActionScript3.0"命令，新建一个 Flash 文档，并设置文档尺寸为"700 像素×200 像素"，其他属性保持默认参数。

2. 制作咖啡杯

（1）将"图层 1"重命名为"咖啡杯"，首先绘制杯身部分的轮廓。选择"工具"面板中的"椭圆工具" ⬭，将笔触颜色设为"♯666666"，填充颜色为"无"，在舞台上绘制一个如图 2‐173 所示的圆形。选择"工具"面板中的"选择工具" ▸，选取圆形的上半部分，将其删除，得到如图 2‐174 所示的半圆图形。

（2）继续使用"选择工具" ▸，选取半圆下面部分的线段，将其向下移动至如图 2‐175 所示的位置。选择"线条工具" ╲，绘制两根直线将底部轮廓连接起来，如图 2‐176 所示。

图 2‐173　绘制圆形　　图 2‐174　删除后得到　　图 2‐175　移动半圆　　图 2‐176　绘制直
　　　　　　　　　　　　　的半圆图形　　　　　下面的线段　　　　线连接底部轮廓

（3）选择"椭圆工具" ⬭，将笔触颜色设为"♯CCCCCC"，填充颜色为"无"，在杯身上方绘制一个如图 2‐177 所示的椭圆作为杯口轮廓。

（4）按下【Shift＋F9】组合键打开"颜色"面板，将颜色类型设为"径向渐变"，填充颜色设为由"♯FFFFFF"（白色）至"♯666666"（灰色）的渐变色，如图 2‐178 所示。选择"颜料桶工具" ⬙，对杯身部分进行填充，效果如图 2‐179 所示。

图 2‐177　绘制杯口椭圆　　　图 2‐178　"颜色"面板设置　　　图 2‐179　填充的杯身效果

（5）继续选择"颜料桶工具" ⬙，对杯口进行填充，效果如图 2‐180 所示。选择"选择工具"，选取杯口上沿的半圆弧，按下【Ctrl＋C】组合键，对其进行复制，再按【Ctrl＋V】组合键进行粘贴，效果如图 2-181 所示。

图 2-180 填充的杯口效果

图 2-181 复制杯口上沿的半圆弧

（6）选择"橡皮擦工具"，将复制出来的半个椭圆形的两边删掉一些，效果如图 2-182 所示。再选择"选择工具"，选中修改好的半椭圆，将其拖放到咖啡杯内部，位置如图 2-183 所示。

图 2-182 删掉两边后的图形

图 2-183 调整半椭圆的位置

（7）打开"颜色"面板，设置颜色类型为"径向渐变"，填充颜色设为由"＃993300"（浅咖色）至"＃602D1E"（深咖色）的渐变色，选择"颜料桶工具"，对杯身内部进行填充，如图 2-184 所示。最后将杯身部分的轮廓线删除，完成杯身的制作，如图 2-185 所示。

图 2-184 杯身内部填充效果

图 2-185 删除杯身的轮廓线

（8）选择"钢笔工具"，绘制出如图 2-186 所示的封闭轮廓。对于轮廓的调整可使用"部分选取工具"。打开"颜色"面板，将颜色类型设为"线性渐变"，填充颜色设为由"＃333333"（深灰色）至"＃CFCFCF"（浅灰色）再至"＃666666"（深灰色）的渐变色，如图 2-187 所示。

图 2-186 绘制把手轮廓

图 2-187 "颜色"面板的线性设置

（9）选择"颜料桶工具"  ，对把手部分进行渐变填充，然后将把手的外轮廓删除，如图2-188 所示。按【Ctrl+G】组合键将把手成组，并将其放置在杯身的右侧，完成杯体部分的制作，如图2-189 所示。

图2-188　把手渐变后效果　　　　图2-189　完成后的杯体效果图

（10）单击"时间轴"面板中的"新建图层"按钮  ，创建一个新图层，重命名为"托盘"层，并将该图层拖曳到"咖啡杯"层的下方。将在"托盘"图层中绘制杯子下面的碟子部分。制作碟子的方法和制作杯身的方法一致，可参考前面的步骤，碟子的最终效果如图2-190 所示。为了达到更好的效果，还可以为其添加阴影，使其更加逼真。最后将杯子和碟子调整到合适的位置即可，最终效果如图2-191 所示。

图2-190　绘制的碟子效果　　　　图2-191　杯子和碟子组合后的效果

3．制作图案和装饰

（1）创建图案的元件。在使用"Deco 工具" 的对称刷子之前，必须创建一个元件，用作将重复使用的基本形状。按【Ctrl+F8】组合键，打开"创建新元件"对话框，设置名称为"line"，类型为"图形"，单击"确定"按钮，进入元件编辑模式。选择"线条工具" ，在"属性"面板中设置笔触颜色为"♯996600"（褐色），样式为"极细线"，面板设置如图2-192 所示。按住【Shift】键的同时，绘制一根穿过舞台中心的线条。在"属性"面板中设置线条的宽度为"1"像素，高度为"25"像素。然后按【Ctrl+K】组合键打开"对齐"面板，单击"水平中齐"  、"顶对齐" ，确保直线顶端在舞台中央。舞台效果如图2-193 所示。

图2-192　"线条工具"的面板设置 　　　　图2-193　线条的舞台效果

（2）使用"Deco 工具"  的对称刷子。单击"场景 1"图标 场景1 ，返回到主场景。将"咖啡杯"和"托盘"两个图层进行锁定，然后在"咖啡杯"图层的上方，插入一个新图层，重命名为"气泡"，如图 2-194 所示。在"工具"面板中，选择"Deco 工具"，在"属性"面板中选择"对称刷子"选项；单击"模块"旁边的"编辑"按钮，在"选择元件"对话框中选择"line"元件；在"高级选项"下面，选择"旋转"，面板设置如图 2-195 所示。

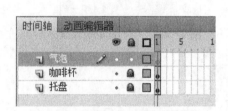

图 2-194　创建"气泡"层

图 2-195　"对称刷子"的面板设置

（3）在舞台上单击以放置元件，并在保持按下鼠标的情况下在绿色辅助线周围移动它，直至得到想要的放射状图案，如图 2-196 所示。舞台上出现的绿色辅助线显示了元件重复频率的中心点、主轴线和次轴线。把绿色次轴线拖到离主轴线更近的位置，以增加重复次数，如图 2-197 所示。完成后，选择"选择工具" ，退出"Deco 工具" 。得到的图案是一个组，其中包含许多 line 元件，如图 2-198 所示。

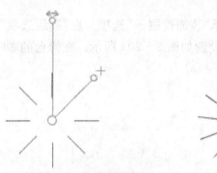

图 2-196　绘制放射状图案　　　图 2-197　增加重复次数　　　图 2-198　绘制所得的图案组

（4）选择"椭圆工具" ，设置笔触颜色为"#996600"（褐色），填充颜色为"无"，笔触样式为"极细线"。按住【Shift】键的同时在舞台上绘制一个小圆形，如图 2-199 所示。选取"选择工具" 框选放射线圆和小圆形，打开"对齐"面板，取消选中"与舞台对齐"复选框，再单击"水平中齐" 与"垂直中齐" 按钮，面板设置如图 2-200 所示。此时舞台上的两个对象居中对齐。

（5）按【Ctrl＋G】组合键将其成组，效果如图 2-201 所示。复制并粘贴这个组，在咖啡杯上方产生多个气泡，使用"任意变形工具" 把气泡缩放成不同的大小，如图 2-202 所示。

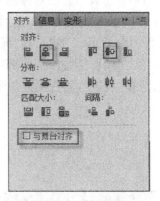

图 2-199　绘制圆形　　　　　　　　　图 2-200　"对齐"面板设置

图 2-201　组合两个对象　　　　　　　图 2-202　复制产生的多个气泡

（6）选择"Deco 工具"，在"属性"面板中，选择"装饰性刷子"选项。在"高级选项"中，选择"虚线"，图案颜色设为"♯996600"（褐色），面板设置如图 2-203 所示。在舞台的咖啡杯上方绘制几条曲线，效果如图 2-204 所示。

图 2-203　"装饰性刷子"的面板设置　　　图 2-204　绘制的"热气"效果

（7）选择"Deco 工具"，在"属性"面板中，选择"花刷子"选项。在"高级选项"中，选择"园林花"，勾选"分支"复选框，并保留颜色和大小的默认值，面板设置如图 2-205 所示。在舞台的下方部分绘制迷人的花枝，效果如图 2-206 所示。

图 2-205　"花刷子"的面板设置　　　　图 2-206　绘制的花枝效果

4. 制作背景曲线

(1) 执行菜单栏中的"插入"→"时间轴"→"图层"命令插入一个新图层,将该图层重命名为"波浪 1"层,并将该图层拖放至最下方,"时间轴"面板状态如图 2-207 所示。

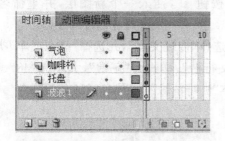

图 2-207　"时间轴"面板状态　　　　图 2-208　绘制的波浪轮廓线效果

(2) 选择"钢笔工具" ,将笔触颜色设置为"♯996633"(深褐色),在舞台上单击,建立第一个锚点,开始绘制形状。在舞台上的另一个地方按下鼠标左键并拖动,创建形状中的下一个锚点,并设置曲线形状。继续单击并拖动,构建波浪的轮廓线。注意:使得波浪的宽度比舞台宽,效果如图 2-208 所示(为显示清楚,将其他图层隐藏)。

(3) 选择"颜料桶工具" ,将填充颜色设置为"♯996633",在刚创建的轮廓内部单击,用所选的颜色进行填充,再利用"橡皮擦工具" ,选择"水龙头"选项,在轮廓线上单击,将轮廓线删除,效果如图 2-209 所示。

(4) 选择"波浪 1"图层中的形状,按【Ctrl+C】组合键将其进行复制。插入一个新的图层,将该图层命名为"波浪 2",并将该图层拖放到"波浪 1"图层的上方,"时间轴"面板状态如图 2-210所示。

(5) 按【Ctrl+Shift+V】组合键,将复制的形状粘贴到当前位置。选取"选择工具" ,把粘贴的形状稍微左上或右上移一点,以使浪峰有点偏移。打开"颜色"面板,将填充颜色设置为"♯996633",然后把 Alpha 值更改为"50%",效果如图 2-211 所示。然后将其他图层显示出来,此时舞台效果如图 2-212 所示。

图 2-209　填充并删除轮廓线的效果

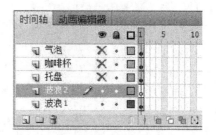

图 2-210　"时间轴"面板状态

图 2-211　复制并偏移浪峰

图 2-212　显示其他图层后的舞台效果

5. 创建和编辑文本

（1）选择最上面的图层，单击"新建图层"按钮，插入一个新图层，并重命名为"文本"层。

（2）选择"文本工具"，在"属性"面板中，选择"传统文本"，并选择"静态文本"类型，在"字符"选项下面，选择合适的字体系列，如"华文行楷"，样式为"正常"，大小为"48"、颜色为"＃990000"（浅红色）。在舞台上单击并输入文本"咖啡情缘"，如图 2-213 所示。

图 2-213　输入文字

（3）将舞台的背景颜色改为"＃CC9966"。最终效果如图 2-214 所示。

图 2-214　设置舞台的背景颜色

"时间轴"面板状态如图 2-215 所示。

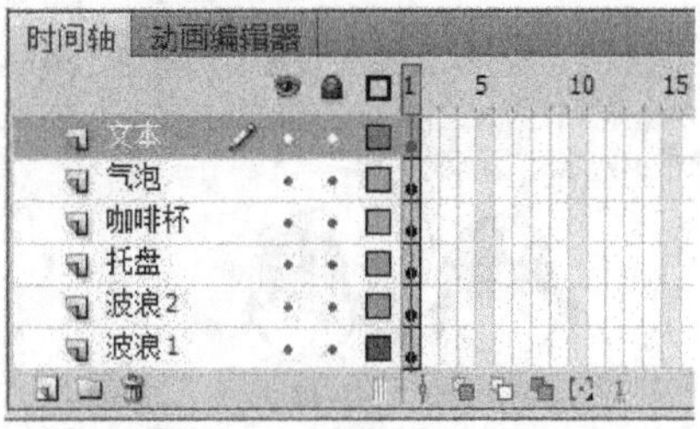

图 2-215 "时间轴"面板状态

6. 保存和测试影片

按【Ctrl+S】组合键保存影片,按【Ctrl+Enter】组合键测试影片。

案例小结

本案例主要利用"Deco 工具" 制作复杂的图案和装饰,该工具是从 Flash CS4 开始新增的工具,在 CS5 中又新增了一些新刷子。利用它们提供的多个选项,可快速、容易地构建对称的设计、网格或者枝繁叶茂的效果。本案例操作步骤较多,涉及前面所学的知识,能熟练地使用"钢笔工具" 和"部分选取工具" 创作出优美的线条形状,以及对图形进行色彩填充和调整也是制作好本案例的关键所在。

任务六 导入外部图形图像

学习要点

1. 了解 Flash CS5 支持导入的外部图形图像格式。
2. 掌握 Flash CS5 中导入、编辑图形图像文件的方法。

知识准备

Flash CS5 是以矢量图形为基础的动画创作软件,使用自带的绘图工具可以完成大部分 Flash 动画对象的创建,但是与其他专业的图形绘制编辑软件相比,Flash CS5 图形工具并不能完成复杂图形的创建。为了弥补自身绘图功能不够强大的弱点,Flash CS5 允许导入外部位图或矢量图作为特殊的元素使用,并且导入的外部位图还可以被转化成矢量图,这就为制作 Flash 动画提供了更多可以应用的素材。

一、导入位图图像

位图是制作动画时最常用的图形元素之一,在 Flash CS5 中默认支持大部分的位图格式包括 BMP、JPEG、GIF、PNG 和 TIF 等。导入位图图像的具体操作步骤如下:

(1) 单击菜单栏中的"文件"→"导入"→"导入到舞台"命令,弹出"导入"对话框。

(2) 在"导入"对话框"查找范围"下拉列表中选择需要导入外部图像的路径,然后在下方文件列表框中选择需要导入的文件,此时导入文件的名称自动显示在"文件名"输入框中,如图 2-216 所示。

图2-216 "导入"对话框

（3）单击"打开"按钮，此时选择图像将会导入到Flash的舞台中。

> **提示**：在使用"导入到舞台"命令导入图像时，如果导入文件的名称是以数字序号结尾的，并且在该文件夹中还包含有其他多个这样的文件名的文件时，会打开一个信息提示框。

在Flash CS5中，除了可以导入位图图像到文档中直接使用，还可以先将需要的位图图像导入到该文档的"库"面板中，可以从"库"面板中将图像拖至文档中使用。

二、编辑导入的位图图像

在导入了位图文件后，可以进行简单的编辑操作，例如修改位图属性、将位图分离或者将位图转换为矢量图等。

1. 设置位图属性

要设置位图图像的属性，可在导入位图图像后，按【Ctrl+L】组合键打开"库"面板，在"库"面板中位图图像的名称处单击鼠标右键，从弹出的菜单中选择"属性"命令，打开"位图属性"对话框，如图2-217所示。

图2-217 "位图属性"对话框

譬如,对于导入的位图图像,可以应用消除锯齿功能来平滑图像的边缘,或选择压缩选项减小位图文件的大小以及改变文件的格式等,使图像更适合在 Web 上显示。单击"高级"按钮,还可以设置图像链接属性。

2. 分离位图

分离位图可将位图图像中的像素点分散到离散的区域中,这样可以分别选取这些区域并进行编辑修改。

在分离位图时先选中舞台中的位图图像,然后选择菜单栏中"修改"→"分离"命令,或者按下【Ctrl＋B】组合键即可对位图图像进行分离操作,如图 2－218 所示。在使用"选择工具" 选择分离后的位图图像时,会发现该位图图像上被均匀地蒙上了一层细小的白点,这表明该位图图像已完成了分离操作,此时可以使用"工具"面板中图形编辑工具对其进行修改。

图 2－218　分离位图图像

图 2－219　"转换位图为矢量图"对话框

3. 将位图转换为矢量图

对于导入的位图图像,还可以进行一些编辑修改操作,但这些编辑修改操作是非常有限的。若需要对导入的位图图像进行更多的编辑修改,可以将位图转换为矢量图后进行。

选中要转换的位图图像,选择菜单栏中的"修改"→"位图"→"转换位图为矢量图"命令,在弹出的"转换位图为矢量图"对话框中即可进行转换为矢量图的相关设置,如图 2－219 所示。

三、导入其他格式的图形图像

在 Flash CS5 中,还可以导入 PSD、AI 等格式的图形图像文件,导入这些格式图形图像文件的好处是可以保证图像的质量和保留图像的可编辑性。

1. 导入 PSD 图像文件

PSD 是图像设计软件 Photoshop 的专用格式,它可以存储成 RGB 或 CMYK 模式,还能够自定义颜色数并加以存储,并且可以保存 Photoshop 的层、通道、路径等信息,所以 Photoshop 图像软件被应用到很多图像处理领域。Flash CS5 与 Photoshop 软件有着紧密的结合,允许将 Photoshpp 编辑的 PSD 文件直接导入到 Flash 中,同时可以保留许多 Photoshop 功能,允许在 Flash 中保持 PSD 文件的图像质量和可编辑性。在进行 PSD 文件导入时,不仅可以选择将每个 Photoshap 图层导入为 Flash 图层、单个的关键帧或者单独一个平面化图像,而且还可以将 PSD 文件封装为影片剪辑。

导入 Photoshop PSD 文件的操作与导入一般图像的方法类似,都是通过菜单栏中的"文件"→"导入"→"导入到舞台"命令进行图像导入。但是与导入常用的 JPEG、GIF、PNG 图像不同,导入 PSD 格式文件时会先弹出 PSD 文件的相应对话框,在其中需要设置导入的图层及

图 2 - 220 "将'小兔插画.psd'导入到舞台"对话框

导入图层的方式,之后方可将所需的 PSD 文件中相关的图层导入到 Flash CS5 中。具体操作步骤如下:

(1)单击选择菜单栏中的"文件"→"导入"→"导入到舞台"命令,弹出"导入"对话框。

(2)在"导入"对话框"查找范围"下拉列表中选择教学资源包中"项目二\素材"目录下的"小兔插画.psd"文件。

(3)单击"打开"按钮,将弹出"将'小兔插画.psd'导入到舞台"对话框,如图2-220所示。

2. **导入 AI 图形文件**

AI 是 Adobe 公司的一款功能极其强大的矢量图形绘制与编辑 Illustrator 软件的专业格式,可以直接导入到 Flash CS5 中进行使用,做到 Illustrator 与 Flash CS5 应用软件的有效结合,从而进一步提升 Flash CS5 矢量图形编辑功能。此外 AI 文件是 Illustrator 软件的默认保存格式,由于该格式不需要针对打印机,所以精简了很多不必要的打印定义代码语言,从而使文件的体积减小很多。导入 AI 图形的具体操作步骤如下:

(1)单击选择菜单栏中的"文件"→"导入"→"导入到舞台"命令,弹出"导入"对话框。

(2)在"导入"对话框"查找范围"下拉列表中选择教学资源包中"项目二\素材"目录下的"运动会.ai"文件。

(3)单击"打开"按钮,将弹出"将'运动会.ai'导入到舞台"对话框,如图 2-221 所示。

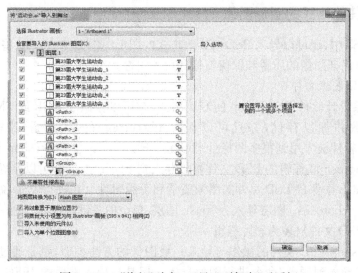

图 2 - 221 "将'运动会.ai'导入到舞台"对话框

习题与实训

一、思考题

    1. Flash 动画素材的制备主要有哪些手段？

    2. 矢量图与位图有什么区别？Flash 中绘制的素材属于哪一类？如何将位图转换为矢量图？

    3. Flash CS5 的工具可分为几类？

    4. Flash CS5 导入的图像格式有哪些？

二、实训题

    1. 使用 Flash CS5 的绘图工具，绘制图 2－222 和图 2－223 所示的图形。

    2. 使用 Flash CS5 的绘图工具，绘制图 2－224 和图 2－225 所示的卡通人物。

图 2－222　小孩微笑头像　　图 2－223　卡通小牛　　图 2－224　农夫　图 2－225　蓝衣女孩

    3. 使用 Deco 装饰性绘画工具绘制图 2－226 所示的风景画。

图 2－226　风景画

Flash 文本的处理

文本是制作动画时必不可少的元素，它可以使制作的动画主体更为突出。在使用文本时，通过 Flash 中的相关工具可以创建静态文本、动态文本和输入文本，尤其是新增的 TLF 文本，使处理文本的功能更为强大，并能通过"属性"面板中的相关选项设置文本的属性和调整文本，此外通过相关功能还可以为文本创建超链接和嵌入文本，以及添加滤镜等。本项目就上述内容具体进行讲解。

任务一　文本的创建与编辑

学习要点

1. 了解 Flash 文本类型。
2. 掌握文本的创建和属性设置。
3. 学会文本的编辑方法。

知识准备

图 3-1 "文本引擎"选项

一、传统文本和 TLF 文本

在 Flash 软件中，文字与图形、音乐等元素一样，可以作为一个对象应用到动画制作中，制作出特定的文字动画效果。单击"工具"面板中的"文本工具" **T** 按钮，在"属性"面板中单击"文本引擎"按钮，在弹出的下拉列表中可以看到两种文本引擎，如图 3-1 所示，通过文本属性的相关选项可以对文本进行相应的设置，以便满足用户的需要。

1. 传统文本

传统文本是 Flash 中早期的基础文本模式，在 Flash CS5 中仍然可用。传统文本包括"静态文本"、"动态文本"和"输入文本"三种文本类型，"水平"、"垂直"以及"垂直，从左向右"三个方向，如图 3-2 所示。

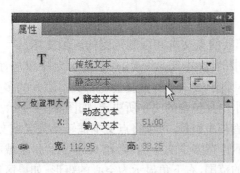

图 3-2 传统文本的类型和方向

三种传统文本类型的作用如下：

（1）静态文本：默认情况下创建的文本对象均为静态文本，文本内容在影片的播放过程中不会改变，一般用于文字说明。

（2）动态文本：该文本对象中的内容可以动态改变，甚至可以随着影片的播放自动更新，一般用于比分或者计时器等方面的文字。

（3）输入文本：该文本对象在影片的播放过程中可以接收用户的输入，如表单或调查表的文本信息等，一般用于交互动画中。

2. TLF 文本

与传统文本相比，TLF 文本支持更丰富的文本布局功能和文本属性控制，是 Flash CS5 中的默认文本类型。

TLF 文本的"属性"面板会根据用户对"文本工具" T 的使用状态不同，而体现三种显示模式。用户可以根据 TLF 在运行时的具体表现模式，选择三种文本类型："只读"、"可选"和"可编辑"；以及两种文本方向："水平"和"垂直"，如图 3-3 所示。

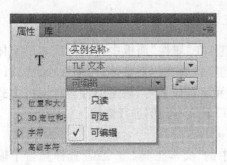

图 3-3 TLF 文本的类型和方向

三种 TLF 文本类型的作用如下：

（1）只读：设置此选项后，在生成的 swf 动画中文本框中的文本只能被看到。

（2）可选：设置此选项后，在生成的 swf 动画中文本框中的文本可以进行选择。

（3）可编辑：设置此选项后，在生成的 swf 动画中文本框中的文本可以重新编辑。

提示： TLF 文本需要 ActionScript3.0 和 Flash Player10 以上的播放器才能支持，而且 TLF 文本无法用作遮罩，若要使用文本创建遮罩，需使用传统文本。

二、文本的创建

Flash 文本的创建方法有两种,即创建可扩展的点文本和限制范围的区域文本。

以 TLF 文本的创建为例,选择"工具"面板中的"文本工具" **T**,然后在舞台中单击,此时出现一个文本框,文本框的右下角有一个空心的小圆圈,文本框的宽度会随着文本输入的多少而改变,称此文本框为点文本框,点文本框的容量大小由其包含的文字所决定,如图 3-4 所示。

如果在点文本框右下角空心圆圈处双击或者拖曳鼠标,可以将点文本框转换为区域文本框。区域文本框为一个固定的文本框,此文本框中不管有多少文字内容,都只能显示此区域中的文字。如果区域文本框中的文字没有超出文本框的范围,右下角显示为空心的矩形;如果区域文本框中的文字超出文本框的范围,右下角则显示为中间带十字的红色矩形,如图 3-5 所示。

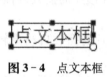

图 3-4　点文本框

图 3-5　区域文本框

提示:创建文本时使用"文本工具" **T** 在舞台上拖曳出一个区域,可以直接创建区域文本框,拖曳区域大小即区域文本框的大小,然后可以在区域文本框中输入文本内容。

技巧:点文本框与区域文本框的相互转换,只需按住【Shift】键的同时双击右下角的圆形控制手柄或右上角的方形控制手柄即可。

图 3-6　文本字符属性

三、文本的属性设置

选择"文本工具" **T**,在"属性"面板中可以对文本的字体和段落属性进行设置。文本的字体属性包括字体、字体大小、样式、颜色、字符间距、自动调整字距和字符位置等;段落属性包括对齐方式、边距、缩进和行距等。仍以 TLF 文本为例进行讲解。

1. 设置字符属性

选择"工具"面板中的"文本工具" **T** 或者选择舞台中输入的文本,可以对文本进行字符属性设置。字符属性是应用于单个字符的属性。要设置字符属性,可使用"属性"面板的"字符"和"高级字符"选项,如图 3-6 所示。

2. 设置段落属性

除了对文本进行字符属性设置,还可以对整段文字设置段落属性。对于 TLF 文本可使用"属性"面板的"段落"和"高级段落"选项为其设置段落属性,如图 3-7 所示。

图3-7　文本段落属性　　　　　　图3-8　文本容器和流属性

3. 设置容器和流属性

舞台中输入文字包含在文本框内,不仅可以对文本框内的字符和段落进行属性设置,而且可以对整个文本框进行属性设置。如选择 TLF 文本框后,在"属性"面板中将出现"容器和流"的选项,其中的属性用于对整个文本框进行设置,如图3-8所示。

四、文本的编辑

当用户在舞台上创建了文本后,常常需要进行修改文本内容、转换文本类型或设置文本串接;Flash 动画需要丰富多彩的文本效果,因此在对文本进行基础排版之后,常常还需要对其进行进一步的加工。

1. 修改文本内容

使用"文本工具"T 或"选择工具"🔖 双击对象,文本对象上将会出现一个实线黑框,如图3-9所示,表示文本已被选中,此时可以对文本进行添加和删除操作,编辑完之后,单击文本之外的部分,退出文本内容编辑模式,这时文本外的黑色线框将变成蓝色实线框,如图 3-10所示,在这种状态下,可通过"属性"面板中的文本属性对文本进行控制。

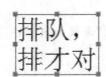

图3-9　选中文本　　　　　图3-10　修改后的文本

2. 转换文本类型

Flash CS5 文本类型之间的转换可通过设置"属性"面板的文本类型来实现。此外,Flash

CS5 也支持在传统文本和 TLF 文本引擎之间互相转换,在转换时,TLF 只读文本和 TLF 可选文本转换为传统静态文本,TLF 可编辑文本转换为传统输入文本。

3. 设置文本串接

使用 TLF 文本,可以实现多个文本框之间的串接。例如,A 文本框中的文字内容显示不完,可以串接到 B 文本框中进行显示。只要所有串接容器位于同一时间轴内,文本框可以在各个帧之间和在元件内进行串接。

要串接两个或两个以上 TLF 文本框可以通过如下方法操作:

(1) 在"工具"面板中选择"文本工具" **T** ,在舞台中创建两个文本框,在其中一个文本框中输入文本内容,如图 3-11 所示。

(2) 在左侧文本框中单击文本框右下角的空心矩形(如果文本框中文字超出文本框的范围,则此空心矩形显示为红色带十字的矩形),然后将鼠标指向右侧的文本框,此时鼠标图标变为带有链接形式样式 ⬚ 。

(3) 在右侧文本框上单击,此时左侧文本框中显示不出的文本将串接到右侧文本框中,如图 3-12 所示。

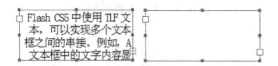

图 3-11　创建的两个文本框

图 3-12　串接的两个文本框

提示:文本框串接后,文本框之间会出现一条斜线,同时文本框串接处的空心矩形中间显示为箭头,表示文本框之间的串接方向。

两个或两个以上文本框中文字串接到一起后,也可以取消它们的串接,只需在串接的文本框边框显示为箭头的位置,双击鼠标即可取消文本框之间的串接,如图 3-13 所示。

图 3-13　取消文本框的串接

技巧:如果要在"属性"面板上仅显示 TLF 文本的属性,在文本对象模式下双击该文本即可。

4. 文本的分离与分散

分离文字就是将文字转换为矢量图形,这个过程是不可逆的。分离文本的方法是在选中文本后,执行菜单栏中的"修改"→"分离"命令或者按【Ctrl+B】组合键,将文本分离一次可以使其中的文字成为单个的字符,如图 3-14 所示。

图3-14 文本的一次"分离"

　　保持文本的选中状态,执行菜单栏中的"修改"→"时间轴"→"分散到图层"命令,可将单个字符分散到各个图层中,如图3-15所示。分散到图层后的文本可用来制作时间轴动画,如随风飘落的文字效果、打字效果等。

　　保持文本的选中状态,再次执行菜单栏中的"修改"→"分离"命令,可把单个字符文本转化为矢量图形,如图3-16所示。

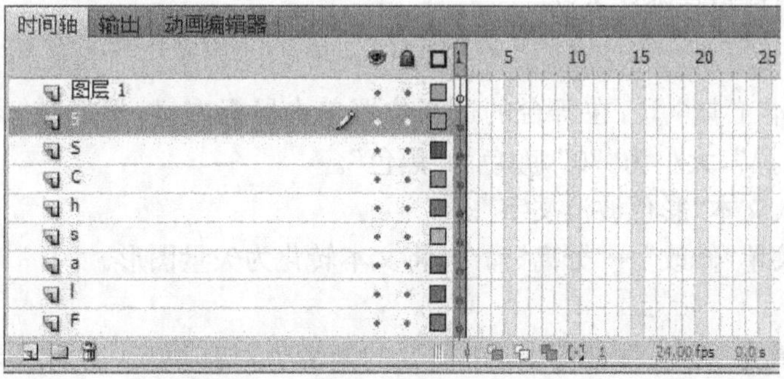

图3-15 文本分散后的"时间轴"面板 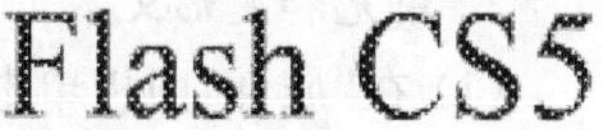　　　　**图3-16** 文本的二次"分离"

5. 文本的变形与填充

　　将文本分离为矢量图形后,可以使用"工具"面板中的"选择工具"、"部分选取工具"和"颜料桶工具"等绘图工具,方便地改变文字的形状和填充颜色,如图3-17所示。

图3-17 文本的变形与填充

 典型案例——制作"彩色波浪文字"

　　以一个"彩色波浪文字"的实例来学习文本的创建与编辑操作。
　　➤ 源文件:项目三\典型案例\效果\彩色波浪文字.fla

设计思路

- 新建文档。
- 创建和分离文本。

- 填充和变形文本。
- 添加滤镜。
- 保存和测试影片。

图3-18　最终设计效果

设计效果

创建如图3-18所示效果。

操作步骤

1．新建文档

运行 Flash CS5，单击菜单栏中的"文件"→"新建"→"ActionScript3.0"命令，新建一个 Flash ActionScript3.0 文档，文档属性保持默认参数。

2．创建和分离文本

(1)选择"工具"面板中的"文本工具" T ，在舞台的适当位置单击鼠标左键，然后在"属性"面板中设置字体系列为"微软雅黑"，大小为"70"，颜色为"黑色"。

(2)返回舞台，在文本框中输入文本"彩色波浪文字"。

(3)选中文本，连续两次执行菜单"修改"→"分离"命令，将文本转化为矢量图形。

3．填充和变形文本

(1)在"属性"面板单击"颜色填充"按钮 ，选中需要的渐变色对其填充，比如选择图3-19所示的渐变色，填充后效果如图3-20所示。

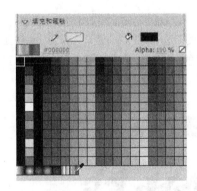

图3-19　选择渐变色 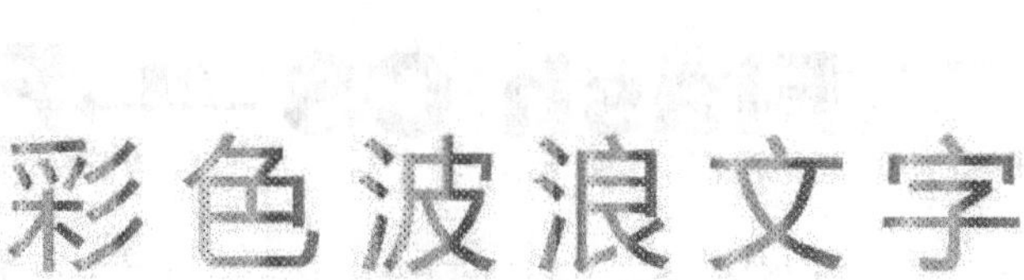　　　　　图3-20　渐变填充后的效果

(2)选择"工具"面板中的"任意变形工具"，在其下方的选项区中单击"封套"按钮，对舞台上的图形进行变形操作，如图3-21所示。调整后效果如图3-22所示。

图3-21　封套变形

图3-22　封套变形后的效果

4. 添加滤镜（此步骤可选）

（1）全选封套变形后的"彩色波浪文字"，按【F8】键转换为影片剪辑元件。

（2）单击"属性"面板中的"滤镜"选项，为影片剪辑添加"投影"滤镜效果，参数保持默认设置（具体知识点，读者可参看本项目"任务二"）。

5. 保存和测试影片

按【Ctrl＋S】组合键保存影片，按【Ctrl＋Enter】组合键测试影片。

案例小结

本案例制作了一个文字特效。例子虽然简单，但通过本案例的学习，可使读者掌握文本的创建，以及常用的文本编辑操作，如分离文本、变形文本和为文本添加滤镜等。

任务二 文本的美化

滤镜是扩展图像处理能力的主要手段。滤镜功能大大增强了 Flash 的设计能力，可以为文本、按钮和影片剪辑增添有趣的视觉效果，并且经常用于将投影、模糊、发光和斜角应用于图形元素。本任务主要对文本添加滤镜效果进行讲解。

学习要点

1. 了解滤镜的概念。
2. 掌握 Flash 中滤镜类型。
3. 学会为文本添加滤镜。

知识准备

一、滤镜

所谓滤镜，就是具有图像处理能力的过滤器。通过滤镜对图像进行处理，可以生成新的图像。滤镜实际上是一个应用程序包，其中的各种滤镜以不同的形态存在。

Flash 所独有的一个功能是可以使用补间动画让应用的滤镜活动起来。不但如此，Flash 支持从 Fireworks PNG 文件中导入可修改的滤镜。Flash CS5 还新增了滤镜复制功能，可以从一个实例向另一个实例复制和粘贴图形滤镜设置。

有了滤镜，意味着以后在 Flash 中制作丰富的页面效果会更加方便，无需为了一个简单的效果进行多个对象的叠加或启动 Photoshop。更让人欣喜的是这些效果还保持着矢量的特性。

> **提示：** 在 Flash CS5 中，滤镜只适用于文本、影片剪辑和按钮。

二、添加文本滤镜

在 Flash CS5 中，所有的文本模式，包括 TLF 文本和传统文本都可以被添加滤镜效果，这

图 3 - 23 滤镜选项组

项操作主要通过"属性"面板中的"滤镜"选项组完成，如图3 - 23所示。

滤镜选项组中各按钮的作用如下：

（1）"添加滤镜"按钮 ：单击该按钮，可以在弹出的菜单中选择要添加的滤镜选项。

（2）"预设"按钮 ：单击该按钮，可将设置好的滤镜及其参数保存起来，以便应用于其他对象。

（3）"剪贴板"按钮 ：利用该按钮，可将所选滤镜及其参数复制，并粘贴到其他对象中。

（4）"启用或禁用滤镜"按钮 ：单击该按钮，可在显示滤镜效果和隐藏滤镜效果间切换。

（5）"重置滤镜"按钮 ：单击该按钮，可将滤镜的参数重置为默认值。

（6）"删除滤镜"按钮 ：单击该按钮，可将所选滤镜删除。

Flash CS5 提供七种可选滤镜，包括"投影"、"模糊"、"发光"、"斜角"、"渐变发光"、"渐变斜角"和"调整颜色"。选中需要的滤镜选项，将在滤镜的属性列表中显示对应效果的参数选项，设置完参数，即完成效果设置。

下面逐一介绍各滤镜的属性及应用效果。

1. 投影滤镜

投影滤镜可模拟对象向一个表面投影的效果，或者在背景中剪出一个形似对象的洞，来模拟对象的外观。投影滤镜的选项设置如图3 - 24所示。

图 3 - 24 投影滤镜的选项设置及应用效果

投影滤镜的各项设置参数的说明如下：

（1）模糊 X 和模糊 Y：可以指定投影的模糊柔化的宽度和高度，可分别对 X 轴和 Y 轴两个方向设定。如果单击 X 和 Y 后的锁定按钮 ，可以解除 X、Y 方向的比例锁定。

（2）强度：设定投影的阴暗程度。数值越大，投影的显示越清晰强烈。

（3）品质：设定投影模糊的质量。可以选择"高"、"中"、"低"三项参数，品质越高，投影越清晰。

（4）角度：设定投影相对于对象本身的方向。

（5）距离：设定投影相对于对象本身的远近。

（6）挖空：挖空（即从视觉上隐藏）源对象，并在挖空图像上只显示投影。与 Photoshop 中"填充不透明度"设为零时的情形一样。

（7）内阴影：设置阴影的生成方向指向对象边界内。

（8）隐藏对象：不显示对象本身，只显示阴影。

（9）颜色：设定投影的颜色。单击"颜色"按钮，可以打开调色板选择颜色。

2. 模糊滤镜

模糊滤镜可以柔化对象的边缘和细节。将模糊应用于对象，使其视觉上仿佛位于其他对象的后面，或者使对象看起来具有动感。模糊滤镜的选项设置如图 3-25 所示。

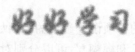

图 3-25　模糊滤镜的选项设置及应用效果

模糊滤镜的各项设置参数的说明如下：

（1）模糊 X 和模糊 Y：设置模糊柔化的宽度和高度。

（2）品质：设置模糊的质量级别。设置为高时近似于高斯模糊。

3. 发光滤镜

发光滤镜可以为对象的边缘应用颜色，使对象周边产生光芒的效果。发光滤镜的选项设置如图 3-26 所示。

图 3-26　发光滤镜的选项设置及应用效果

发光滤镜的各项设置参数的说明如下：

（1）强度：用于设置对象的透明度（或光芒的清晰度）。

（2）颜色：设置发光颜色。

（3）挖空：选中该复选框可将源对象实体隐藏，而只显示发光。

（4）内发光：选中该复选框可使对象只在边界内应用发光。

4. 斜角滤镜

使用斜角滤镜可以制作出立体的浮雕效果,其大部分属性设置与投影、模糊或发光滤镜属性相似。单击类型按钮,在弹出的菜单中可以选择"内侧"、"外侧"和"全部"三个选项,可以分别对对象进行内斜角、外斜角或完全斜角的效果处理。斜角滤镜的选项设置如图 3-27 所示。

图 3-27　斜角滤镜的选项设置及应用效果

斜角滤镜的各项设置参数的说明如下:

(1) 模糊 X 和模糊 Y:可以分别对 X 轴和 Y 轴两个方向设定斜角的模糊程度。如果单击 X 和 Y 后的锁定按钮,可以解除 X、Y 方向的比例锁定。

(2) 强度:设置斜角的不透明度。

(3) 阴影:设置斜角的阴影颜色。

(4) 加亮显示:设置斜角的加亮颜色。

(5) 角度:设置斜边投下的阴影角度。

(6) 距离:设置斜角立体效果的阴影与对象本体的远近。

(7) 挖空:隐藏源对象,只显示斜角。

(8) 类型:选择要应用到对象的斜角类型。可以选择内斜角、外斜角或者完全斜角。

5. 渐变发光滤镜

渐变发光滤镜可以在发光表面产生带渐变颜色的光芒效果。渐变发光滤镜的选项设置如图 3-28 所示。渐变发光滤镜的效果和发光滤镜的效果基本一样,只是可以调节发光的颜色为渐变颜色,还可以设置角度、距离和类型。

图 3-28　渐变发光滤镜的选项设置及应用效果

渐变发光滤镜的各项设置参数的说明如下：

（1）类型：选择要为对象应用的发光类型。可以选择内侧发光、外侧发光或者全部发光。

（2）渐变：指定光芒的渐变颜色。渐变包含两种或两种以上可相互淡入或混合的颜色。选择的渐变开始颜色称为 Alpha 颜色，该颜色的 Alpha 值为 0。无法移动此颜色的位置，但可以改变该颜色。还可以向渐变中添加颜色，最多可添加 15 个颜色指针。

渐变发光滤镜的其他设置参数与发光滤镜相同，在此不再赘述。

6. 渐变斜角滤镜

使用渐变斜角滤镜同样也可以制作出比较逼真的立体浮雕效果。渐变斜角要求渐变的中间有一个颜色，颜色的 Alpha 值为 0。无法移动此颜色的位置，但可以改变该颜色。渐变斜角滤镜的选项设置如图 3－29 所示。

图 3－29　渐变斜角滤镜的选项设置及应用效果

渐变斜角滤镜的各项设置参数与斜角滤镜基本相同，在此不再赘述。

7. 调整颜色滤镜

添加调整颜色滤镜，可以调整对象的亮度、对比度、饱和度和色相。调整颜色滤镜的选项设置如图 3－30 所示。

图 3－30　调整颜色滤镜的选项设置及应用效果

调整颜色滤镜的各项设置参数的说明如下：

（1）亮度：调整对象的亮度。取值范围为－100～100，向左拖动滑块可以降低对象的亮度，向右拖动可以增强对象的亮度。

（2）对比度：调整对象的对比度。取值范围为－100～100，向左拖动滑块可以降低对象的对比度,向右拖动可以增强对象的对比度。

(3) 饱和度:设定色彩的饱和程度。取值范围为−100～100,向左拖动滑块可以降低对象中包含颜色的浓度,向右拖动可以增加对象中包含颜色的浓度。

(4) 色相:调整对象中各个颜色色相的浓度,取值范围为−180～180。

习题与实训

一、思考题

1. 传统文本和 TLF 文本各有哪几种文本类型？它们各有什么特点？

2. 在 Flash CS5 中文本排列的方式有哪几种？如何垂直排列一个新文本？

3. 如何对输入的文本进行渐变色填充？

二、实训题

1. 创建如图 3-31 和图 3-32 所示的彩图文字效果。

图 3-31　彩图文字一　　　　　　　　图 3-32　彩图文字二

2. 创建如图 3-33 所示的霓虹灯文字效果。

图 3-33　霓虹灯文字

3. 制作如图 3-34 所示的立体文字效果。

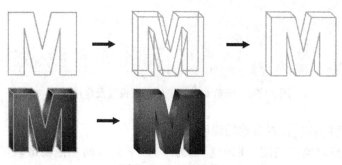

图 3-34　立体文字

4. 使用“传统文本”创建如图 3－35 所示的两个文本块。

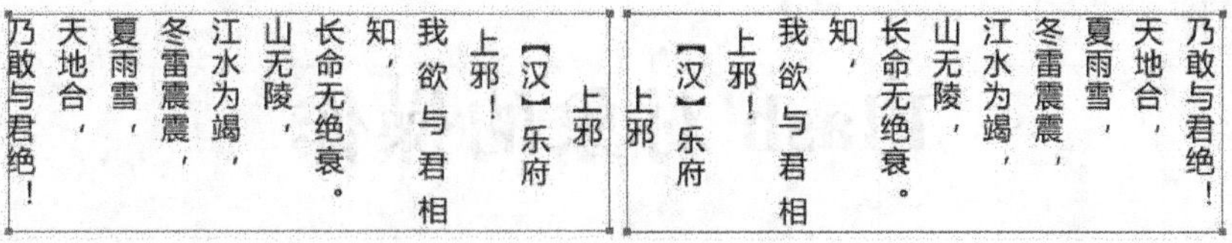
上邪
【汉】乐府
上邪！
我欲与君相
知，
长命无绝衰。
山无陵，
江水为竭，
冬雷震震，
夏雨雪，
天地合，
乃敢与君绝！
上邪
【汉】乐府
上邪！
我欲与君相
知，
长命无绝衰。
山无陵，
江水为竭，
冬雷震震，
夏雨雪，
天地合，
乃敢与君绝！

图 3－35 创建文本块

5. 使用“TLF 文本”创建如图 3－36 所示的文字排版效果。

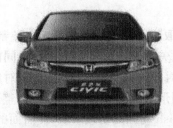

HONDA
The Power of Dreams
新思域
CIVIC
心动上市
新思域将包括普通版车型和TYPE-S运动版两种车型，普通版车型采用1.8升发动机搭配5MT+5AT，TYPE-S运动版车型配置2.0L发动机，搭配5AT。两款车的外形也有些区别，主要区别在前进气格栅，普通版是横条型，TYPE-S采用的是网状造型。操控方面，思域改进了转向系统，底盘依旧沿用麦弗逊式独立前悬架和多连杆双横臂后悬架结构，但新思域重新设定了前悬架的定位角度，改进了后悬架减振器的安装位置，以确保新车型的动态性能。新思域在外形上有较大突破，车身设计更加时尚动感，相比现款思域前保险杠更加宽厚，并采用目前十分流行的“大嘴”设计元素，大灯升级为透镜灯组。与之前海外发布的北美版新思域采用橘黄色转向灯不同，国产新思域大灯边角的转向灯采用透明灯壳设计。

图 3－36 使用 TLF 文本进行文字排版

Flash 对象的操作

Flash 中的对象是指在舞台上所有可以被选取和操作的内容。每个对象都具有特定的属性和动作。在 Flash 中包括不同的对象,如位图、矢量图、元件、文本等。不同的对象,操作起来也有所不同。在制作 Flash 动画时,熟练掌握对象的操作非常重要,如对对象进行选择、移动、复制、变形以及排列、组合和分离等操作,对图形对象进行合并、优化、调整形状和填充等。通过本项目细致的讲解,将读者带入一个制作 Flash 动画的初级阶段,使后面的学习变得轻松自如。

任务一　对象的基本操作

学习要点

1. 学会选择对象的操作。
2. 掌握移动、复制和删除对象的操作。
3. 熟悉撤销和重做操作。

知识准备

一、选择对象

选择对象是编辑对象的一个基础操作,所有对象的编辑操作都需要先将其选择。使用选择对象工具可以方便地选择舞台上的绘制对象、群组、文本、元件实例等整体对象,还可以选取分离的矢量图形和线条。在 Flash CS5 中提供了多种选择对象的方式,包括选择单个对象、多个对象以及选择对象的某一部分等。

（一）使用"选择工具"

在 Flash CS5 中,选择对象主要依靠"选择工具" ▶ 完成。"选择工具" ▶ 不仅可以选择、移动、复制对象,而且可以快速改变图形的形状,从而满足 Flash 绘图的需要。

1. 选择合并绘制模式的图形对象

根据对象类型的不同,"选择工具" ▶ 可以对对象作出不同的选择操作。

1）选择笔触线段　在合并绘制模式下绘制的图形,如果单击其中的一条笔触线段,可以将这条笔触线段选择,如图4-1所示;如果在笔触线段处双击,则可以选择连续的笔触线段,如图4-2所示。

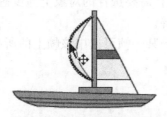
图4-1　单击选取一条线段

图4-2　双击选取连续线段

2) 选择填充颜色　在合并绘制模式下绘制的图形,单击图形的填充颜色,可以将其选择,如图4-3所示;如果双击填充颜色,可以将填充颜色和外面的笔触线段同时选择,如图4-4所示。

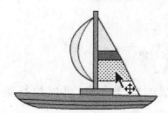
图4-3　单击选取填充

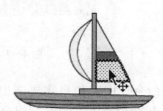
图4-4　双击选取填充及其轮廓线

3) 使用选取框选择　使用"选择工具" 在舞台中拖曳不松开鼠标,此时会创建一个选取框,在选取框中的图形部分会被选择,没有在选取框的图形部分不会被选择;如果选取框将整个图形选择,则将全部图形都选择,如图4-5所示。

图4-5　使用选取框选择

2. 选择非合并绘制模式的对象

对于非合并绘制模式的图形和整体对象(包括位图、群组对象、文本和元件实例等),使用"选择工具" 选择对象非常简单,只需在对象上单击或使用"选择工具" 绘制选取框选择对象的其中一部分即可将其选择,选中后对象的周围会出现蓝色边框,如图4-6所示。

**图4-6　选择非合并绘制
模式的对象**

3. 选择多个对象

如果需要选择的是多个对象,至少可以通过四种方式进行选择:

1）单击选择多个对象　选择"选择工具" ，然后按住【Shift】键在对象上单击，即可将其选择。

2）选取框选择多个对象　使用"选择工具" ，在需要选择的对象上拖曳画出一个选取框，松开鼠标后，在选取框范围内的对象将全部被选择。

3）单击帧　使用"选择工具" 单击时间轴上的某一帧可选中该帧上的所有对象，如图 4-7 所示。

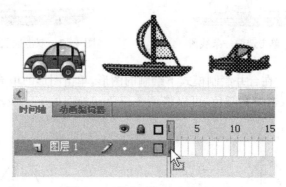

图 4-7　单击时间帧选取对象

4）选择命令选中　如果需要选中场景中每一层的全部内容，可以执行菜单栏中的"编辑"→"全选"命令或按【Ctrl+A】组合键。

> **提示**：利用"任意变形工具" 或"部分选取工具" 也可以选择对象，操作方法与使用"选择工具" 相似。

（二）使用"套索工具"

"套索工具" 也是在编辑对象的过程中比较常用的一个工具，主要用于选择合并绘制模式下的图形中的不规则区域和相连的相同颜色的区域。当选择"套索工具" 后，在舞台中拖曳鼠标绘出一个封闭的区域，松开鼠标则绘制区域的图形被选择，如图 4-8 所示。

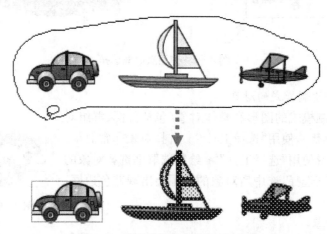

图 4-8　使用"套索工具"选取对象

选择"工具"面板中的"套索工具" ，在"工具"面板下方的选项中显示了"魔术棒"、"魔术棒设置" 和"多边形模式" 三个按钮，单击某一按钮后，拖动鼠标创建自由形状选取框后，即可按照需要选中图形，如图4-9所示，此时可以对选中的图形进行移动或删除等操作。

图4-9 使用"套索工具"选项按钮选取对象

提示：使用"魔术棒" 只能对经过"分离"命令分离后的外部导入位图进行颜色区域的选择，而对于Flash中绘制的矢量图形或导入的矢量图形不能进行颜色区域的选择。

二、移动对象

在Flash CS5中，"选择工具" 除了用来选择对象，还可以拖动对象来进行移动操作，如图4-10所示。

使用键盘上的方向键可进行对象的细微移动操作，按住【Shift】键的同时按下方向键，可以使对象一次移动10个像素。此外，改变"信息"面板或对象的"属性"面板（图4-11）上对象位置的X、Y轴参数值也可使对象进行精确移动。

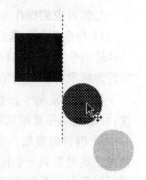

图4-10 利用选择工具移动对象

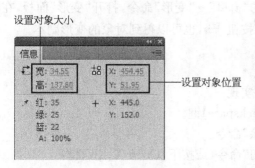

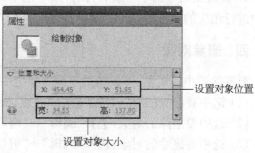

图4-11 "信息"面板或对象的"属性"面板

提示："信息"面板与"属性"面板不同，在"信息"面板中可以通过 图标设置对象左顶点的X、Y轴参数值或对象中心点的X、Y轴参数值。当在此图标左上方位置单击时，此图标左上方变为十字图形,表示此时可以设置对象左顶点的X、Y轴参数值,如图4-12所示;当在此图标右下角位置单击时,此图标右下方变为空心的圆形,表示此时可以设置对象中心点的X、Y轴参数值,如图4-13所示。

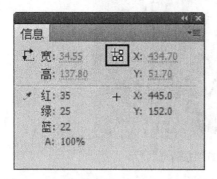

图4-12 设置对象左顶点X、Y轴参数值

图4-13 设置对象中心点X、Y轴参数值

三、复制对象

复制对象的操作方法有多种,可执行以下方法之一实现:

1)命令复制 选择要复制的对象,选择菜单栏中的"编辑"→"复制"命令,选择"编辑"→"粘贴"命令可以粘贴对象到中心位置。选择"编辑"→"粘贴到当前位置"命令,可以在保证对象的坐标没有变化的情况下粘贴对象。

2)移动复制 在移动对象的过程中,按住【Ctrl】键(或【Alt】键)拖动,此时光标变为 形状,可以拖动并复制该对象。

3)组合键复制 选中对象后,按下【Ctrl+C】组合键,可复制对象,然后按下【Ctrl+V】组合键粘贴对象到中心位置;按下【Ctrl+Shift+V】组合键粘贴到当前位置;按下【Ctrl+D】组合键可以复制一个对象到舞台中,复制的对象与原对象大小完全相同,但是坐标(X、Y)会在原对象基础上各增加10像素。

4)面板复制 选中对象后,执行菜单栏中的"窗口"→"变形"命令,打开"变形"面板,在面板中进行相应的设置后,单击"重制选区和变形"按钮 ,也可以得到对象的变形副本。

四、删除对象

要删除选中的对象,可以通过下列方法之一实现:

(1)选中要删除的对象,按下【Delete】或【Backspace】键。

(2)选中要删除的对象,选择"编辑"→"清除"命令。

(3)选中要删除的对象,选择"编辑"→"剪切"命令(或按下【Ctrl+X】组合键)。

(4)右击要删除的对象,在弹出的快捷菜单中选择"剪切"命令。

五、定位对象

默认情况下Flash CS5的舞台是纯色的,因此在对象定位时有时会显得麻烦。设计者在对对象进行各种绘制和编辑操作时可以使用标尺、辅助线以及网格,这些辅助工具可以很好地帮助定位对象。例如,Flash可以显示标尺和辅助线,以帮助用户精确地绘制和安排对象;可以在文档中放置辅助线,然后使对象贴紧至辅助线;也可以打开网格,然后使对象贴紧至网格。

1. 使用标尺

选择菜单栏中的"视图"→"标尺"命令可以显示标尺,当显示标尺时,它们将显示在文档的左沿和上沿,如图4-14所示。

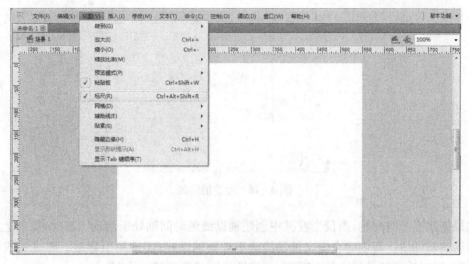

图4-14 显示标尺

用户可以更改标尺的度量单位,将其默认单位(像素)更改为其他单位。如果要指定文档的标尺度量单位,可以选择菜单栏中的"修改"→"文档"命令,然后在"标尺单位"列表中选择一个单位选项,如图4-15所示。

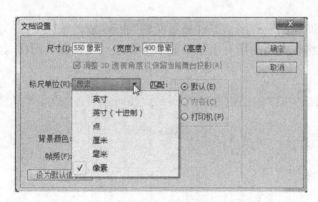

图4-15 设置标尺单位

提示:执行菜单栏中的"视图"→"标尺"命令,仅对当前文档有效,并不影响其他文档使用标尺。

2. 使用辅助线

选择菜单栏中的"视图"→"标尺"命令显示标尺后,可以将标尺的水平辅助线和垂直辅助线拖动到舞台上,如图 4-16 所示。

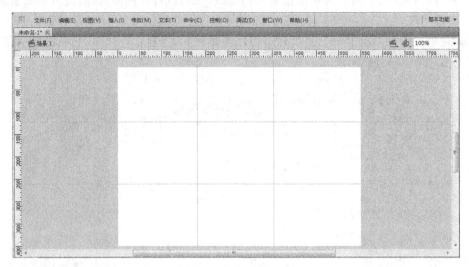

图 4-16　创建辅助线

如果创建嵌套时间轴,则仅当在其中创建辅助线的时间轴处于活动状态时,舞台上才会显示可拖动的辅助线。要创建自定义辅助线或不规则辅助线,需使用引导层。要显示或隐藏绘画辅助线,可以选择菜单栏中的"视图"→"辅助线"→"显示辅助线"命令。

技巧:将鼠标移至辅助线上,当光标变为 箭头 时双击辅助线,会弹出"移动辅助线"对话框,在"位置"后输入数值,可精确地定位辅助线。这是 Flash CS5 的新增功能,很有用。

3. 使用网格

选择菜单栏中的"视图"→"网格"→"显示网格"命令,或者按【Ctrl+'】组合键即可将网格显示在舞台中,网格将在文档的所有场景中显示为类似围棋棋盘的网格,如图 4-17 所示。

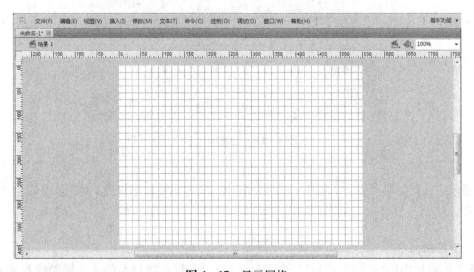

图 4-17　显示网格

选择菜单栏中的"视图"→"贴紧"→"贴紧至网格"命令，可以将对象贴紧到网格边缘。选择菜单栏中的"视图"→"网格"→"编辑网格"命令，用户可以打开"网格"对话框设置网格首选参数，若要将当前设置保存为默认值，可单击"保存默认值(S)"按钮。

六、撤销和重做操作

1. 撤销操作

要撤销操作，可采用以下操作方法之一实现：

(1) 执行菜单栏中的"编辑"→"撤销(U)××"命令(根据撤销操作的不同，此命令××会有所不同)。

(2) 使用【Ctrl+Z】组合键。

(3) 选择菜单栏中的"窗口"→"其他面板"→"历史记录"命令，或者按【Ctrl+F10】组合键，打开"历史记录"面板，会发现其中记录着用户所做的操作，拖动"历史记录"面板左侧的箭头，可撤销滑块经过的操作步骤，如图4-18所示。

图4-18　利用"历史记录"面板撤销操作

2. 重做操作

要重做操作，可采用以下操作方法之一实现：

(1) 执行菜单栏中的"编辑"→"重做(R)"命令。

(2) 按【Ctrl+Y】组合键。

(3) 打开"历史记录"面板，单击或配合【Ctrl】键将面板中的一步或几步历史操作选中，然后单击"重放(R)"按钮，即可对选中的操作执行重做。

任务二　对象的管理操作

学习要点

1. 学会对象的组合与分离操作。

2. 掌握对象的排列和对齐操作。

3. 熟悉对象的锁定和解锁操作。

知识准备

在 Flash CS5 中提供对多个对象进行操作的命令与面板,包括组合、分离、排列、对齐、锁定和解锁等。

一、组合对象

组合对象是将多个对象组合为一个整体,组合后的对象将成为一个单一的对象,可以对它们进行统一操作,从而避免了因为绘制其他图形时对它们产生的误操作。

组合对象的方法是:先从舞台中选择需要组合的多个对象(可以是形状、组、元件或文本等各种类型的对象),然后选择菜单栏中的"修改"→"组合"命令或按【Ctrl+G】组合键,即可组合对象,组合后对象周围会出现一个绿色边框,如图 4-19 所示。

图 4-19　组合前后的显示

> **提示:** 如果想要对组合于一体中的某个对象进行编辑,可以在舞台上双击该组合对象,进入对象的编辑状态,此时组合外的其他对象将以灰色显示,并不能对其进行编辑。如果对组合体中的某个对象编辑完成后,想返回到场景的编辑窗口,可以单击编辑栏上方的 📑场景1 图标按钮或按【Ctrl+E】组合键即可。

对于组合为一体的对象来说,如果想将其分解为原始的单独对象状态,可以单击菜单栏中的"修改"→"取消组合"命令或按【Shift+Ctrl+G】组合键,将对象的组合状态取消。

二、分离对象

图 4-20　分离对象

对于组合对象而言,还可以使用分离命令拆散为单个对象,也可以将文本、元件实例、位图及矢量图等元素打散成一个个的像素点,以便进行编辑。具体的操作方法是:选中所需分离的对象,选择菜单栏中的"修改"→"分离"命令或按下【Ctrl+B】组合键即可,如图 4-20 所示。

三、排列对象

排列对象是指对同一图层中各个对象的上下叠放顺序进行调整。在 Flash 中创建对象时最后创建的对象会放置到最顶层,而最先创建的对象放置在最底层。对象的叠放顺序将直接影响其显示效果,可通过菜单栏中的"修改"→"排列"命令中的相关命令进行排列设置,如图4-21所示。

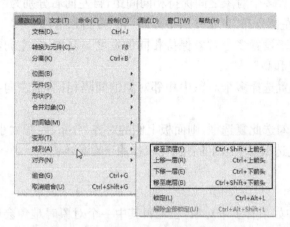

图4-21　"排列"命令组中的相关命令

执行菜单栏中的"修改"→"排列"→"移至顶层"(图4-22)或"移至底层"命令,可以将对象或组移动到层叠顺序的最前面或最后面。

图4-22　"排列"命令组中的"移至顶层"

执行菜单栏中的"修改"→"排列"→"上移一层"或"下移一层"命令,可以将对象或组在层叠顺序中向上或向下移动一个位置。

如果选择了多个组,这些组会移动到所有未选中的组的前面或后面,而这些组之间的相对顺序保持不变。

四、对齐对象

对齐对象是指将选择的多个对象按照一定的方式进行对齐操作,可以通过菜单栏中的"修改"→"对齐"中相应的命令完成,也可以通过"对齐"面板进行操作。下面以"对齐"面板讲解对齐对象的具体方法。

单击菜单栏中的"窗口"→"对齐"命令或按【Ctrl+K】组合键,可打开"对齐"面板,包括"对齐"、"分布"、"匹配大小"、"间隔"以及下侧的"与舞台对齐"五部分,如图4-23所示。

(1)对齐:用于将选择的多个对象以一个基准线对齐,自左向

图4-23　"对齐"面板

右分别为"左对齐"、"水平中齐"、"右对齐"、"顶对齐"、"垂直中齐"和"底对齐"。

（2）分布：用于设置多个对象之间保持相同间距，自左向右分别为"顶部分布"、"垂直居中分布"、"底部分布"、"左侧分布"、"水平居中分布"和"右侧分布"。

（3）匹配大小：用于设置多个对象保持相同的宽度与高度，自左向右分别为"匹配宽度"、"匹配高度"和"匹配宽和高"。

（4）间隔：用于设置选择多个对象中相邻对象的间隔相同，自左向右分别为"垂直平均间隔"和"水平平均间隔"。

（5）与舞台对齐：勾选此复选框，则面板上侧的对齐、分布、匹配大小和间隔操作将相对于舞台；如果不勾选此复选框，则上侧的各操作仅作用于对象本身。

五、锁定对象

Flash CS5 舞台中如果有多个对象，在编辑其中一个对象时难免会影响到其他对象，此时可以将不需要编辑的对象锁定，被锁定的对象不能对其再进行任何操作。如需再次编辑此对象，则解除对象的锁定即可。对象的锁定与解除锁定的操作可以通过菜单栏中的"修改"→"排列"命令组中的"锁定"与"解除全部锁定"命令完成。

任务三　对象的变形操作

学习要点

1. 了解对象变形的四种方式及特点。
2. 掌握使用命令、面板和工具进行对象变形操作。

知识准备

在 Flash CS5 中对象的变形有多种方式，主要包括翻转对象、缩放对象、任意变形对象、扭曲对象、封套对象及 3D 平移和旋转等操作。可以通过"变形"菜单或"变形"面板完成，也可以使用"任意变形工具"■、3D 变形工具（"3D 平移工具"■和"3D 旋转工具"■）完成，这四种变形对象的方式具有各自不同的特点，在本任务中将主要对前三种变形方式进行讲解。

一、使用"任意变形工具"

"任意变形工具"■是 Flash 中使用最多的编辑工具之一，利用它可以旋转、缩放、倾斜和扭曲对象，还可以通过编辑封套来对对象的形状进行细微调整。当使用"任意变形"工具■选择对象后，在对象的中心位置出现一个空心的圆点，表示对象变形的中心点。四周将出现八个矩形点，用于控制对象的旋转、缩放、倾斜等操作，如图 4-24 所示。

1. 旋转对象

使用"任意变形工具"■选择对象后，将光标放置到对象四周的角控制点上，当光标变为↻形状时按住鼠标向四周旋转，则对象也随着鼠标进行旋转，如图 4-25 所示。

图 4 - 24　使用"任意变形工具"选择对象

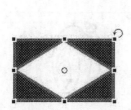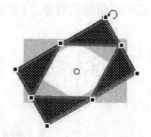

图 4 - 25　旋转对象

技巧：按住【Shift】键并拖动鼠标可以以 45°为增量进行旋转。若要围绕对角旋转，则按住【Alt】键并拖动鼠标。如果要结束旋转对象，可以在对象以外的空白位置单击。

2．缩放对象

使用"任意变形工具" 选择对象后，将光标放置到对象四周的角控制点上，按住鼠标向外或向内拖曳，则对象随着鼠标移动进行缩放；将光标放置在垂直边框或水平边框中心处的控制点，则对象随着鼠标移动进行水平或垂直方向的缩放，如图 4 - 26 所示。

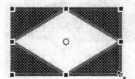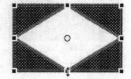

图 4 - 26　缩放对象

3．倾斜对象

使用"任意变形工具" 选择对象后，将光标放置到上下或左右两个边框中心的控制点，按住鼠标向左右或上下拖曳，则对象随着鼠标移动进行水平或垂直方向的倾斜，如图 4 - 27 所示。

提示：在"工具"面板选择"任意变形工具" 后，在"工具"面板下方的选项区中会显示"旋转和倾斜" 、"缩放" 、"扭曲" 和"封套" 按钮，利用这些按钮同样可对对象进行变形。

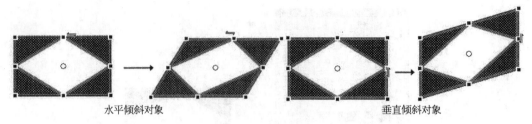

水平倾斜对象   垂直倾斜对象

图 4-27　倾斜对象

4. 扭曲对象

扭曲对象可以对对象进行锥化处理。选择"工具"面板中的"任意变形工具" ，然后单击"扭曲"按钮 ，选中要扭曲的对象，对选定对象进行扭曲变形操作，如图 4-28 所示。

图 4-28　扭曲对象

> **技巧：** 按住【Shift】键的同时拖动其中的一个角点，可进行长宽不等比例的缩放。按住【Ctrl】键拖动边的中点，可以任意移动整个边。

5. 封套对象

封套对象可以对对象进行任意形状的修改。选择"工具"面板中的"任意变形工具" ，然后单击"封套"按钮 ，选中对象，在对象的四周会显示若干控制点和切线手柄。选定对象边框上的控制点和切线手柄，拖动到合适位置释放鼠标，对象就发生变形，如图 4-29 所示。

图 4-29　封套对象

> **提示：** "封套"不能修改元件、位图、视频、声音、渐变、对象组或文本。如果选择多个对象中包含以上任意一项，则只能扭曲对象。若要修改对象，首先要将字符转换为形状对象。

二、使用"变形"面板

选择对象后，选择菜单栏中的"窗口"→"变形"命令，或者按【Ctrl＋T】组合键就可打开"变形"面板。使用"变形"面板不仅可以对图形对象进行较为精准的变形操作，还可以利用其"重制选区和变形"按钮 的功能，依靠单一对象，创建出复合变形效果的对象，如图 4-30 所示。

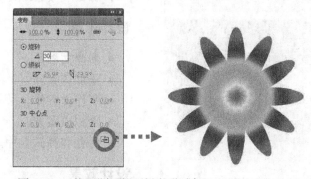

图 4 - 30　使用"变形"面板变形对象

提示： 需要变形的内容一定要为"元件"实例。若不是，在选中图形后，按【F8】键将其转换为"元件"，这样才能保证变形正确。

三、使用"变形"菜单命令

选择了舞台上的对象以后，可以选择菜单栏中的"修改"→"变形"命令打开"变形"子菜单，如图 4 - 31 所示，在该子菜单中选择需要的变形命令进行对象的变形。

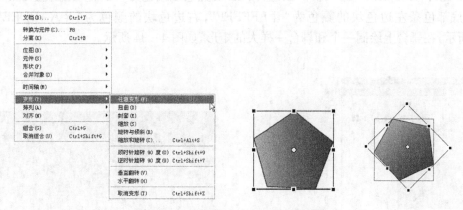

图 4 - 31　"变形"命令组中的相关命令

四、使用 3D 变形工具

3D 变形工具包括"3D 平移工具" 和"3D 旋转工具" 。使用"3D 平移工具" ，可以在 X、Y 和 Z 轴上全方位地移动影片剪辑对象；使用"3D 旋转工具" ，可以在 3D 空间旋转影片剪辑对象。3D 变形工具的具体使用方法，详见"项目八"的"任务四"。

 典型案例 1——制作"梦幻魔方"

本案例通过制作一个富有创意的梦幻魔方来讲解 Flash CS5 中对象的变形操作方法和技巧，使读者初步认识 Flash CS5 对象的操作功能。

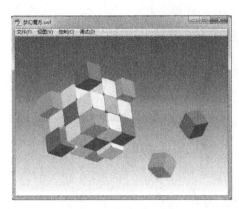

图4-32 最终设计效果

➤ 源文件:项目四\典型案例1\效果\梦幻魔方.fla

设计思路

- 新建文档。
- 添加背景。
- 制作立方体。
- 堆积成魔方。
- 保存和测试影片。

设计效果

创建如图4-32所示效果。

操作步骤

1. 新建文档

（1）运行 Flash CS5，新建一个 Flash 文档，文档属性保持默认参数。

（2）执行菜单栏中的"文件"→"保存"命令，将其保存为"梦幻魔方.fla"。

2. 添加背景

（1）在"时间轴"面板中将"图层1"重命名为"背景"层。

（2）选择"矩形工具" ，打开"颜色"面板，设置笔触颜色为"无"，填充颜色类型为"线性渐变"，底部色条左边色块的颜色为"♯FFFFFF"，右边色块的颜色为"♯AADDEE"，如图4-33所示，在舞台上绘制一个和舞台一样大的矩形，如图4-34所示。

图4-33 "颜色"面板设置

图4-34 绘制矩形

3. 制作立方体

（1）在"时间轴"面板上新建一个图层，命名为"魔方"层。选择"矩形工具" ，设置笔触颜色为"无"，填充颜色为"♯cc9933"（橘黄色），在舞台中央绘制一个宽和高均为"50"的圆角矩形，如图4-35所示。

图 4-35　绘制圆角矩形

图 4-36　绘制三个圆角矩形

（2）选中该圆角矩形，利用复制和粘贴命令再复制两个圆角矩形，并修改复制出来的圆角矩形的颜色，使一个较浅，另一个较深，如图 4-36 所示。

（3）选择第一个绘制出来的圆角矩形，打开"变形"面板，将垂直倾斜设置为"－25°"。选择复制出来的颜色较浅的圆角矩形，将垂直倾斜设置为"25°"，缩放宽度设置为"85％"。选择颜色较深的圆角矩形，将水平倾斜设置为"65°"，垂直倾斜设置为"25°"，缩放宽度设置为"90％"，效果如图 4-37 所示。

图 4-37　变形圆角矩形

图 4-38　组成立方体

（4）选择"选择工具" ，将三个圆角矩形拖放成立方体形状，并将三个矩形相交留下的空白区域填充，效果如图 4-38 所示。

（5）利用"选择工具" 将这个立方体选中，并按【Ctrl＋G】组合键将其成组，打开"变形"面板，设置旋转值为"－8°"。

（6）使用相同的方法多做几个这样的立方体，效果如图 4-39 所示。

4. 堆积成魔方

利用复制、粘贴的方法将这几种立方体多复制一些出来。利用"选择工具" 将立方体拖移成如图 4-40 所示的魔方形状，在此过程中要不断地将立方体"下移一层"（执行菜单栏中的"修改"→"排列"命令组下子菜单）。至此，梦幻魔方完成。

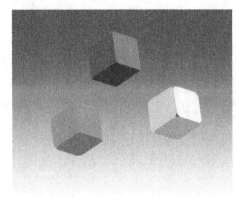

图 4-39　绘制多个立方体

图 4-40　堆积立方体成魔方状

5. 保存和测试影片

按【Ctrl＋S】组合键保存影片，按【Ctrl＋Enter】组合键测试影片。

案例小结

通过本案例的学习，可使读者了解 Flash CS5 对象的基本操作，初步掌握对象变形的使用方法和技巧，同时也使读者认识到对象的操作是绘制和修改素材的常用手段。

任务四　图形对象的修改操作

学习要点

1. 了解 Flash 的两种绘图模式。
2. 熟悉合并图形对象的四种常用操作方式。
3. 掌握调整和修改图形对象形状的处理方法。

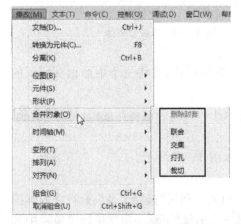

图 4-41　"合并对象"菜单下的命令组

知识准备

一、合并图形对象

Flash 中有两种绘图模式：合并绘制模式和对象绘制模式，这两种模式可以通过"工具"面板中的"对象绘制"按钮 ◎ 进行切换，如果要将合并绘制模式中的图形转换为对象绘制模式或者对多个绘制对象模式的图形进行合并操作，可以通过菜单栏中的"修改"→"合并对象"命令组中的相关命令进行设置，如图 4-41 所示。

（1）删除封套：单击该命令，可以对使用"封套"进行变形处理的对象删除封套变形，如图 4-42

所示。

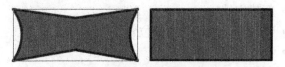

图4-42　删除封套前后的效果

图4-43　联合

（2）联合：单击该命令，可以将两个或两个以上的图形合为一个，不论其为合并绘制还是对象绘制模式，联合后的对象全部为对象绘制模式，如图4-43所示。

（3）交集：单击该命令，可以将两个或两个以上的图形重合的部分创建为新的对象，如图4-44所示。

图4-44　交集

图4-45　打孔

（4）打孔：单击该命令，可以删除所选对象的某些部分，这些部分由所选对象与排在所选对象前面的另一个所选对象的重叠部分来定义，如图4-45所示。

（5）裁切：使用该命令，可以使用某一对象的形状裁切另一对象，前面或最上面的对象定义裁切区域的形状，如图4-46所示。

图4-46　裁切

提示：在菜单栏中的"修改"→"合并对象"命令中的各命令，除"联合"命令可应用于两种绘制模式的图形外，其他四种命令"删除封套"、"交集"、"打孔"和"裁切"仅应用于对象绘制模式的图形中。

 典型案例 2——制作"奥运五环"

本案例通过制作一个奥运五环来讲解图形对象的合并操作，同时进一步巩固绘制图形和变形、对齐、分布和排列对象的方法和技巧。

➤ 源文件：项目四\典型案例2\效果\奥运五环.fla

图4-47 最终设计效果

设计思路

- 新建文档。
- 绘制奥运五环并调整位置。
- 制作两环相扣效果。
- 制作五环两两相扣效果。
- 保存和测试影片。

设计效果

创建如图4-47所示效果。

操作步骤

1. 新建文档

运行 Flash CS5,新建一个 Flash ActionScript3.0 文档,文档属性保持默认参数。

2. 绘制奥运五环并调整位置

(1)选择"基本椭圆工具" ,填充颜色设置为"蓝色",内径设置为"80",绘制一正圆,如图4-48所示。

图4-48 绘制奥运五环的第一个圆环

(2)选择绘制的第一个圆环,按【Ctrl】键的同时拖曳鼠标,复制出四个圆环,并将它们依次填充为黄、黑、绿、红四种颜色。

(3)全选五个圆环,按【Ctrl+K】组合键打开"对齐"面板,单击面板中"分布"下的"水平居中分布"按钮 ,使得五个环的间距相等,如图4-49所示。

(4)调整黄色和绿色两个圆环的位置,如图4-50所示。

3. 制作两环相扣效果

(1)选择蓝色和黄色两个圆环,按【Ctrl+T】组合键打开"变形"面板,单击面板下方的"重制选区和变形"按钮 ,在原位置再复制出两个环,如图4-51所示。

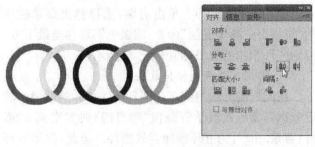

图 4-49　对齐和分布五个环

图 4-50　调整黄、绿两环位置

图 4-51　使用"变形"面板复制环

（2）选择菜单栏中的"修改"→"合并对象"→"交集"命令，得到两个圆环交集部分的图形，如图 4-52 所示。

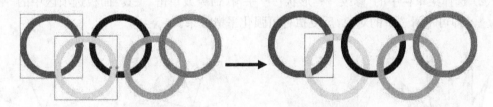

图 4-52　得到两个圆环交集部分的图形

（3）绘制一矩形（对象绘制模式），并将两个圆环上面部分的相交区域遮住，如图 4-53 所示。

（4）将两个圆环交集部分的图形与矩形同时选中，选择菜单栏中的"修改"→"合并对象"→"打孔"命令，留下两个圆环交集部分的下半个图形，如图 4-54 所示。

图 4-53　遮挡相交区域　　　　　图 4-54　"打孔"得到下半个图形

图 4 - 55　得到两环相扣的效果

（5）在黄色圆环上单击右键，选择弹出菜单栏中的"排列"→"移至底层"命令，将黄色圆环移至最下方，得到两环相扣的效果，如图 4 - 55 所示。

4. 制作五环两两相扣效果

用同样的方法得到多个圆环两两相扣的效果。然后根据需要导入教学资源包"项目四\典型案例 2\素材\背景.jpg"，为五环添加背景图片。至此，奥运五环制作完毕。

5. 保存和测试影片

按【Ctrl＋S】组合键保存影片，按【Ctrl＋Enter】组合键测试影片。

案例小结

通过本案例的学习，可使读者了解 Flash CS5 合并图形对象的使用方法和技巧，同时也使读者认识到合并图形对象是制作复杂图形对象的基础操作。

二、调整图形形状

1. 平滑图形

在使用"选择工具"　调整分离图形的形状时，若图形有很多拐点便会很难调整，此时对图形执行"平滑"操作，可以使图形的形状更加柔和，从而得到更易于改变形状的轮廓，如图 4 - 56 所示。具体操作步骤如下：

（1）使用"选择工具"　选中要平滑的对象。

（2）选择菜单栏中的"修改"→"形状"→"平滑"命令或单击"工具"面板选项区中的"平滑"按钮　，即可平滑选中的对象，反复执行可强化平滑效果。

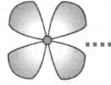
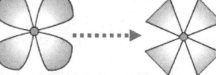

选中要平滑的对象　　　　平滑后的效果

图 4 - 56　平滑图形　　　　　　　　**图 4 - 57　伸直图形**

2. 伸直图形

对图形进行伸直操作，可以将曲线伸直为直线或将不规则的图形调整为规则的几何图形，并减少图形中的线段数，如图 4 - 57 所示。伸直图形的方法同平滑图形的操作相同，只需选中要伸直的对象，选择菜单栏中的"修改"→"形状"→"伸直"命令，或单击"工具"面板选项区的"伸直"按钮　。

3. 优化图形

对图形进行优化，可以使图形的曲线更加平滑，如图 4 - 58 所示。与平滑功能不同的是，优化图形是通过减少图形线条和填充区域边线的数量来实现的。因此，优化图形的另一个重要作用是减小 Flash 文件的体积。具体操作步骤如下：

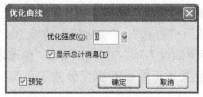

选择对象并打开"优化曲线"对话框　　　　　"优化消息提示"对话框

图 4-58　优化图形

（1）打开素材文档，使用"选择工具" 选中舞台中的图形，然后选择菜单栏中的"修改"→"形状"→"优化"命令，打开"优化曲线"对话框。

（2）在"优化曲线"对话框中的"优化强度"编辑框中输入数值，或拖动右侧的滑块，可设置平滑图形的强度，例如设为"20"；选中"显示总计消息"复选框，在单击"确定"按钮后，系统将会显示"优化消息提示"对话框。

（3）单击"优化消息提示"对话框中的"确定"按钮，即可得到优化结果。

4. 扩展填充

利用"扩展填充"命令可以扩大或缩小图形的填充区域，以制作一些特殊效果，如图 4-59 所示。具体操作步骤如下：

（1）打开素材文档，使用"选择工具" 选中舞台中的图形。

（2）选择菜单栏中的"修改"→"形状"→"扩展填充"命令，在打开的"扩展填充"对话框中将距离设为"2 像素"，并选中"插入"单选按钮。

（3）设置好参数后单击"扩展填充"对话框中的"确定"按钮。

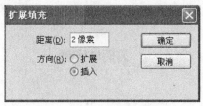

图 4-59　扩展填充图形

5. 柔化填充边缘

对图形执行"柔化填充边缘"命令，可以避免图形的填充边缘过于生硬，还可以制作发光、爆炸等效果，如图 4-60 所示。具体操作步骤如下：

图 4-60　柔化填充边缘

（1）打开素材文档，然后单击"图层 1"的第 1 帧，选中该帧上的灯泡。

（2）选择菜单栏中的"修改"→"形状"→"柔化填充边缘"命令，在打开的"柔化填充边缘"对话框中将距离设为"100"、步骤数设为"5"，并单击"扩展"单选按钮。

（3）单击"确定"按钮后，会发现正圆形的填充分为了五部分，并且每部分的透明度都不相同。

6. 将线条转换为填充

在 Flash 中绘制的线条，可以对其弧度和长短等属性进行调整，但无论怎样调整线条前后两端都是一样粗细，没有精细变化。因此，为了获得更好的效果，在某些情况下可将线条转变为填充，然后再进行调整，如图 4-61 所示。具体操作步骤如下：

（1）打开素材文档，会发现舞台上小狮子的胡须由线条组成，显得很僵硬。

（2）使用"选择工具" 选中小狮子的胡须，然后选择菜单栏中的"修改"→"形状"→"将线条转换为填充"命令，将选中的线条转换为填充。取消线段的选择后，便可以使用"选择工具" 调整胡须的形状。

舞台中的小狮子

调整胡须

图 4-61　扩展填充图形

习题与实训

一、思考题

　　1. 对对象进行移动和复制各有哪些方法？

　　2. 可以对对象进行哪几种变形操作？

　　3. 对象之间的对齐与舞台对齐有何不同？这两种对齐方式如何操作？

　　4. 如何改变对象之间的排列次序？如何对对象进行组合和分离？

二、实训题

　　1. 使用复制对象的操作，绘制如图 4-62 和图 4-63 所示的图形效果。

图 4-62　月亮和星星

图 4-63　心脏

提示： 使用复制椭圆的操作，完成月亮和心脏的绘制，使用复制多角星形的操作完成星星的绘制。

2. 利用合并对象的操作，绘制如图 4 - 64 所示的图形效果。

图 4 - 64　太极八卦鱼

3. 利用变形对象的操作，绘制如图 4 - 65 和图 4 - 66 所示的图形效果。

图 4 - 65　变形文字　　　　　　　　　　　　　　图 4 - 66　向日葵

4. 利用对象的排列、组合、对齐等操作，绘制如图 4 - 67 所示的图形效果。

图 4 - 67　QQ情侣

图层和帧的应用

在 Flash 动画工程文件中通常会有很多图层，每一个图层分别呈现不同的动画效果，多个图层组合在一起就形成了复杂的动画。而帧是制作动画的关键，它控制着动画中各种动作和效果的发生以及动画的长度，依次显示每个帧的内容就形成了动画。

任务一　图层的操作

学习要点

1. 认识"时间轴"面板。
2. 了解图层的类型和图层模式。
3. 掌握图层的基本操作。
4. 通过实例操作，提高对图层的理解和处理能力。

知识准备

一、认识"时间轴"面板

"时间轴"面板是 Flash 动画的控制台，所有关于动画的播放顺序、动作行为以及控制命令等工作都在"时间轴"面板中进行编排。"时间轴"面板主要由图层、帧和播放头组成，如图 5-1 所示。在播放 Flash 动画时，播放头沿时间轴向后滑动，而图层和帧中的内容随着时间的变化而变化。

二、图层简介

图层如同透明的薄片，层层叠加，如果一个图层上有一部分没有内容，那么就可以透过这部分看到下面图层上的内容，各个图层可以独立地进行编辑操作，通过图层可以方便地组织文档中的内容。

Flash 的图层共分为五种类型：一般图层（普通图层）、引导层、被引导层、遮罩层和被遮罩层，如图 5-2 所示。

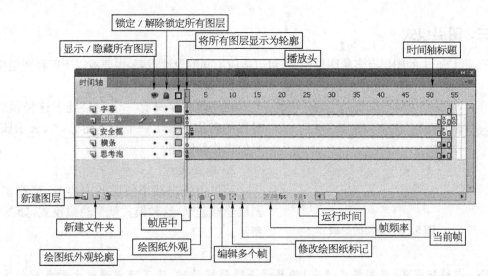

图 5－1　"时间轴"面板

图 5－2　图层的类型

1. 一般图层

一般图层是最基础的图层类型,在启动软件或新建图层后,"时间轴"面板上显示的图层都是一般图层 　。

2. 引导层

引导层的作用是引导其下方其他图层中的对象按照引导线进行运动。引导层又可分为一般引导层 　 和运动引导层 　。

3. 被引导层

当一般图层和引导层关联后,就被称为被引导层 　。被引导层中的对象按照引导层中的路径运动,被引导层与引导层是相辅相成的关系。

4. 遮罩层

遮罩层 　 是用来放置遮罩物的图层,该图层利用遮罩对下面图层进行遮挡,被遮住的部分可见,而未被遮罩物遮住的部分不可见。

5. 被遮罩层

被遮罩层与遮罩层是相对应的图层,当一个遮罩层建立时,它的下一层便被默认为被遮罩层 　。

三、图层模式

Flash CS5 中的图层有多种图层模式,可以适应不同的设计需要,主要有以下四种图层模式:

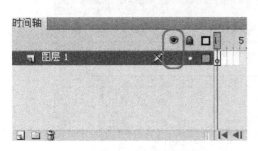

图5-3　图层的隐藏

1. 当前层模式

在任何时候只有一个图层处于这种模式,此时层的名称栏显示一个铅笔图标 ,表示该层为当前操作的图层。

2. 隐藏模式

要集中处理某个图层的内容时,可将多余的图层隐藏起来,这种模式就是隐藏模式,如图 5-3 所示。

> **技巧**：在进行图层(或图层文件夹)的显示与隐藏操作时,除了可以通过上面介绍的方法外,在"时间轴"面板中按住【Alt】键的同时单击图层(或图层文件夹)"显示/隐藏所有图层" 图标下方的 ,可将除了所选层之外的其他层和图层文件夹隐藏,再次按【Alt】键的同时单击,又可将它们显示。

3. 锁定模式

为防止编辑过程中的误操作,可以将需要显示但不希望被修改的图层锁定起来,这种模式就是锁定模式,如图 5-4 所示。

4. 轮廓模式

如果某图层处于轮廓模式,则该图层名称栏上会以空心的彩色方框作为标识,如图 5-5 所示。

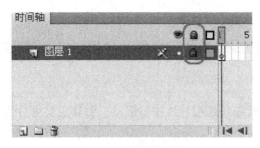

图5-4　图层的锁定

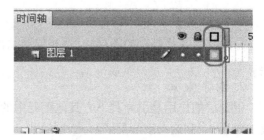

图5-5　图层的轮廓显示

四、图层的基本操作

图层的基本操作主要包括图层的管理和图层的属性设置。图层的管理包括创建各种类型的图层和图层的基本操作;图层的属性设置则可以在"图层属性"对话框中进行。

（一）图层的管理

使用图层可以通过分层,将不同的内容或者效果添加到不同图层上,从而组合成为复杂而生动的作品。

1. 创建图层

1) 创建一般图层　当创建了一个新的 Flash 文档后,它只包含一个图层,需要创建更多的图层来满足动画制作的需求。可以通过以下方法之一实现在当前图层的上方插入一个图层：

(1) 单击"时间轴"面板左下角中的"新建图层"按钮。

(2) 选择菜单栏中的"插入"→"时间轴"→"图层"命令。

(3) 右击图层,在弹出的快捷菜单中选择"插入图层"命令。

2) 创建遮罩层与被遮罩层　在 Flash CS5 中没有一个专门的按钮来创建遮罩层和被遮罩层,可以通过对一般图层进行修改而得到,方法如下：

(1) 在某个图层上单击右键,在弹出的快捷菜单中选择"遮罩层",如图 5-6 所示,该图层就会生成遮罩层,"层图标"就会从一般图层图标变为遮罩层图标,而系统同时会自动把遮罩层下面的一层关联为"被遮罩层"。

(2) 在"图层属性"对话框中,将类型选择为"遮罩层",则当前层就变为了遮罩层,选择其他的图层,通过同样的方法生成被遮罩层。

3) 创建引导层与被引导层　引导层和被引导层的创建,也是通过对一般图层进行修改而生成的,具体操作如下：

(1) 在某个图层上单击右键,在弹出的快捷菜单中选择"引导层",该图层就会成为引导层,再将其他图层拖曳到引导层中,就生成了被引导层。

(2) 在某个图层上单击右键,在弹出的快捷菜单中选择"添加传统运动引导层",当前层就成为被引导层,而系统自动为当前层生成一个引导层。

(3) 在某个图层上单击右键,在弹出的快捷菜单中选择"属性",在打开的"图层属性"对话框中,将类型选择"引导层",则当前层就变为了引导层,拖曳其他图层到引导层中,生成被引导层。

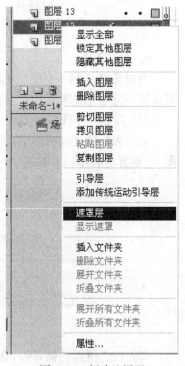

图 5-6　创建遮罩层

2. 创建图层文件夹

图层文件夹可以用来管理图层,当创建的图层数量过多时,可以将图层分类到不同图层文件夹中进行管理。单击"时间轴"面板左下角中的"新建图层文件夹"按钮,即可在当前图层的上方插入一个图层文件夹。点击并拖动选中的图层,移动到图层文件夹上即可将图层添加进文件夹,如图 5-7 所示。

3. 选择图层

要选择图层,可以通过以下几种方式实现：

(1) 单击"时间轴"面板中图层的名称或单击该图层的某一帧单元格即可选中该图层。

(2) 单击舞台中某个图层上的任意对象,即可选中该图层。

(3) 按住【Shift】键,单击"时间轴"面板中两个不连续的图层的名称,即可选中这两个图层间的所有图层。

(4) 按住【Ctrl】键,单击"时间轴"面板中的多个图层名称,可以选中不连续的图层。

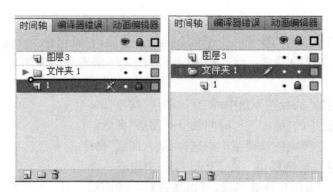

图5-7 添加图层到文件夹

4. 复制图层

有时需要复制一个图层上的内容及帧来建立一个新的图层,这在从一个场景到另一个场景或从一部电影到其他电影传递层时很有用。若要复制一个图层,应作如下操作:

(1) 新建一个图层使其能够接受另一个被复制图层的内容。

(2) 选择要复制的图层,可直接拖动鼠标选中该图层要复制的第一帧直到最后一帧。如图5-8所示的图层2的第1~30帧。

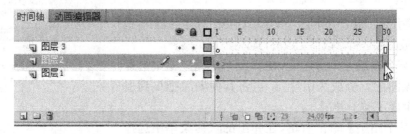

图5-8 选中的灰色帧

(3) 右击所选的帧,然后在弹出菜单中选择"复制帧"命令。

(4) 在刚才新建的空层上,右击第一帧,在弹出的菜单中选择"粘贴帧"命令。这样,就完成了对单层的复制与粘贴,如图5-9中的图层3所示。

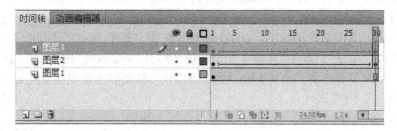

图5-9 粘贴帧后的"图层3"

> **技巧**:当需要选中一个图层的时候,可以先用鼠标左键单击该层的第一帧,然后按下【Shift】键,同时再用鼠标左键点击这一层的最后一帧,这样该层上的所有内容都被选中。要选择多个图层,同样可以使用该方法。

5. 删除图层

当某个图层不再需要时,可以对其进行删除操作,可以通过以下三种方式:

(1) 选中图层,单击"时间轴"面板下方的"删除"按钮 ▥ ,即可删除该图层。

(2) 拖动所需删除的图层到"时间轴"面板中下方的"删除"按钮 ▥ 上即可删除。

(3) 右击所需删除的图层,在弹出的快捷菜单中选择"删除图层"命令即可。

6. 重命名图层

新建图层后,图层的名称是默认的,为了快速地辨认每一个图层,可以对图层进行重命名。可以通过以下两种方式:

(1) 双击"时间轴"面板上的图层,然后输入新的图层名称即可。

(2) 打开"图层属性"对话框,在"名称"文本框中输入图层的名称,单击"确定"按钮即可。

7. 更改图层顺序

调整图层之间的相对位置,可以得到不同的动画效果和显示效果。要更改图层的顺序,可以直接拖动所需改变顺序的图层到适当的位置,然后释放鼠标即可。在拖动过程中会出现一条带圆圈的黑色实线,表示图层当前已被拖动到该位置,如图 5-10 所示。

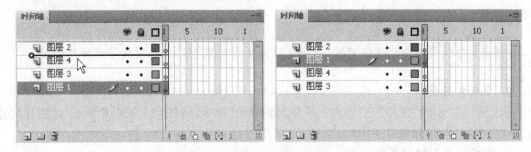

图 5-10 更改图层顺序

(二) 图层的属性设置

在"时间轴"面板的图层区域中可以直接设置图层的显示和编辑属性,如果要设置某个图层的一些详细属性,例如轮廓颜色、图层类型等,可以在"图层属性"对话框中实现。选择要设置属性的图层,选择菜单栏中的"修改"→"时间轴"→"图层属性"命令,打开"图层属性"对话框,如图 5-11 所示。

 典型案例 1——制作"动画安全框"

安全框是动画制作的安全线,由内框和外框组成,规格有 4∶3 和 16∶9 两种。在制作动画片的过程中,动画的主体出现在安全框内框之中,但需要将动画绘制出安全框外框外 1 cm 处,以便于电影、电视的转换,从而免于二次加工。下面就来为

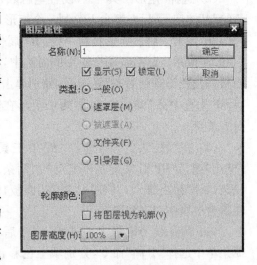

图 5-11 "图层属性"对话框

图 5-12　最终设计效果

动画制作一个 4：3 规格的安全框。

➤ 源文件:项目五\典型案例 1\效果\动画安全框.fla

设计思路

- 新建文档。
- 导入素材图片。
- 新建图层和绘制图形。
- 隐藏图层与设置图层类型。
- 保存和测试影片。

设计效果

创建如图 5-12 所示效果。

操作步骤

1. 新建文档

运行 Flash CS5,新建一个 Flash 文档,在"属性"面板中设置舞台的宽为"768"像素,高为"576"像素。其他属性保持默认设置参数。

> **提示:**"768 像素×576 像素"的动画文档大小是适用于作为电视信号源播放的尺寸。

2. 导入素材图片

执行菜单栏中的"文件"→"导入"→"导入到舞台"命令,将任意一张图片导入(此图片尺寸应大于文档尺寸,作为参考使用)。

3. 新建图层和绘制图形

(1)单击"图层 1"右侧的 图标,将"图层 1"隐藏。然后单击场景"时间轴"面板中的"新建图层"按钮 ,新建一个"图层 2"。

(2)选择"矩形工具" ,设置笔触颜色为" #000000"(黑色),填充颜色为"无",按下"对象绘制"按钮 后在舞台上绘制一个矩形,在"属性"面板中修改宽选项为"768"像素,高选项为"576"像素。将该矩形复制一份,在"属性"面板中将宽选项改为"653.0"像素,高选项改为"489.8"像素。然后将两个矩形同时选中,单击菜单栏中的"窗口"→"对齐"命令,打开"对齐"面板,勾选"与舞台对齐"复选框,分别单击"水平中齐" 和"垂直中齐" 按钮,使两个矩形在舞台中居中对齐放置。

(3)在"图层 2"中,选择"线条工具" ,按住【Shift】键,使用"对象绘制模式"绘制两条垂直交叉的线条,长度超出舞台,并使用"对齐"面板,使两条直线在舞台中居中对齐放置。

(4)将直线与矩形全部选中,右击后在弹出的快捷菜单中选择"分离"命令,分别填上色彩,然后将线条删除,效果如图 5-13 所示。

图 5-13　填充色彩

4. 隐藏图层与设置图层类型

将"图层 1"取消隐藏,在"图层 2"上单击鼠标右键,在弹出的快捷菜单中选择"遮罩层"命令,可以看到参考图片只有部分可以显示出来。这样动画安全框就做好了。

> **提示:** 安全框在每个制作的动画中都需要使用,因此可以将其转换为元件以便调用。选中安全框图形,单击菜单栏中的"修改"→"转换为元件",在弹出的对话框中将元件名称设为"安全框",将元件类型选择"图形"(元件相关知识读者可参阅本书项目六)。

5. 保存和测试影片

按【Ctrl+S】组合键保存影片,按【Ctrl+Enter】组合键测试影片。

案例小结

通过本案例的学习,可使读者掌握图层的基本操作,同时可使读者认识到在动画的制作过程中,熟练地掌握图层的相关操作有助于轻松地控制复杂动画中的多个对象。

任务二　帧的操作

学习要点

1. 了解帧的类型和掌握帧的基本编辑。
2. 了解删除帧、清除帧和清除关键帧的区别。
3. 熟悉"绘图纸外观工具"的使用。

知识准备

一、帧的类型

通过在"时间轴"面板右侧的帧操作区中进行各项帧操作,从而制作出丰富多彩的动画效果,其中每一个影格代表一个画面,这一个影格就称为一帧。帧是 Flash 动画的最基本也是最关键的组成部分,Flash 动画正是由不同的帧组合而成的。除了帧的排列顺序,动画播放的内容即帧的内容,也是至关重要不可或缺的。

在 Flash CS5 中用来控制动画播放的帧具有不同的类型,选择菜单栏中的"插入"→"时间轴"命令,在弹出的子菜单中显示了普通帧、关键帧和空白关键帧三种类型帧,如图 5-14 所示。

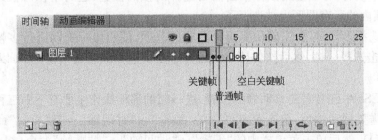

图 5-14　帧的类型

1. 普通帧

普通帧是延续上一个关键帧或者空白关键帧的内容,并且前一关键帧与该帧之间的内容完全相同,改变其中的任意一帧,其后的各帧也会发生改变,直到下一个关键帧为止。

2. 关键帧

关键帧是指在这一帧的舞台上实实在在的动画对象,这个动画对象可以是自己绘制的图形,也可以是外部导入的图形或者声音文件等,动画创建时对象都必须插入在关键帧中。

3. 空白关键帧

图 5-15 帧的显示状态

空白关键帧是一种特殊的关键帧类型,在舞台中没有任何对象存在;用户可以在舞台中自行加入对象,加入后,该帧将自动转换为关键帧,同时将关键帧中的对象全部删除,则该帧又会转换为空白关键帧。

帧在时间轴上具有多种表现形式,根据创建动画的不同,帧会呈现出不同的状态甚至是不同的颜色显示。单击"时间轴"面板右上角"帧的视图"按钮 ,弹出下拉菜单,在此菜单中可以任意控制帧的显示状态,如图 5-15 所示。

二、帧的基本操作

在制作动画时,可以根据需要对帧进行一些基本操作,例如插入、选择、移动、复制、删除、清除和翻转帧等。

1. 插入帧

要在时间轴上插入帧,可以通过以下几种方法实现:

(1)在时间轴上选中要创建帧的帧位置,按下【F5】键,可以插入帧;按下【F6】键,可以插入关键帧;按下【F7】键,可以插入空白关键帧。

(2)右击时间轴上要创建帧的帧位置,在弹出的快捷菜单中选择"插入帧"、"插入关键帧"或"插入空白关键帧"命令,可以插入帧、关键帧或空白关键帧。

(3)在时间轴上选中要创建帧的帧位置,选择菜单栏中的"插入"→"时间轴"命令,在弹出的子菜单中选择相应命令,可插入帧、关键帧和空白关键帧。

2. 选择帧

帧的选择是对帧以及帧中内容进行操作的前提条件。要对帧进行选择,首先必须打开"时间轴"面板,然后通过以下方法实现:

(1)选择单帧时,可以使用鼠标单击需要选择的帧的位置,这时单帧即被选择,而在选择帧的同时,该帧内的所有图形也被选择了。

(2)需要选择多帧时,首先确认要选择的帧的范围,使用鼠标拖动进行多帧的选择;或者使用鼠标先单击选择一帧,然后按住【Shift】键并单击要选择的最后一帧,也可以选择多帧。

3. 移动帧

在 Flash CS5 中经常需要移动帧的位置,进行帧的移动操作主要有下面三种方法:

(1)选中需要移动的帧,单击菜单栏中的"编辑"→"时间轴"→"剪切帧"命令(组合键为【Ctrl+Alt+X】),然后单击菜单栏中的"编辑"→"时间轴"→"粘贴帧"命令(组合键为【Ctrl+

Alt＋V】）。

（2）选中需要移动的帧并右击，从弹出的快捷菜单中选择"剪切帧"命令，然后用鼠标选中帧移动的目的地并右击，从弹出的快捷菜单中选择"粘贴帧"命令。

（3）选中要移动的帧，此时将光标放置在选择帧处，当光标显示为 图标时，按下鼠标左键拖曳选中的帧，移动到目标帧位置后释放鼠标。

> **技巧：**按【Ctrl】键的同时将光标放置在"时间轴"面板右侧的帧操作区帧的分界线上，当光标显示为 ◆▶ 时，拖动帧的分界线可以将帧延续。

4. 复制帧

复制帧操作可以将同一个文档中的某些帧复制到该文档的其他帧位置，也可以将一个文档中的某些帧复制到另外一个文档的特定帧位置。在 Flash 软件中，复制帧的常用方法主要有以下三种：

（1）选中需要复制的帧，单击菜单栏中的"编辑"→"时间轴"→"复制帧"命令（组合键为【Ctrl＋Alt＋C】），然后单击菜单栏中的"编辑"→"时间轴"→"剪切帧"命令（组合键为【Ctrl＋Alt＋V】）。

（2）选中需要复制的帧并右击，从弹出的快捷菜单中选择"复制帧"命令，然后用鼠标选中帧复制的目的地并右击，从弹出的快捷菜单中选择"粘贴帧"命令。

（3）选中要复制的帧，此时将光标放置在选择帧处，当光标显示为 图标时，按下【Alt】键的同时拖曳选中的帧，到目标帧位置后释放鼠标。

5. 删除帧

删除帧操作不仅可以把帧中的内容清除，还可以把被选中的帧进行删除，还原为初始状态。可通过以下的方法实现：

（1）选中要删除的帧，执行菜单栏中的"编辑"→"时间轴"→"删除帧"命令。

（2）选中要删除的帧，单击鼠标右键，在弹出的快捷菜单中选择"删除帧"命令。

（3）选中要删除的帧，然后按【Shift＋F5】组合键，同样可将选择的各帧删除。

6. 清除帧

选中要清除的帧，执行菜单栏中的"编辑"→"时间轴"→"清除帧"命令，或者单击鼠标右键，在弹出的快捷菜单中选择"清除帧"命令。

> **提示：**清除帧与删除帧的区别在于，清除帧仅把被选中的帧上的内容清除，并将这些帧自动转换为空白关键帧状态。

7. 清除关键帧

选中要清除的关键帧，按下相应的清除关键帧组合键【Shift＋F6】，或者单击鼠标右键，在弹出的快捷菜单中选择"清除关键帧"命令。此命令对普通帧无效。

8. 翻转帧

翻转帧功能可以使选定的一组帧按照顺序翻转过来，使原来的最后一帧变为第一帧，原来的第一帧变为最后一帧。

要进行翻转帧操作，首先在时间轴上将所有需要翻转的帧选中，然后右击被选中的帧，从弹出的快捷菜单中选择"翻转帧"命令,最后选择"控制"→"测试影片"命令,会发现播放顺序与翻转前相反。

9. 使用绘图纸工具编辑帧

在一般情况下,在舞台中只能显示和编辑动画序列的某一帧内容,为了便于定位和编辑动画,可使用绘图纸工具(图 5-16),一次查看和编辑在舞台上两个或两个以上帧的内容。

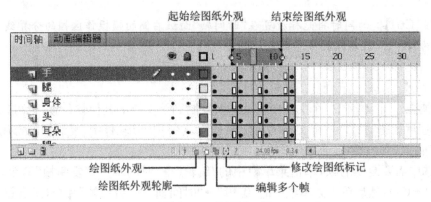

起始绘图纸外观　　结束绘图纸外观

绘图纸外观
绘图纸外观轮廓
修改绘图纸标记
编辑多个帧

图 5-16　绘图纸工具

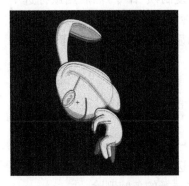

图 5-17　标记间的帧对象

1) 使用"绘图纸外观"工具　单击"时间轴"面板下方的"绘图纸外观"按钮，在"时间轴"面板播放头两侧会出现"绘图纸外观"标记,即"开始绘图纸外观"和"结束绘图纸外观"标记。在这两个标记之间的所有帧的对象都会显示出来,如图 5-17 所示,但这些内容是不可以编辑的。当前帧以实体显示,其他帧以半透明的方式显示。

2) 控制"绘图纸外观"的显示和编辑方式　如果单击"绘图纸外观轮廓"按钮，那么在舞台中可以将"绘图纸外观"标记之间的所有帧显示出来,当前帧以实体显示,而其他帧以轮廓线的方式显示。"编辑多个帧"按钮可以编辑"绘图纸外观"标记内的多个或所有关键帧,不管它是否为当前工作帧。

3) 更改"绘图纸外观"标记的显示　使用"修改绘图纸标记"按钮，还可以设置"绘图纸外观"标记的显示,在弹出的下拉菜单中可以选择"始终显示标记"、"锚定标记纸"、"标记范围2"、"标记范围 5"和"标记范围全部"五个选项命令。

 典型案例 2——制作"毛笔写字"

本案例通过制作一个毛笔写字动画效果来着重讲解帧的操作,同时进一步巩固图形绘制和图层操作的方法和技巧。

➢ 源文件:项目五\典型案例 2\效果\毛笔写字.fla

设计思路

- 新建文档。
- 绘制笔头和笔身。

- 制作动画。
- 保存和测试影片。

设计效果

创建如图 5-18 所示效果。

图 5-18　最终设计效果

操作步骤

1. 新建文档

运行 Flash CS5，新建一个 Flash 文档，在"属性"面板中设置帧频为"25"，其他属性保持默认设置参数。

2. 绘制笔头和笔身

(1) 使用"线条工具" 绘制一个三角形，对其进行编辑形成毛笔笔头的形状，使用"颜料桶工具" ，设置填充颜色为"#000000"（黑色），为笔头填色，如图 5-19 所示。

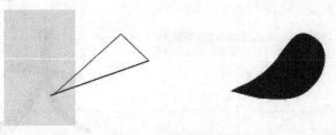

图 5-19　笔头的制作

(2) 利用"矩形工具" 绘制笔杆，利用"线条工具" 绘制笔杆上的四条纹路，利用"椭圆工具" 绘制笔端的截面。将笔头和笔杆两部分组合，形成毛笔，如图 5-20 所示。

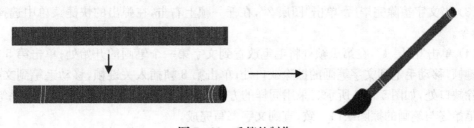

图 5-20　毛笔的制作

3. 制作动画

(1) 新建"图层 2"，并将该层移至"图层 1"的下方。选择"文本工具" ，在舞台中单击输入文字"犬"。单击文字，在"属性"面板中，设置字符的系列为"楷体_GB2312"，大小为"260"，颜色为"黑色"（#000000）。右击文字，在弹出的快捷菜单中选择"分离"命令。

(2) 单击第 4 帧处并按【F6】键插入关键帧，使用"橡皮擦工具" ，将"犬"字的最后一个笔画"点"的底端擦除；单击第 7 帧处插入关键帧，将"点"的中间部分擦除；单击第 10 帧处插入关键帧,将"点"的上端擦除,这样就将文字"犬"的最后一个笔画完全擦除了,如图 5 - 21 所示。采用同样的方法,按照文字书写笔画的倒序,每隔 2 帧插入关键帧,将文字的笔画慢慢擦去,直至完全擦除文字。每次擦除的多少决定了最终写字的快慢速度。

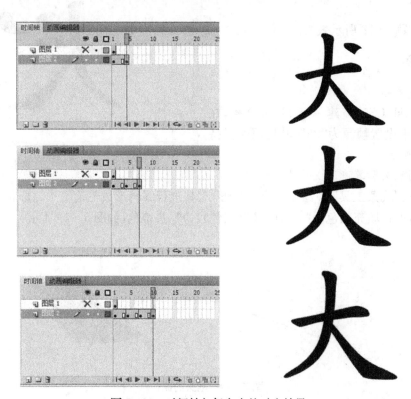

图 5 - 21 时间轴与舞台中的对应效果

提示: 在文字擦除过程中,需要保证文字的位置不能移动,否则最终文字会出现闪动。

---

(3) 当文字擦除完毕后,单击"图层 2",在任一帧上右击,在弹出的快捷菜单中选择"翻转帧"命令。

(4) 单击"图层 1",在第 1 帧处将毛笔放置到文字第一个笔画的开始处;单击第 5 帧并插入关键帧,移动毛笔到文字笔画的擦除缺口处;单击第 8 帧插入关键帧,移动毛笔到文字笔画的擦除缺口处,如图 5 - 22 所示。采用同样的方法,每隔 2 帧插入一个关键帧,移动毛笔位置,使毛笔始终与笔画的擦除缺口一致,直到文字书写完成。

4. 保存和测试影片

按【Ctrl＋S】组合键保存影片,按【Ctrl＋Enter】组合键测试影片。

案例小结

通过本案例的学习,可使读者熟悉帧的相关操作并使用帧来创建简单的动画,为以后的动画制作打下基础。

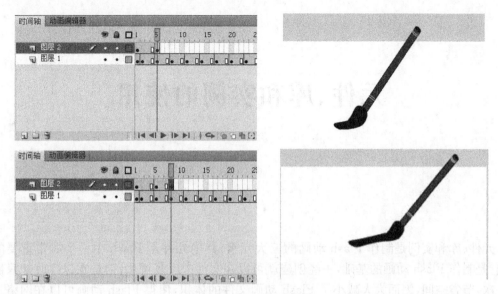

图 5 - 22　毛笔动画制作

习题与实训

一、思考题

　　1. 简述 Flash 图层的类型及作用。

　　2. 帧有几种类型？各种类型帧有什么区别？

　　3. 简述帧的操作中删除帧、清除帧和清除关键帧的差异。

二、实训题

　　1. 请使用关键帧制作大笑的表情动画，效果如图 5 - 23 所示。

　　2. 参照教学资源包中"项目五\习题与实训"文件夹，制作"打招呼"表情动画，如图 5 - 24 所示。

图 5 - 23　大笑

图 5 - 24　打招呼

元件、库和实例的使用

元件、库和实例是制作 Flash 动画的三大元素，其中元件是 Flash 中一个非常重要的概念，它是制作 Flash 动画的基础，一经创建就可以在文件中反复调用，但是在保存时却只需保存一次，节省空间，因而大大减小了 Flash 动画文件的体积，使得 Flash 动画可以在网络上广泛应用。元件创建后，可以在"库"面板中去存放和管理它们，而将元件从"库"面板中拖放到舞台上就产生了该元件的实例，实例是依赖于元件而存在的，它们的关系就如同"演员"和"角色"。"库"面板中除了存放元件，还可以用来存放图片、声音、视频等元素，在库中的对象都可以反复使用，实现资源共享。本项目将对元件、库和实例的含义，三者之间的关系以及它们的基本操作进行较详细的讲解。

任务一　元件的操作

学习要点

1. 了解元件的类型，熟悉建立元件的方法。
2. 掌握编辑使用元件。

知识准备

元件是存放在库中可以反复调用的图形、按钮或者一小段动画。在动画制作过程中，经常需要重复使用一些特定的动画元素，用户将这些元素转换为元件，就可以在动画中多次调用。

一、元件的类型

在 Flash CS5 中，每个元件都具有自己独立的时间轴、舞台及图层。用户可以在创建元件时选择元件的类型，而元件的类型将决定元件的使用方法。

一般来说，在 Flash 中元件有三种类型：影片剪辑、按钮和图形，如图 6 - 1 所示。

1. 影片剪辑

影片剪辑元件的图标为 ，它是构成 Flash 动画的一个片段，它能独立于场景中的主时间轴动画进行播放，即使"场景"中时间轴只有 1 帧，影片剪辑也可以照常播放其内部几分钟的画面和声音。当播放场景中的主时间轴动画时，影片剪辑元件也在循环播放。影片剪辑元件

影片剪辑元件　　　　　　按钮元件　　　　　　图形元件

图 6 - 1　元件的类型

可以添加 ActionScript 交互行为和导入声音,也可以添加滤镜效果。

　　2. 按钮

　　按钮元件的图标为,它主要用于创建动画的交互控制按钮,以响应鼠标事件(如单击、释放和滑过等)。按钮有"弹起"、"指针经过"、"按下"和"点击"四个不同的状态帧,如图 6 - 2 所示。四个状态帧的作用如下:

　　(1)"弹起"帧的内容代表指针没有经过按钮时该按钮的状态。

　　(2)"指针经过"帧的内容代表指针滑过按钮时该按钮的外观。

　　(3)"按下"帧的内容代表单击按钮时该按钮的外观。

　　(4)"点击"帧的内容限定着响应鼠标单击的区域。此区域在输出文件中是不可见的。

图 6 - 2　按钮元件的时间轴

　　用户可以分别在按钮的不同状态帧上创建不同的内容,既可以是静止图形,也可以是影片剪辑,而且可以给按钮添加事件的交互动作,使按钮具有交互功能。

　　3. 图形

　　图形元件的图标为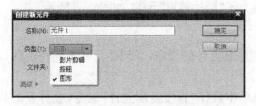,它依赖于场景中主时间轴动画的播放,是制作动画的基本元素之一,图形元件的好处就是在主时间轴中就能看到图形元件内所做的动画效果。图形元件不能添加 ActionScript 交互行为和导入声音,也不能够添加滤镜效果。

二、元件的基本操作

(一)创建元件

　　在 Flash 中创建元件的方法有两种:一种是直接新建一个空元件,然后在元件编辑模式下建立元件内容;另一种是将舞台中的某个元素转换为元件。

　　1. 新建元件

　　要新建图形元件,选择菜单栏中的"插入"→"新建元件"命令,打开"创建新元件"对话框(图 6 - 3),在"名称"栏输入元件的名称,在"类型"下拉列表中选择要创建的元件类型。单击"确定"按钮,进入元件编辑模式进行元件的制作。新建元件后,元件存放在库里,舞台中是没有的。

图 6 - 3　"创建新元件"对话框

提示： 在 Flash CS5 中还有一种元件——"字体"元件，它的创建方法比较特殊，选择菜单栏中的"窗口"→"库"命令，打开当前文档的"库"面板，单击面板右上角的按钮 ，在弹出的快捷菜单中选择"新建字型"，如图 6-4 所示。

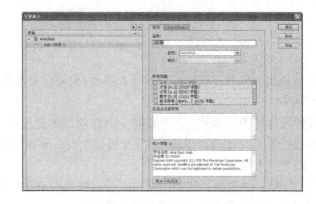

图 6-4　建立"字体"元件

2. 转换为元件

1）将元素转换为元件　如果舞台中的元素需要反复使用，可以将它直接转换为元件，保存在"库"面板中，方便以后调用。转换方法有以下几种：

（1）选中舞台中的元素，选择菜单栏中的"修改"→"转换为元件"命令。

（2）在舞台中选中元素，然后将对象拖曳到"库"面板中。

（3）右击舞台中的元素，从弹出的快捷菜单中选择"转换为元件"命令。

提示： "转换为元件"与"创建新元件"对话框相比多了一个"对齐"选项，此项用于设置转换后元件的注册点位置，右侧有一个由九个矩形组成的小图标 ，这九个矩形点表示元件的注册点位置，当单击某个矩形点时，此矩形点变为实心的黑色矩形，表示转换后的元件的注册点就位于该位置。

2）将动画转换为影片剪辑元件　在制作一些较为大型的 Flash 动画时，不仅仅是舞台中的元素要重复使用，很多动画效果也需要重复使用。可以使用复制图层的方法，将动画转换为"影片剪辑"元件。操作步骤如下：单击需要复制的图层，在全部选择的帧上右击，在弹出的快捷菜单中选择"复制帧"命令，然后执行菜单栏中的"插入"→"新建元件"命令，打开"创建新元件"对话框，输入元件名称，选择"影片剪辑"元件类型。在新建的元件内右击图层的第一帧，在弹出的快捷菜单中选择"粘贴帧"命令。这样就将一段动画转换为了"影片剪辑"元件，如图6-5所示。

（二）直接复制元件

通过直接复制元件，可以使用现有的元件作为创建新元件的母本，来创建具有不同外观的新元件。操作方法如下：

（1）在舞台上选择元件后右击，在弹出的快捷菜单中选择"直接复制元件"命令，在打开的对话框中输入新元件的名称。

（2）在"库"面板中选择元件后右击，在弹出的快捷菜单中选择"直接复制"命令，在打开的

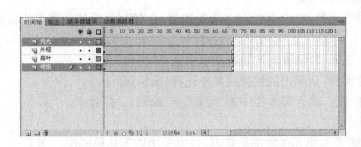

图6-5 将动画转换为影片剪辑元件

对话框中输入新元件的名称。

(3) 在"库"面板中选择该元件，单击"库"面板右上角的按钮 ，在打开的"库"面板控制菜单中选择"直接复制"命令。

（三）编辑元件

创建元件后，可以在元件编辑模式下编辑该元件，也可在舞台中编辑该元件，还可在新窗口中编辑该元件。

1. 在当前位置编辑元件

在当前位置编辑元件，用户可以在编辑元件的过程中，更加方便地参照其他对象在舞台中的相对位置。

要在当前位置编辑元件，可以在舞台上双击元件的一个实例；或者在舞台上选择元件的一个实例，右击后在弹出的快捷菜单中选择"在当前位置编辑"命令；或者在舞台上选择元件的一个实例，然后选择菜单栏中"编辑"→"在当前位置编辑"命令，进入元件编辑状态。

2. 在新窗口中编辑元件

要在新窗口中编辑元件，可以右击舞台中的元件，在弹出的快捷菜单中选择"在新窗口中编辑"命令，直接打开一个新窗口，并进入元件的编辑状态，如图6-6所示。

图6-6 在新窗口中编辑元件

3. 在元件编辑模式下编辑元件

除了在当前位置和新窗口中编辑元件，还可以在元件编辑模式下编辑元件，具体操作有以下几种方式：

（1）双击"库"面板中的元件图标。

（2）在"库"面板中选择该元件，单击面板右上角的按钮，在"库"面板控制菜单中选择"编辑"命令。

（3）在"库"面板中右击该元件，从弹出的快捷菜单中选择"编辑"命令。

（4）在舞台上右击元件实例，从弹出的快捷菜单中选择"编辑"命令。

（5）在舞台上选择元件实例，执行菜单栏中的"编辑"→"编辑元件"命令。

4. 退出元件编辑状态

在元件编辑完成以后，需要退出元件的编辑状态，可以采用以下几种操作：

⇦ 场景 1　元件 1　元件 2

图 6 - 7　退出元件编辑状态

（1）单击舞台左上角的第一个 ⇦ 按钮，返回上一层编辑模式，如图 6 - 7 所示。

（2）单击舞台左上角 场景 按钮，返回场景，如图 6 - 7 所示。

（3）选择菜单栏中的"编辑"→"编辑文档"命令（组合键为【Ctrl＋E】）。

（4）在元件的编辑模式下，双击元件内容以外的空白处。

 典型案例 1——制作"动态水晶按钮"

本案例主要用到了按钮元件，以此来学习元件的使用方法和技巧。在制作按钮元件的过程中，使读者认识按钮的四种状态。创建元件往往是制作动画的基本前提。

➢ 源文件：项目六\典型案例 1\效果\动态水晶按钮. fla

设计思路

- 新建文档。
- 绘制按钮。
- 转换为影片剪辑。
- 保存和测试影片。

设计效果

创建如图 6 - 8 所示效果。

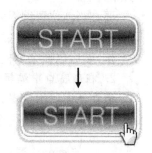

图 6 - 8　最终设计效果

操作步骤

1. 新建文档

运行 Flash CS5，新建一个 Flash 文档，文档属性保持默认参数。

2. 绘制按钮

（1）选择"矩形工具"，设置填充颜色为"无"，笔触颜色为"＃A1A1A1"，选择"对象绘制模式"，在"属性"面板中将矩形边角半径设置为"6"，绘制一个无填充色的圆角矩形，宽为"112"，高为"41"。

（2）将图形复制两个，一个缩小放在上面，一个调整位置，利用菜单栏中的"排列"→"下移一层"命令，置于底层。

（3）选择"基本矩形工具"▢，设置填充颜色为"无"，笔触颜色为"♯A1A1A1"，绘制一个圆角矩形，调整大小和位置，效果如图6-9所示。

图6-9　图形形状　　　　　　图6-10　着色效果

（4）为图形着色。将底层矩形填充颜色设为"♯CCCCCC"，并执行菜单栏中的"修改"→"形状"→"柔化填充边缘"命令，在弹出的对话框中将距离设为"5"，步骤数设为"4"，执行两次；将上层的两个矩形填充为黑白渐变色，效果如图6-10所示。

3. 转换为影片剪辑

（1）将所有图形选中，复制一份，将其中一份按【F8】键，转换为按钮元件，命名为"动态水晶按钮"；另一份转换为影片剪辑元件，命名为"动态效果"。

（2）双击影片剪辑元件，进入元件内部进行编辑，将最底层作为投影的矩形选中并按【Ctrl＋X】组合键剪切，新建"图层2"并重命名为"投影"层，将该图层移至"图层1"下，按【Ctrl＋Shift＋V】组合键执行"粘贴到当前位置"。在第5帧与第11帧处分别插入关键帧，选择第5帧，使用"任意变形工具"▦将投影图形调大。在第1帧与第5帧之间右击，在弹出的快捷菜单中选择"创建补间形状"；在第5帧与第11帧之间右击，在弹出的快捷菜单中选择"创建补间形状"。选中"图层1"的第11帧插入帧，将该层延续到第11帧。

（3）双击空白处，返回场景，删除影片剪辑元件。

（4）双击按钮元件，进入元件内部进行编辑。在"指针经过"状态下，插入空白关键帧，从库中将"动态效果"影片剪辑元件拖入舞台中，打开"绘图纸"工具，与"弹起"帧按钮图形对齐位置。右击"弹起"状态关键帧，在弹出的快捷菜单中选择"复制帧"，分别粘贴进"按下"和"点击"状态下。新建"图层2"，使用"文本工具"▯输入文字"START"并调整字体和大小，颜色设置为"♯E5FF7F"，Alpha值为"70％"，效果如图6-11所示。

图6-11　按钮效果

（5）双击舞台空白处返回场景。

4. 保存和测试影片

按【Ctrl＋S】组合键保存影片，按【Ctrl＋Enter】组合键测试影片。

案例小结

通过本案例的制作，可使读者了解创建按钮元件和其他两种元件的区别之处，学会利用按钮的弹起、指针经过、按下和点击四个状态来创建响应鼠标的交互式按钮。

任务二　库的应用

学习要点

1. 了解元件与库的关系，了解公用库与外部库的调用方法。

2. 掌握库项目的基本操作。

知识准备

在 Flash CS5 中,当用户制作了一个影片剪辑、按钮或者一个图形元件后,到什么地方去找它们呢? 原来创建的元件和导入的文件都存储在"库"面板中,而且在"库"面板中的资源还可以在多个文档中使用。

一、"库"的使用

选择菜单栏中的"窗口"→"库"命令、按【Ctrl＋L】组合键或【F11】快捷键均可打开"库"面板。这是用于存放各种动画元素的场所,当需要某个元素时,可以从面板中直接调用,也可以在面板中对各种动画元素进行删除、排列、重命名等操作,其结构如图 6－12 所示。

图 6－12 "库"面板

(一)处理库项目

在"库"面板中的元素称为库项目,有关库项目的一些处理方法如下:

(1)在当前文档中使用库项目时,可以将库项目从"库"面板中拖动到舞台中。该项目会在舞台中自动生成一个实例,并添加到当前图层中。

(2)若要将对象转换为库中元件,可将项目从舞台中拖动到当前"库"面板中,打开"转换为元件"对话框,转换为元件。

(3)若要在当前文档中使用另一个文档的库项目,可以将另外一个文档也打开,然后从当前文档的"库"面板中选择另一个文档,如图 6－13 所示,将项目从"库"面板中拖入到舞台中即可。

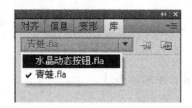

图 6－13 使用其他文档的库项目

图 6－14 提示库冲突

提示: 在当前文档中使用另外一个文档的库项目,如果使用的库项目名称与当前文档中库项目名称一样就会产生冲突,如图 6－14 所示。那么就需要修改其中一个库项目的名称。

(二)库项目的基本操作

在"库"面板中,可以点击右上角的"库"面板控制菜单按钮 ,使用菜单中的命令对库项目进行编辑、排序、重命名、删除以及查看未使用的库项目等管理操作。

1. 编辑对象

(1)要编辑元件时,可以在"库"面板控制菜单中选择"编辑"命令,打开进入元件编辑模式,然后进行元件编辑。

(2)要编辑导入的声音、图片等文件时,可以选择"编辑方式"命令,打开"选择外部编辑器"对话框(图 6-15),选择要使用的编辑软件程序,编辑完成后保存并关闭外部编辑软件,再使用"更新"命令更新这些文件。

图 6-15 "选择外部编辑器"对话框

2. 使用文件夹管理

在"库"面板中,可以使用文件夹来组织项目。当用户创建一个新元件时,它会存储在选定的文件夹中。如果没有选定文件夹,该元件就会存储在库的根目录下。

3. 重命名库项目

在"库"面板中,用户还可以重命名库中的项目。操作方法如下:

(1)在"库"面板中,双击需要重命名的项目。

(2)在"库"面板中,右击需要重命名的项目,在弹出的快捷菜单中选择"重命名"命令。

4. 删除库项目

默认情况下,当从库中删除项目时,文档中该项目的所有实例也会被删除。要删除库项目,可执行以下操作实现:

(1)可以选择所需操作的项目,然后单击"库"面板下部的"删除"按钮。

(2)在"库"面板的控制菜单中选择"删除"命令删除项目。

(3)在所要删除的项目上单击右键,在弹出的快捷菜单中选择"删除"命令。

二、公用库的使用

在 Flash CS5 中还自带了三类公用库:声音、按钮和类。使用公用库中的项目,可以直接在舞台中添加按钮或声音等。选择菜单栏中的"窗口"→"公用库"命令,在弹出的级联菜单中选择一个库类型,即可打开该类型公用库面板,如图 6-16 所示。

图 6-16 "声音"、"按钮"、"类"公用库

三、外部库的调用

在制作 Flash 动画时,如果用户想要使用别的 Flash 文档中的元素,那么可以使用外部库,如图 6 - 17 所示。这意味着用户可以在不用打开别的 Flash 文档的情况下,使用其他文档中的素材。

要导入外部库,可以选择菜单栏中的"文件"→"导入"→"打开外部库"命令,在打开的"作为库打开"对话框中,选择要作为外部库的 Flash 文档,然后单击"打开"按钮将其打开。

图 6 - 17　外部库的调用

值得注意的是,拖动元件的过程即是一个复制元件过程,因此用户需要注意元件名称不要重复。

任务三　使用实例

1. 了解实例与元件的关系。
2. 掌握实例的创建与编辑操作。

实例是元件在舞台中的具体表现,它是位于舞台上或嵌套在另一个元件内的元件副本。元件只存在于"库"面板中,要使用元件,可以将它从"库"面板中拖动到舞台上。在拖动到舞台上之后,元件立刻变成了实例。用户可以在舞台中对实例进行任意改动,但是这些改动只是针对所选实例,并不改变元件的本身。但当编辑元件库中的元件时,该元件所对应的所有实例都会更新。

一、实例的创建

创建实例的方法很简单，只要打开"库"面板，将"库"面板中的元件拖动到舞台中即可。

创建实例后，"影片剪辑"实例和"按钮"实例都可以指定实例名称，打开如图 6-18 所示的"属性"面板，在"实例名称"文本框中输入该实例的名称即可。

图 6-18 设定"实例名称"

二、实例的编辑

1. 交换实例

在创建元件的不同实例后，可以对这些元件实例进行交换，使选定的实例变为另一个元件的实例。

选择一个实例后右击，在弹出的快捷菜单中选择"交换元件"命令，如图 6-19 所示。交换元件实例后，原有实例所做的改变（如颜色、大小、旋转等）会自动应用于交换后的元件实例，而且不会影响"库"面板中的原有元件以及元件的其他实例。

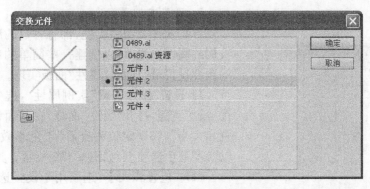

图 6-19 "交换元件"对话框

2. 改变实例类型

实例的类型也是可以相互转换的。例如，可以将一个"图形"实例转换为"影片剪辑"实例，或将一个"影片剪辑"实例转换为"按钮"实例,可以通过改变实例类型来重新定义它在动画中的行为。

要改变实例类型,选中某个实例,打开"属性"面板,单击"实例类型"按钮,在弹出的下拉菜单中选择要改变的实例类型即可。

3. 分离实例

要断开实例与元件之间的链接,可以在选中舞台实例后,右击选择"修改"→"分离"命令,把实例分离成图形元素,这样就可以使用编辑工具,根据需要修改并且不会影响其他应用的元件实例。

4. 查看实例信息

在动画制作过程中,特别是在处理同一元件的多个实例时,识别舞台上特定的实例是很困难的。但是可以通过以下的方法查看实例的信息:

(1) 在"属性"面板中,可以查看实例的类型、名称和设置。对于所有实例类型,都可以查看其颜色设置、位置、大小和注册点。对于图形,还可以查看其循环模式等;对于按钮,可以查看其实例名称和跟踪选项;对于影片剪辑,可以查看实例名称。

(2) 在"信息"面板中,可以查看选定实例的位置、大小及注册点,如图 6-20 所示。

图 6-20 查看实例信息

图 6-21 查看当前影片内容

(3) 在"影片浏览器"面板中,可以查看当前影片的内容,包括实例和元件,如图 6-21 所示。

图 6-22 "影片剪辑"实例属性

5. 设置实例属性

不同元件类型的实例,都有各自的属性,了解这些实例的属性设置,可以创建一些简单的动画效果,实例的属性设置可以通过"属性"面板实现。

1) 设置"影片剪辑"实例属性 选中舞台中的"影片剪辑"实例,打开"属性"面板,在该面板中显示了"位置和大小"、"3D 定位和查看"、"色彩效果"、"显示"和"滤镜"五个选项卡,如图 6-22 所示。其中:

(1) "位置和大小"选项用于设置选择实例的位置与大小,其参数设置与"信息"面板相同。

(2) "3D 定位和查看"选项用于设置影片剪辑实例的 3D 位置、透视角度、消失点等,其参数设置详见"项目八"的"任务四"。

（3）"色彩效果"选项可以对选择实例进行颜色和透明度等颜色属性设置。

（4）"显示"选项可以为选择实例添加混合效果。混合可以将两个叠加在一起的对象产生混合重叠颜色的独特效果。不过值得注意的是，混合的对象只能是影片剪辑和按钮实例中。混合模式包含四种元素：混合颜色、不透明度、基准颜色和结果颜色。在 Flash CS5 中提供了14 种混合模式，混合模式只能应用于影片剪辑和按钮。

（5）"滤镜"选项中可以为选择实例轻松添加一些投影、发光等特殊滤镜效果，使用它们可以大大方便Flash 编辑，从而完成更多的动画特效。

2）设置"图形"实例属性　选中舞台中的"图形"实例，打开"属性"面板，在该面板中显示了"位置和大小"、"色彩效果"和"循环"三个选项卡，如图 6-23 所示。其中，"循环"选项用于设置选择实例的播放状态，具体包括：

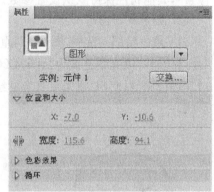

图 6-23 "图形"实例属性

（1）循环：用于设置图形实例中的动画在时间轴上循环播放。

（2）播放一次：用于设置图形实例的动画在时间轴上只播放一次。

（3）单帧：用于设置图形实例的动画在时间轴上只显示一帧的画面。

（4）第一帧：用于设置图形实例的起始播放帧，如设置为 6，则此图形实例中的动画从第 6帧开始播放。

3）设置"按钮"实例属性　选中舞台中的"按钮"实例，打开"属性"面板，在该面板中显示了"位置和大小"、"色彩效果"、"显示"、"音轨"和"滤镜"五个选项卡。其中，在"音轨"选项卡单击其下"选项"右侧的"音轨作为按钮"按钮，可弹出一个包括"音轨作为按钮"和"音轨作为菜单项"的下拉列表。

 典型案例 2——制作"刨根问底栏目组"

本案例通过制作刨根问底栏目组来着重讲解元件、实例和库的使用方法和技巧，同时进一步巩固图形绘制、排列对象等基础操作。

➤ 源文件：项目六\典型案例 2\效果\刨根问底栏目组.fla

设计思路

- 新建文档。
- 绘制素材图形。
- 排列元件。
- 制作文字。
- 制作动画。
- 保存和测试影片。

设计效果

图 6-24 最终设计效果

创建如图 6-24 所示效果。

操作步骤

1. 新建文档

运行 Flash CS5,新建一个 Flash 文档,在"属性"面板中设置文档尺寸为"150 像素×150 像素",其他属性保持默认设置参数。

2. 绘制素材图形

1)角色脸部　选择"图层 1",重命名为"人物"层。使用"椭圆工具" ,将笔触颜色设为"♯140000",填充颜色设为"♯F7D2C0",绘制椭圆;使用"选择工具" 和"部分选取工具" 对其进行调整;使用"线条工具" 绘制眉毛、眼睛和嘴巴,进行调整后得到如图 6－25 所示形状。

图 6－25　角色脸部

图 6－26　角色头发和发饰

2)角色头发和发饰　使用"线条工具" 、"椭圆工具" 绘制,配合"选择工具" 和"部分选取工具" 进行调整,绘制完成后按【Ctrl＋G】组合键,得到如图 6－26 所示图形。

3)脸部红晕　使用"椭圆工具" ,将笔触颜色设为"无",填充颜色设为"♯EAADA8",绘制圆形。按【F8】键转换为元件,类型为"影片剪辑",在"属性"面板中单击"滤镜"选项,在打开的选项中,单击左下角"添加滤镜"按钮 ,在弹出的快捷菜单中选择"模糊"(图 6－27),将模糊值设为"25"。完成后放于左脸,复制一份放于右脸,效果如图 6－28 所示。

图 6－27　添加滤镜

图 6－28　角色头部

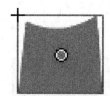

图 6－29　角色身体

4)角色身体　利用"矩形工具" 绘制并配合"选择工具" 进行调整,填充颜色为"♯F66687",完成后转换为图形元件,命名为"身体",形状如图 6－29 所示。

5)绘制手臂　利用"线条工具" 绘制并配合"选择工具" 进行调整,分别制作左大臂、左小臂和右臂并转换为图形元件,如图 6－30～图 6－32 所示。

图6-30 左大臂　　　　图6-31 左小臂 　　　　图6-32 右臂

6）绘制标牌　利用"矩形工具"  绘制标牌的杆子,笔触颜色为
"♯B14F34",填充颜色为"♯EDB294"。再绘制标牌的牌子部分,笔
触颜色为"♯540012",填充颜色为"♯FE3466"。绘制完成后按
【F8】键转换为图形元件。

3. 排列元件

将各个元件进行排列,得到如图6-33所示效果。

4. 制作文字

使用"文本工具" **T** 输入文字"刨",颜色为"白色",调整大小后

图6-33 排列后效果

转换为图形元件,命名为"刨1"。右击该元件,在弹出的快捷菜单中
选择"直接复制元件",并命名为"刨2"元件,双击进入该元件进行修改,添加文字"根"。以此
类推,每次使用"直接复制元件"后编辑元件,添加一个文字,直到将"刨根问底栏目组"几个文
字全部添加完毕。

5. 制作动画

新建"图层2",在第1帧处插入空白关键帧,在第3帧处插入关键帧,从"库"面板中选择
"刨1"元件,拖入舞台中,放置于标牌的左端;在第5帧处插入关键帧,右击"刨1"元件,在弹出
的快捷菜单中选择"交换元件",在出现的"交换元件"对话框中选择"刨2"元件。以此类推,将
动画制作完成。

6. 保存和测试影片

按【Ctrl+S】组合键保存影片,按【Ctrl+Enter】组合键测试影片。

案例小结

通过本案例的制作,可使读者认识到元件、实例和库是制作Flash动画的三大元素,其中
元件是构成动画的基础,库是存放动画元素的场所,实例是从库中拖曳到舞台中的元件。了解
三者之间的关系,对于减小文件的体积以及提高工作效率至关重要。

习题与实训

一、思考题

1. 简述Flash动画中元件的特点。

2. 简述库的功能和具体用法。

3. 简述元件和库、元件和实例之间的关系。

4. 按钮元件包括哪几个帧? 各个帧分别起着什么作用?

二、实训题

1. 利用图形元件、影片剪辑元件和按钮元件制作一个动态的按钮,效果如图6–34所示。

2. 利用"创建元件"、"直接复制元件"和"交换元件"的方法进行"搞笑表情"动画制作,效果如图6–35所示。

图6–34 最终效果 | 图6–35 最终效果

3. 利用"创建按钮元件"的方法制作水晶导航按钮,效果如图6–36所示。

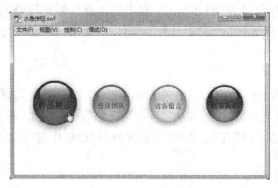

图6–36 最终效果

中文版Flash CS5项目化教程

第二篇
Flash CS5 动画制作

　　第一篇介绍了 Flash CS5 动画制作的基础知识，本篇将开始着手动画的制作。通过本篇的学习，不仅可以掌握 Flash CS5 的逐帧动画、传统补间动画、补间形状动画以及补间动画这些基本动画制作，引导层动画、遮罩动画、骨骼动画以及 3D 动画这些高级动画制作的方法和技巧，还将引领读者掌握 Flash CS5 交互式动画的制作、组件的应用编程，以及动画后期处理（包括多媒体音、视频的导入，影片的优化、导出与发布）。本篇共分为七个项目，是本书的重点内容。

=============================== 项 目 导 航 ===============================

项目列表	▥ 项目七　Flash CS5 基本动画制作 ▥ 项目八　Flash CS5 高级动画制作 ▥ 项目九　ActionScript3.0 编程基础 ▥ 项目十　ActionScript3.0 编程提高 ▥ 项目十一　组件的应用 ▥ 项目十二　声音和视频的应用 ▥ 项目十三　影片的优化、导出与发布
学习方法	任务驱动法、演练结合、分组讨论法、理论实践一体化
课时建议	32 学时

项目七

Flash CS5 基本动画制作

本项目将主要讲解 Flash CS5 一些基本动画的制作方法,包括逐帧动画、传统补间动画、补间动画和补间形状动画。虽然这些动画制作起来相对比较简单,但是也不可轻视。在一些网站上的大型 Flash 动画都是由它们演变而来的,有了这些知识的学习,再加上独特的创意思路,创作出不同凡响的 Flash 动画作品就轻而易举了。

任务一　逐帧动画

学习要点

1. 了解逐帧动画的设计原理。
2. 通过实例掌握逐帧动画的两种创建方式。

知识准备

逐帧动画是动画中最基本的类型,它是一个由若干个连续关键帧组成的动画序列,与传统的动画制作方法类似,其制作原理是在连续的关键帧中分解动画,即每一帧中的内容不同,使其连续播放而成动画。逐帧动画的设计原理如图 7-1 所示。

图 7-1　逐帧动画设计原理图

在制作逐帧动画的过程中,需要动手制作每一个关键帧中的内容,因此工作量极大,并且要求用户有比较强的逻辑思维和一定的绘图功底。虽然如此,逐帧动画的优势还是十分明显的,其具有非常大的灵活性,适合表现一些复杂、细腻的动画,如 3D 效果、面部表情、走路、转身等,缺点是动画文件较大,交互性差。

一、外部导入方式创建逐帧动画

外部导入方式是创建逐帧动画最为常用的方法，可以将其他应用程序中创建的动画文件或者图形图像序列导入到 Flash 软件。在导入时，如果导入的图像是一个序列中的一部分，那么 Flash 会询问用户是否将该序列中的所有图像全部导入，如图 7-2 所示。

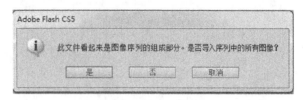

图 7-2　信息提示框

（1）是：单击该按钮，将序列中所有图像全部导入，导入的图像以逐帧动画的方式排列，并且每张图像在舞台中的位置相同。

（2）否：只导入当前的图像。

（3）取消：取消当前的导入操作。

典型案例 1——制作"川剧变脸"

下面通过"川剧变脸"动画实例来学习通过外部导入方式创建逐帧动画的具体操作，并且通过"时间轴"面板中的各个绘图纸工具对多个关键帧中的对象进行位置的重新调整。在动画的演示过程中，人物脸谱随时间推移不断发生变换。

➢ 源文件：项目七\典型案例 1\效果\川剧变脸.fla

图 7-3　最终设计效果

设计思路

- 新建文档。
- 导入图片序列。
- 使用绘图纸工具调整位置。
- 创建逐帧动画。
- 保存和测试影片。

设计效果

创建如图 7-3 所示效果。

操作步骤

1. 新建文档

（1）运行 Flash C55，新建一个 Flash ActionScript3.0 文档。

（2）在工作区域中单击鼠标右键，选择弹出菜单中的"文档属性"命令，在弹出"文档设置"对话框中设置文档尺寸为"444 像素×565 像素"，帧频为"12"，舞台背景颜色为"黑色"，如图

7-4所示。单击"确定"按钮，完成对文档属性的各项设置。

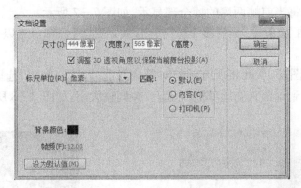

图7-4　"文档设置"对话框

2. 导入图片序列

（1）单击菜单栏中的"文件"→"导入"→"导入到舞台"命令，在弹出"导入"对话框中选择教学资源包"项目七\典型案例1\素材"目录下的"人物.jpg"文件，单击"打开"按钮，将选择的图像文件导入到舞台中作为背景。

（2）新建图层并重命名为"脸谱"层，单击菜单栏中的"文件"→"导入"→"导入到舞台"命令，在弹出"导入"对话框中选择教学资源包"项目七\典型案例1\素材"目录下的"01.png"图像文件。由于导入的脸谱图像是序列图，Flash会询问是否导入序列中的所有图像，单击"是"按钮，将全部脸谱图像导入到舞台中。其中每张图像在舞台中的位置相同，并且每一个图像自动生成一个关键帧，依次排列，同时存放在"库"面板中，如图7-5所示。到此完成导入脸谱图像的操作，此时可以看到，导入后的脸谱图像位于舞台左上角，接下来便通过各个绘图纸工具对导入图像进行位置的重新调整。

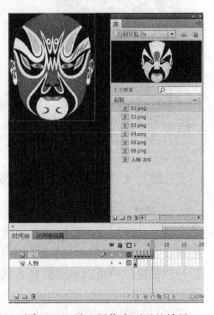

图7-5　导入图像序列后的效果

3. 使用绘图纸工具调整位置

（1）单击"时间轴"面板下方的"修改绘图纸标记"按钮 [·]，在弹出的下拉列表中选择"始终显示标记"选项，显示绘图纸外观的两个灰色块记，如图7-6所示。

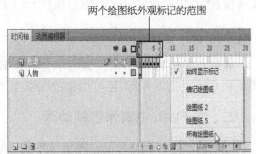

图7-6　选择"始终显示标记"选项显示的标记　　　图7-7　选择"所有绘图纸"选项显示的标记

（2）单击"时间轴"面板下方的"修改绘图纸标记"按钮 ，在弹出的下拉列表中选择"所有绘图纸"选项，从而将当前帧两侧的帧全部显示，如图 7 - 7 所示。

（3）单击"时间轴"面板中"编辑多个帧"按钮 ，则此时的舞台可以显示出"时间轴"面板中所有关键帧的内容。

（4）单击"脸谱"图层，从而将所有帧的对象全部选择，然后使用"选择工具" ，将选择后的所有帧的对象移动到舞台人物脸部的位置上，并调整大小，如图 7 - 8 所示。

图 7 - 8　导入并调整位置后的效果

图 7 - 9　"时间轴"面板状态

4. 创建逐帧动画

（1）单击"人物"图层的第 6 帧，按【F5】键将"人物"图层延续到第 6 帧，使之和"脸谱"层动画同步，然后单击菜单栏中的"控制"→"测试影片"→"测试"命令，对影片进行测试，在弹出的影片测试窗口中可以观察到导入的人物脸谱不断变化的动画效果。但是变化频率过快，不满足要求。

（2）在"时间轴"面板分别选择"脸谱"图层的第 1～6 帧，然后依次按【F5】键 9 次，在该帧后插入 9 个普通帧，从而解决脸谱出现过快的不足。最后将"人物"图层也延续到第 60 帧。最终"时间轴"面板状态如图 7 - 9 所示。

5. 保存和测试影片

如果影片测试无误，单击菜单栏中的"文件"→"保存"命令，在弹出的"另存为"对话框中将文件保存为"川剧变脸. fla"。然后按【Ctrl＋Enter】组合键测试影片。

案例小结

通过本案例的学习，可使读者学会从外部导入素材生成逐帧动画，如导入静态图片、序列图像和 GIF 动态图片等，还可借助绘图纸工具对多个关键帧中的对象进行重新调整。

二、在 Flash 中制作逐帧动画

逐帧动画是一种简单的动画表现形式，除了使用外部导入的方式创建逐帧动画外，还可以在 Flash 软件中制作每一个关键帧中的内容，从而创建逐帧动画。下面以"倒计时"动画为例，

学习在 Flash 中制作逐帧动画的具体操作。

 典型案例 2——制作"倒计时"

本案例重点讲解在 Flash 中绘制矢量图形来制作逐帧动画的方法和技巧。在动画的演示过程中,显示器上的数字由 5 倒计时到 0,最后画面定格在一张迎客松桌面背景图上。

➤ 源文件:项目七\典型案例 2\效果\倒计时.fla

设计思路

- 新建文档。
- 导入素材。
- 输入文本。
- 创建逐帧动画。
- 保存和测试影片。

设计效果

创建如图 7-10 所示效果。

图 7-10 最终设计效果

操作步骤

1. 新建文档

运行 Flash CS5,新建一个 Flash 文档,设置文档尺寸为"450 像素×400 像素",帧频为"1",其他属性保持默认参数,如图 7-11 所示。

2. 导入素材

(1)选择菜单栏中的"文件"→"导入"→"导入到库"命令,将教学资源包中的"项目七\典型案例 2\素材"文件夹中的"显示器.jpg"图片导入库中。

(2)新建三个图层并重命名为"背景"、"倒计时"和"动作"层,并将刚导入的"显示器.jpg"图片从库中拖曳到"背景"图层。按【Ctrl+K】组合键打开"对齐"面板,将图片相对于舞台水平居中对齐和垂直居中对齐,如图 7-12 所示。

(3)按【Ctrl+T】组合键打开"变形"面板,将图片的缩放宽度和缩放高度均设置为原来的"50%",如图 7-13 所示。

图 7-11 文档属性设置

图 7-12 "对齐"面板

图 7-13 "变形"面板

3. 输入文本

（1）选中"倒计时"图层的第 1 帧，选中"文本工具" **T**，在舞台中输入数字"5"，在"属性"面板中，将字体系列设置为"Old English Text MT"，大小为"150"，颜色为"♯0097FF"，如图 7-14 所示。

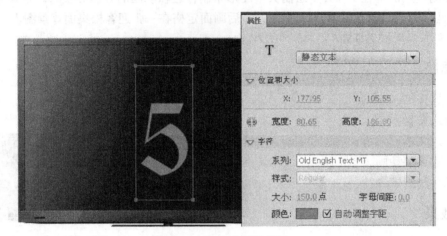

图 7-14 文本属性设置

（2）选中文本"5"，打开"属性"面板中的"滤镜"选项，先选择"渐变发光"滤镜，保持默认属性；再选择"投影"滤镜，将投影颜色设置为"♯0000FF"（蓝色），设置完毕，查看文本效果。滤镜设置如图 7-15 和图 7-16 所示。

图 7-15 "渐变发光"滤镜设置

图 7-16 "投影"滤镜设置

4. 创建逐帧动画

（1）在"倒计时"图层的第 1 帧后插入 6 个关键帧，分别把前 5 个关键帧的数字改为"4"，"3"，"2"，"1"，"0"。"时间轴"面板状态如图 7-17 所示。

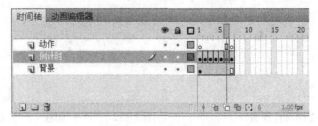

图 7-17 插入关键帧

（2）单击"倒计时"图层的最后一帧，导入一幅"迎客松.jpg"图片到舞台中，并调整其大小和位置。

（3）为了使倒计时跳到最后一帧时停止跳动，需要在最后一帧处添加一个动作。在"动作"图层第 6 帧处插入关键帧，选中该关键帧，按【F9】键打开"动作-帧"面板，输入脚本命令"stop();"，如图 7 - 18 所示。

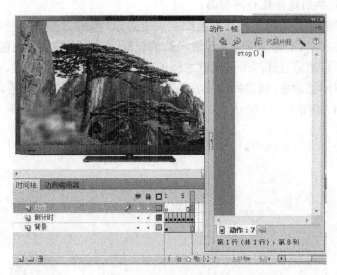

图 7 - 18　输入脚本代码

5. 保存和测试影片

按【Ctrl＋S】组合键保存影片，按【Ctrl＋Enter】组合键测试影片。

案例小结

通过这个案例，使得读者对逐帧动画的制作原理有了一定的了解，学会了使用数字或文字制作逐帧动画，如实现文字跳跃或旋转等特效动画；或利用各种制作工具在场景中绘制矢量图形来制作逐帧动画。

任务二　传统补间动画

学习要点

1. 掌握传统补间动画的创建方法。
2. 熟悉传统补间动画属性的设置。

知识准备

传统补间动画是 Flash 中较为常见的基础动画类型，使用它可以制作出对象的位移、变形、旋转、透明度、滤镜以及色彩变化等一系列的动画效果。

与前面介绍的逐帧动画不同，使用传统补间创建动画时，只要将两个关键帧中的对象制作出来即可,两个关键帧之间的过渡帧由 Flash 自动创建。

一、创建传统补间动画

传统补间动画的创建方法有两种:通过右键菜单和使用菜单命令。两者相比,前者更方便快捷,比较常用。

1. 通过右键菜单创建传统补间动画

首先在"时间轴"面板的第1帧导入或绘制一个对象(本例为圆球),选中该对象,按【F8】键将其转换为元件实例,接着根据需要设置动画的长度,在第30帧插入关键帧,改变对象的属性(如大小、位置等),然后选择两个关键帧之间的任意一帧,单击鼠标右键,在弹出的快捷菜单中选择"创建传统补间"命令,创建的传统补间动画以带有黑色箭头和蓝色背景的起始关键帧处的黑色圆点表示,如图 7-19 所示。

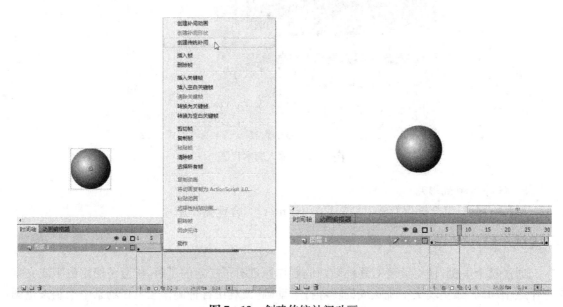

图 7-19 创建传统补间动画

> **提示:** 如果创建后的传统补间动画以一条蓝色背景的虚线段表示,说明传统补间动画没有创建成功,两个关键帧中的对象可能没有满足创建动画的条件。

通过右键菜单除了可以创建传统补间动画外,还可以取消已经创建好的传统补间动画,首先选择已经创建传统补间动画两个关键帧之间的任意一帧,然后单击鼠标右键,在弹出的快捷菜单中选择"删除补间"命令,就可以将已经创建的传统补间动画删除,如图 7-20 所示。

2. 使用菜单命令创建传统补间动画

在使用菜单命令创建传统补间动画的过程中,同样需要将同一图层两个关键帧之间的任意一帧选择,然后单击菜单栏中的"插入"→"传统补间"命令,就可以在两个关键帧之间创建传统补间动画;如果想取消已经创建好的传统补间动画,可以选择已经创建传统补间动画两个关键帧之间的任意一帧,然后单击菜单栏中的"插入"→"删除补间"命令,就可以将已经创建的传统补间动画删除。

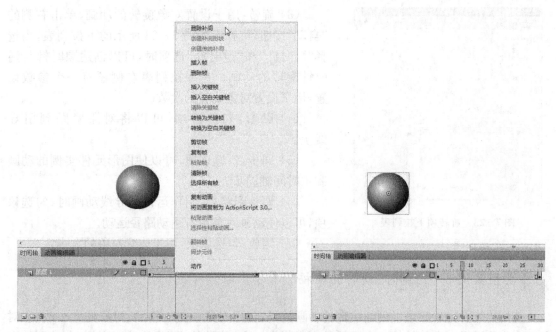

图7-20 删除传统补间动画

二、传统补间动画属性设置

无论使用何种方法创建传统补间动画,都可以通过"属性"面板进行动画的各项设置,从而使其更符合动画需要。首先选择已经创建传统补间动画的两个关键帧之间的任意一帧,然后展开"属性"面板,在其下的"补间"选项中就可以设置动画的运动速度、旋转方向与旋转次数等,如图7-21所示。

(1)缓动:默认情况下,过渡帧之间的变化速率是不变的,在此可以通过"缓动"选项逐渐调整变化速率,从而创建更为自然的由慢到快的加速或先快后慢的减速效果,默认数值为0,取值范围为-100～+100,负值为加速动画,正值为减速动画。

(2)缓动编辑:单击"缓动"选项右侧的 ✐ 按钮,在弹出的"自定义缓入/缓出"对话框中可以设置过渡帧更为复杂的速度变化,如图7-22所示。

图7-21 传统补间动画的"属性"面板

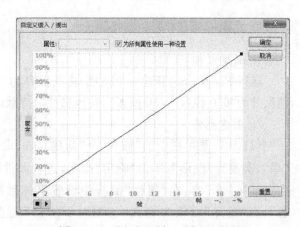

图7-22 "自定义缓入/缓出"对话框

图7-23　旋转项下拉列表

（3）旋转：用于设置对象旋转的动画，单击右侧的"自动"按钮，可弹出如图7-23所示的下拉列表，当选择"顺时针"和"逆时针"选项时，可以创建顺时针与逆时针旋转的动画。在下拉列表右侧还有一个参数设置，用于设置对象旋转的次数。

（4）贴紧：勾选该项，可以将对象紧贴到引导线上。

（5）同步：勾选该项，可以使图形元件实例的动画和主时间轴同步。

（6）调整到路径：制作运动引导线动画时，勾选该项，可以使动画对象沿着运动路径运动。

（7）缩放：勾选该项，用于改变对象的大小。

 典型案例3——制作"旋转的幸福"

使用传统补间动画可以创建出多种动画效果，包括对象位置的移动、对象的大小改变、对象色彩变化以及对象旋转等。在本任务中将制作一个"旋转的幸福"的动画实例，在动画的演示过程中，旋转的"幸福"文字从舞台左上角飞入中央又从右上角飞出，并伴随颜色和大小的变化。

➤ 源文件：项目七\典型案例3\效果\旋转的幸福.fla

设计思路

- 新建文档。
- 创建元件。
- 制作动画。
- 保存和测试影片。

设计效果

创建如图7-24所示效果。

图7-24　最终设计效果

操作步骤

1. 新建文档

运行Flash CS5，新建一个文档，将其保存为"旋转的幸福.fla"。在"属性"面板中设置文档尺寸为"650像素×450像素"，其他属性保持默认参数。

2. 创建元件

（1）执行菜单栏中的"插入"→"新建元件"命令，打开"创建新元件"对话框，设置名称为"幸"，类型为"图形"，单击"确定"按钮，进入元件编辑状态。选择"文本工具" T ，在舞台的中央输入"幸"字，在"属性"面板中设置字体系列为"华文隶书"，大小为"50"，颜色为"红色"，在"对齐"面板中将文字"相对于舞台"垂直中齐、水平中齐，如图7-25～图7-27所示。

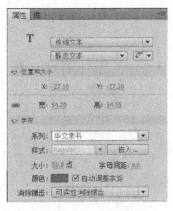

图7-25　文本属性设置　　　　　**图7-26　"对齐"面板设置**　　　　　**图7-27　文字效果**

（2）创建新元件,设置名称为"大圆",类型为"图形",单击"确定"按钮,进入元件编辑状态。在"库"面板中将元件"幸"拖放到舞台中央的正上方,选择"任意变形工具" ,在文字上单击,"幸"字周围出现控制点,文字的中间出现中心点,将文字的中心点拖曳到舞台窗口的中心点处,如图7-28所示。调出"变形"面板,单击面板下方的"重制选区和变形"按钮 ,将旋转选项设为"30",则文字"幸"复制出一个并顺时针旋转30°,如图7-29所示。再次单击面板下方的"重制选区和变形"按钮 ,复制出10个文字"幸",如图7-30所示。

图7-28　调整文字中心点　　　　　**图7-29　复制并旋转文字**　　　　　**图7-30　多次复制旋转文字效果**

（3）创建新元件,设置名称为"幸字转",类型为"影片剪辑",单击"确定"按钮,进入影片剪辑编辑窗口。在"库"面板中将元件"大圆"拖放到舞台中央,在"时间轴"面板的第90帧上单击鼠标右键,在弹出的快捷菜单中选择"插入关键帧"命令,再右击第1帧,在弹出的快捷菜单中选择"创建传统补间"命令,在第1帧和第90帧之间创建传统补间动画。打开"属性"面板,设置"补间"选项组中的旋转选项为"顺时针1次",如图7-31所示。单击【Enter】键预览效果。

（4）再次创建新元件,设置名称为"福",类型为"图形",单击"确定"按钮,进入图形元件编辑窗口。选择"文本工具" ,在舞台的中央输入"福"字,在"属性"面板中设置字体系列为"华文隶书",大小为"50",颜色为"红色"。在"对齐"面板中将文字"相对于舞台"垂直中齐、水平中齐,效果如图7-32所示。

图 7-31　补间属性设置

图 7-32　"福"字效果

（5）在"库"面板中右击"大圆"图形元件，在弹出的快捷菜单中选择"直接复制"命令，弹出"直接复制元件"对话框，设置名称为"小圆"，单击"确定"按钮，库中就复制出一个"小圆"的图形元件。双击"小圆"元件，进入元件编辑状态，选择任意一个"幸"字，在"属性"面板中单击"交换"按钮，弹出"交换元件"对话框，在列表中选择"福"元件，如图 7-33 所示，单击"确定"按钮，此时舞台上的"幸"字被"福"字替代，效果如图 7-34 所示。

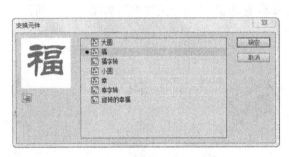

图 7-33　"交换元件"对话框设置

图 7-34　元件交换后的效果

（6）用同样的方法将所有的"幸"字全部交换成"福"字，效果如图 7-35 所示。

（7）在"库"面板中右击"幸字转"影片剪辑，在弹出的快捷菜单中选择"直接复制"命令，弹出"直接复制元件"对话框，设置名称为"福字转"，单击"确定"按钮，库中就复制出一个"福字转"影片剪辑。双击"福字转"影片剪辑，进入元件编辑状态，将第 1 帧和第 90 帧中的图形元件"大圆"交换成"小圆"。

图 7-35　小圆的效果

图 7-36　图层设置

（8）再次创建"旋转的幸福"影片剪辑元件，单击"确定"按钮，进入影片剪辑编辑窗口。将"图层1"重命名为"幸字转"，再创建两个新图层，分别命名为"福字转"和"happy"，如图7-36所示。

（9）将"库"面板中的"幸字转"影片剪辑拖曳到"幸字转"图层的第1帧上，放置在舞台的中央位置并将其缩放到"150%"；将"福字转"影片剪辑拖曳到"福字转"图层的第1帧上，放置在舞台的中央位置，如图7-37所示。选中"福字转"影片剪辑，调出"变形"面板，设置缩放宽度为"110%"，缩放高度为"50%"，旋转为"30°"，水平倾斜为"30°"，垂直倾斜为"30°"，如图7-38所示，舞台效果如图7-39所示。

图7-37　影片剪辑位置设置　　图7-38　"变形"面板设置　　图7-39　变形后的文字效果

（10）选择"happy"图层的第1帧，选择"文本工具" T ，在舞台上输入"HAPPY"字样。选择输入的文本，按【Ctrl+B】组合键将其分离，如图7-40所示。分别选中每一个字母，改变其颜色、位置并设置一定的旋转角度，效果如图7-41所示。

图7-40　分离文本　　　　　　　　　　图7-41　修改文本

（11）选择"幸字转"影片剪辑，打开"属性"面板，选择"色彩效果"选项组中的样式为"色调"，设置红为"210"，绿为"190"，蓝为"115"，如图7-42所示，效果如图7-43所示。

（12）用同样的方法设置"福字转"影片剪辑的色调。

3. 制作动画

（1）单击舞台上方的 场景1 按钮，返回"场景1"的舞台窗口。将"图层1"重命名为"背景"层，导入数学资源包中"项目七\典型案例3\素材"目录下的"背景图.png"文件到舞台中，并放置在舞台的中央，如图7-44所示。

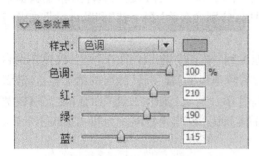

图 7-42　色彩效果设置

图 7-43　色调改变后的效果

图 7-44　导入背景图效果

图 7-45　放置影片剪辑的效果

（2）新建图层，重命名为"旋转的幸福"。选择该图层的第 1 帧，在"库"面板中将影片剪辑"旋转的幸福"拖曳到舞台的中央偏下的位置并调整大小，效果如图 7-45 所示。

（3）在该图层的第 50 帧、第 70 帧和第 120 帧分别按【F6】键插入关键帧。选择第 1 帧，将影片剪辑拖曳至舞台的左上角，借助"变形"面板将其宽度和高度均缩放为"15％"，并在"属性"面板的"补间"选项组中将缓动设置为"100"，效果如图 7-46 所示。

图 7-46　第 1 帧影片剪辑效果

图 7-47　第 70 帧影片剪辑效果

（4）选择第 70 帧，在影片剪辑的"属性"面板中将样式选为"亮度"，并设置亮度值为"－60％"，在补间"属性"面板中设置缓动值为"－100"，效果如图 7-47 所示。

（5）选择第 120 帧，将影片剪辑拖曳到舞台的右上方并将其宽高缩放为原来的"25％"，在"属性"面板中将样式选为"Alpha"，并设置其值为"0％"，效果如图 7-48 所示。

图7-48 第120帧影片剪辑效果

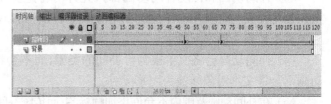

图7-49 "时间轴"面板状态

（6）分别在第1帧、第50帧和第70帧右击鼠标，从弹出的快捷菜单中选择"创建传统补间"命令。

（7）选中"背景"图层的第120帧，按【F5】键插入帧，至此，动画制作完成。最终"时间轴"面板状态如图7-49所示。

4．保存和测试影片

按【Ctrl+S】组合键保存影片，按【Ctrl+Enter】组合键测试影片。

案例小结

本案例是一个比较典型的传统补间动画实例，此例为对象综合应用了多种动画效果。通过本案例的学习，读者在传统补间动画制作中可灵活运用这些动画效果，从而制作出位移动画、旋转动画、色彩动画、淡入淡出动画或复合动画效果等。

任务三 补间动画

学习要点

1．了解补间动画与传统补间动画的区别。

2．掌握创建补间动画和编辑属性关键帧的方法。

3．学会使用动画预设。

知识准备

一、补间动画与传统补间动画的区别

Flash软件支持两种不同类型的补间：传统补间动画和补间动画。与传统补间动画相比，补间动画是一种基于对象的动画，不再是作用于关键帧，而是作用于动画元件本身，从而使Flash的动画制作更加专业。作为一种全新的动画类型，补间动画功能强大且易于创建，不仅可以大大简化Flash动画的制作过程，而且还提供了更大程度的控制。两者的主要差别如下：

（1）传统补间动画是基于关键帧的动画，通过两个关键帧中两个对象的变化从而创建动画效果，其中关键帧是显示对象实例的帧；而补间动画是基于对象的动画，整个补间范围只有

一个动画对象,动画中使用的是属性关键帧而不是关键帧。

(2) 补间动画在整个补间范围只有一个对象。

(3) 补间动画和传统补间动画都只允许对特定类型的对象进行补间。若应用补间动画,则在创建补间时会将所有不允许的对象类型转换为影片剪辑;而应用传统补间动画会将这些对象类型转换为图形元件。

(4) 补间动画会将文本视为可补间的类型,而不会将文本对象转换为影片剪辑;传统补间动画则会将文本对象转换为图形元件。

(5) 在补间动画范围内不允许添加帧标签;而传统补间动画则允许在动画范围内添加帧标签。

(6) 补间目标上的任何对象脚本都无法在补间动画范围的过程中更改。

(7) 在时间轴中可以将补间动画范围视为单个对象进行拉伸和调整大小;而传统补间动画可以对补间范围的局部或整体进行调整。

(8) 如果要在补间动画范围中选择单个帧,必须按住【Ctrl】键单击该帧;而传统补间动画中的选择单帧只需单击即可。

(9) 对于传统补间动画,缓动可应用于补间内关键帧之间的帧;对于补间动画,缓动可应用于补间动画范围的整个长度,如果仅对补间动画的特定帧应用缓动,则需要创建自定义缓动曲线。

(10) 利用传统补间动画可以在两种不同的色彩效果(如色调和 Alpha 透明度)之间创建动画;而补间动画可以对每个补间应用一种色彩效果,可以通过在"动画编辑器"面板的"色彩效果"属性中单击"添加颜色、滤镜或缓动"按钮 进行色彩效果的选择。

(11) 只可以使用补间动画来为 3D 对象创建动画效果,无法使用传统补间动画为 3D 对象创建动画效果。

(12) 只有补间动画才能保存为动画预设。

(13) 对于补间动画中属性关键帧无法像传统补间动画那样对动画中单个关键帧的对象应用交换元件的操作,而是将整体动画应用于交换的元件;补间动画也不能在"属性"面板的"循环"选项下设置图形元件的"单帧"数。

二、创建补间动画

同传统补间动画一样,补间动画对于创建对象的类型也有所限制,只能应用于元件的实例和文本字段,并且要求同一图层中只能选择一个对象,如果选择同一图层多个对象,将会弹出一个用于提示是否将选择的多个对象转换为元件的提示框,如图 7-50 所示。

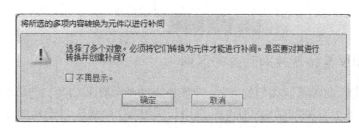

图 7-50 弹出的提示框

在进行补间动画的创建时,对象所处的图层类型可以是系统默认的常规图层,也可以是比较特殊的引导层、遮罩层或被遮罩层。创建补间动画后,如果原图层是系统默认常规图层,那么它将成为补间图层；如果是引导层、遮罩层或被遮罩层，它将成为补间引导、补间遮罩或补间被遮罩图层，如图 7-51 所示。

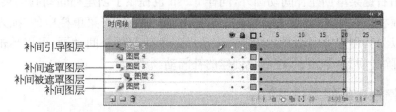

图 7-51　创建补间动画后的各图层显示效果

在 Flash 中创建补间动画的操作方法也有两种：通过右键菜单和使用菜单命令。两者相比，前者更方便快捷，比较常用。

1. 通过右键菜单创建补间动画

通过右键菜单创建补间动画有两种方法，这是由于创建补间动画的右键菜单有两种弹出方式，首先在"时间轴"面板中选择某帧，或者在舞台中选择对象（本例为文本），然后单击鼠标右键，都会弹出右键菜单，选择其中的"创建补间动画"命令，都可以为其创建补间动画，如图 7-52 所示。

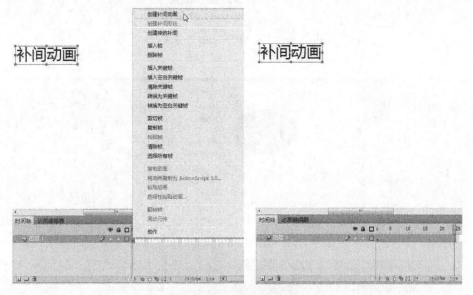

图 7-52　创建补间动画

> **提示：**创建补间动画的帧数会根据选择对象在"时间轴"面板中所处的位置不同而有所不同。如果所选择的对象是处理"时间轴"面板的第 1 帧中，那么补间范围的长度等于 1 s 的持续时间，例如当前文档的帧频为 24 fps，那么在"时间轴"面板中创建补间动画的范围长度即为 24 帧；而如果当前文档的帧频小于 5 fps，创建补间动画的范围长度为 5 帧；如果选择对象存在于多个连续的帧中，则补间范围将包含该对象占用的帧数。

如果要删除创建的补间动画，可以在"时间轴"面板中选择已经创建补间动画的帧，或者在舞台中选择已经创建补间动画的对象，然后单击鼠标右键，在弹出的快捷菜单中选择"删除补间"命令,就可以将已经创建的补间动画删除。

2. 使用菜单命令创建补间动画

除了使用右键菜单创建补间动画外,同样 Flash 也提供了创建补间动画的菜单命令,首先在"时间轴"面板中选择某帧,或者在舞台中选择对象,然后单击菜单栏中的"插入"→"补间动画"命令,可以为其创建补间动画。如果要取消已经创建好的补间动画,可以单击菜单栏中的"插入"→"删除补间"命令,从而将已经创建的补间动画删除。

三、在舞台中编辑属性关键帧

在 Flash 中,"关键帧"和"属性关键帧"性质不同,其中"关键帧"是指在"时间轴"面板中舞台上实实在在的动画对象所处的动画帧,而"属性关键帧"则是指在补间动画的特定时间或帧中为对象定义的属性值。

创建补间动画后,如果要在补间动画范围中插入属性关键帧,可以在插入属性关键帧的位置单击鼠标右键,选择弹出菜单中的"插入关键帧"其下的相关命令即可进行添加,共有六种属性,分别为"位置"、"缩放"、"倾斜"、旋转、"颜色"和"滤镜",如图 7-53 所示。

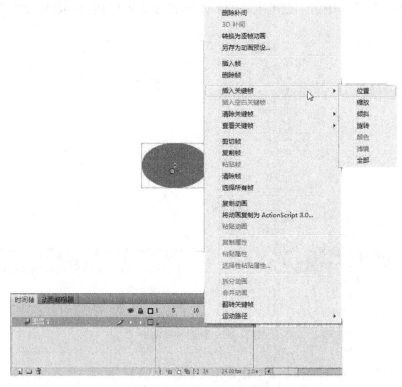

图 7-53 插入属性关键帧

在舞台中可以通过"变形"面板或"工具"面板中的各种工具进行属性关键帧的各项编辑,包括位置、大小、旋转、倾斜等。如果补间对象在补间过程中更改舞台位置,那么在舞台中将显示补间对象在舞台上移动时所经过的路径,此时可以通过"工具"面板中"选择工具" 、"部分选取工具" 、"转换锚点工具" 、"任意变形工具" 和"变形"面板等编辑补间的运动路径,如图 7-54 所示。

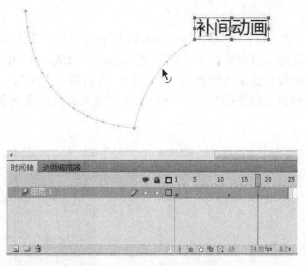

图 7 - 54 编辑补间的运动路径

 典型案例 4——制作"翻滚的迪士尼标志"

在本项目的前面部分对 Flash 中的关键帧动画作了简单的介绍,下面将进入 Flash 补间动画的介绍和实例制作。希望通过这个简单的补间动画案例,来学习在舞台中编辑属性关键帧的具体操作。

➤ 源文件:项目七\典型案例 4\效果\翻滚的迪士尼标志.fla

设计思路

- 新建文档。
- 制作标志图像。
- 制作标志底图。
- 放置标志图片。
- 创建补间动画。
- 制作环绕标志图像。
- 制作文字动画。
- 添加停止动作。
- 保存和测试影片。

设计效果

创建如图 7 - 55 所示效果。

图 7 - 55 最终设计效果

操作步骤

1. 新建文档

运行 Flash CS5,创建一个 Flash ActionScript3.0 文档,设置文档尺寸为"500 像素×500 像素",背景颜色为"♯91E8E8"(浅蓝色),其他属性保持默认设置参数。

2. 制作标志图像

(1) 执行菜单栏中的"文件"→"导入"→"导入到库"命令,打开"导入"对话框,导入教学资源包中的"项目七\经典案例 4\素材\"目录下的"唐老鸭.png"、"米奇.swf"和"文字.png"到库中。

(2) 设置场景中的舞台显示比例由 100% 切换为"符合窗口大小"。

(3) 将"库"面板中自动创建的"元件 2"和"元件 3"改为相应图像的名称,"库"面板状态如图 7-56 所示。

图 7-56 "库"面板状态　　　　　　图 7-57 "颜色"面板设置

3. 制作标志底图

(1) 在"时间轴"面板中将"图层 1"重命名为"底图"。选择"椭圆工具"，打开"颜色"面板,将笔触颜色设置为"无",填充颜色类型设置为"径向渐变",在渐变条上设置三个色块,颜色分别为"#F8ECEC"、"#F8ECEC"、"#FF6600",状态如图 7-57 所示。

(2) 按住【Shift】键的同时在舞台的中央画一个圆形,然后选中该对象,在"属性"面板中设置圆形的宽为"305"、高为"305"。

(3) 打开"对齐"面板,确认勾选"与舞台对齐",单击"水平中齐"按钮、"垂直中齐"按钮。然后按【Ctrl+G】组合键将对象成组,舞台效果如图 7-58 所示。

图 7-58 对齐后舞台效果　　　　　　图 7-59 舞台效果

4. 放置标志图片

(1) 打开"库"面板,将库中的"米奇.swf"元件拖放到舞台的中央(利用"对齐"面板实现),舞台效果如图 7-59 所示。

（2）使用"选择工具" 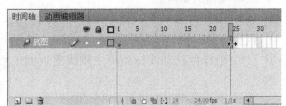框选舞台上的所有对象，单击鼠标右键，从弹出的快捷菜单中选择"转换为元件"命令，设置名称为"底图"，类型为"图形"元件。

5. 创建补间动画

（1）右击舞台上的"底图"元件，在弹出的快捷菜单中选择"创建补间动画"命令，此时"时间轴"面板上的"底图"图层标志由一般图层标志改变为补间图层标志；同时时间轴上显示出 24 帧（1 s）的补间范围。

（2）将鼠标放在补间范围结束的地方（24 帧处），待鼠标光标变成双向箭头，拖动鼠标到第 40 帧的位置，这样就改变了补间动画的帧数（改为 40 帧）。鼠标状态如图 7-60 所示。

图 7-60　延长帧的鼠标状态

（3）将播放头移动到第 1 帧，选中舞台上的"底图"元件，按住【Shift+←】组合键，将"底图"元件移动到舞台左侧，使得元件右侧与舞台左侧对齐。

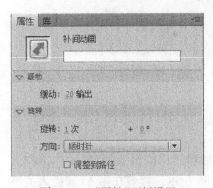

图 7-61　"属性"面板设置

（4）再将播放头移动到第 40 帧，选中舞台上的"底图"元件，打开"对齐"面板，单击"水平中齐"和"垂直中齐"按钮，把元件放置在舞台中央。此时舞台上自动出现一条绿色的直线（运动路径），同时在时间线上自动添加了一个显示为菱形的属性帧。

（5）选择补间图层，打开"属性"面板，将缓动设置为"20"，旋转设置为"顺时针旋转 1 次"，面板设置如图 7-61 所示。这样使得"底图"元件从舞台外面，从快到慢顺时针运动 1 圈到舞台中央。

（6）右击"底图"图层的第 65 帧，从弹出的快捷菜单中选择"插入帧"命令，将动画由 40 帧的状态延续到 65 帧。

6. 制作环绕标志图像

（1）打开"库"面板，双击面板中的"唐老鸭"图形元件，进入元件编辑模式。在窗口中选中该对象，打开"变形"面板，将宽度和高度均缩放为原来的"20%"。然后打开"对齐"面板，选择"水平中齐"和"垂直中齐"按钮。再打开"变形"面板，将旋转设置为"18°"，使得唐老鸭呈现出向前飞跑的样子。舞台效果如图 7-62 所示。

图 7-62　舞台效果

图 7-63　"属性"面板设置

（2）在"时间轴"面板上的"底图"图层的上方添加一个图层，命名为"环绕"。在该图层的第 41 帧，插入一个关键帧。

（3）在"工具"面板中选择"Deco 工具"，在其"属性"面板中，选择"对称刷子"选项；单击"模块"右侧的"编辑"按钮，更改重复的形状为"唐老鸭"；在"高级选项"下拉列表中选择"旋转"，设置如图 7-63 所示。此时舞台上出现的绿色辅助线显示了确定元件重复频率的中心点、主轴线和次轴线。

（4）在舞台上单击以放置元件，并在保持按下鼠标键的情况下在绿色辅助线的周围移动它，直至得到想要的放射状图案，如图 7-64 所示。

（5）把绿色次轴线拖到离主轴线更近的位置，以增加重复的次数，如图 7-65 所示。

图 7-64　制作图案　　　　　　　　图 7-65　增加重复次数

（6）完成后，选择"选择工具"，退出"Deco 工具"。此时得到的图案是一个组，按【Ctrl＋B】组合键将组打散，此时得到多个图形实例。

（7）在该图层的第 43 帧上插入关键帧，在舞台空白区域单击以取消选择，然后单击左上角的"唐老鸭"实例，并按【Delete】键将其删除，效果如图 7-66 所示。接着在第 45 帧插入关键帧，用同样的方法将左下角的实例删除。反复这样的操作，直至舞台上只留下一个"唐老鸭"实例。"时间轴"面板状态如图 7-67 所示。

 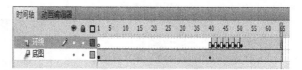

图 7-66　舞台效果　　　　　　　图 7-67　"时间轴"面板状态

（8）选择第 53 帧起向后的所有帧，单击鼠标右键，选择"删除帧"命令进行删除。

（9）选择第 41 帧到第 52 帧之间的所有帧，单击鼠标右键，在弹出的快捷菜单中选择"翻转帧"命令，将所有帧的顺序进行颠倒。

（10）在第 65 帧插入帧，将第 51 帧的状态维持到第 65 帧。至此环绕图像制作完成。

7. 制作文字动画

（1）在"环绕"图层的上方再添加一个新的图层，重命名为"文字"层。

（2）选择该图层的第 55 帧，插入关键帧。将"库"面板中的"文字"图形元件拖曳到舞台的中央。打开"变形"面板，设置缩放宽度和缩放高度均为"300％"。舞台效果如图 7－68 所示。

图 7－68　缩放后的舞台效果　　　　图 7－69　缩放后的舞台效果

（3）右击舞台上的"文字"元件实例，选择"创建补间动画"命令，为其创建补间动画。

（4）在"时间轴"面板上，将补间范围的末尾移动到第 60 帧，加快动画播放速度。

（5）将播放头移动到第 60 帧，打开"变形"面板，设置缩放宽度和缩放高度均为"70％"。舞台效果如图 7－69 所示。

（6）单击该图层的第 65 帧，插入帧，将第 60 帧状态维持到第 65 帧。

8. 添加停止动作

这里利用"代码片断"面板给影片添加停止动作。

（1）将播放头拖放到第 65 帧，执行菜单栏中的"窗口"→"代码片断"命令，打开"代码片断"面板。

（2）单击"时间轴导航"前面的三角标志 ▶，选择其中的"在此帧处停止"项，然后单击"添加到当前帧"按钮 ，如图 7－70 所示。稍等片刻自动弹出"动作"面板，面板中已设置好操作语句，直接将"动作"面板关闭。

（3）此时"时间轴"面板上多了一个名为"Actions"的图层，并在该图层的最后一帧（第 65 帧）上有一个带有动作标志的字母"a"的关键帧。这样做的目的是使动画只播放一次，不循环播放。至此"翻滚的迪士尼标志"全部制作完成。最终"时间轴"面板状态如图 7－71 所示。

图 7－70　"代码片段"面板设置

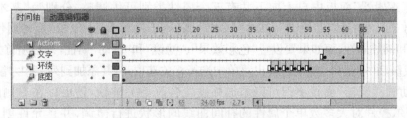

图 7－71　"时间轴"面板状态

9. 保存和测试影片

按【Ctrl+S】组合键保存影片,按【Ctrl+Enter】组合键测试影片。

提示: 补间缓动值大于0,元件从快到慢运动,值越大越明显;缓动值小于0,则由慢到快运动;缓动值等于0,则作匀速运动。利用"翻转帧"操作可将动画的播放顺序进行颠倒。

案例小结

在本案例中,通过一个十分简单的补间动画制作,为读者简述了补间动画制作的基本思路和方法。希望读者通过本案例的操作,对 Flash CS5 的新补间动画类型有所认识和了解。

四、使用动画编辑器调整补间动画

在 Flash 软件中除了上述方法调整补间动画外,还可以通过动画编辑器查看所有补间属性和属性关键帧,从而对补间动画进行全面细致的控制。首先在"时间轴"面板中选择已经创建的补间范围,或者选择舞台中已经创建补间动画的对象,然后单击菜单栏中的"窗口"→"动画编辑器"命令,可以弹出一个如图 7 - 72 所示的"动画编辑器"面板。

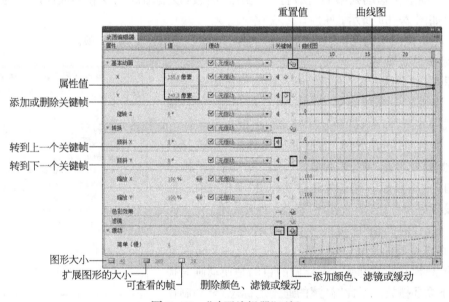

图 7 - 72 "动画编辑器"面板

在"动画编辑器"面板中自上向下共有五个属性类别可供调整,分别为"基本动画"、"转换"、"色彩效果"、"滤镜"和"缓动",其中"基本动画"用于设置 X、Y 和 3D 旋转属性;"转换"用于设置倾斜和缩放属性;而如果要设置"色彩效果"、"滤镜"和"缓动"属性,则必须首先单击"添加颜色、滤镜或缓动"按钮,然后在弹出菜单中选择相关选项,将其添加到列表中才能进行设置。

通过"动画编辑器"面板不仅可以添加并设置各属性关键帧,还可以在右侧的"曲线图"中使用贝塞尔控件对大多数单个属性的补间曲线的形状进行微调,并且允许创建自定义缓动曲线等。

五、在"属性"面板中编辑属性关键帧

除了可以使用前面介绍的方法编辑各属性关键帧外，通过"属性"面板也可以进行一些编辑，首先在"时间轴"面板中将播放头拖曳到某帧处，然后选择已经创建好的补间范围，展开"属性"面板，此时可以显示"补间动画"的相关设置，如图7-73所示。

（1）缓动：用于设置补间动画的变化速率，可以在右侧直接输入数值进行设置。

（2）旋转：用于设置补间动画的对象旋转，以及旋转次数、角度以及方向。

（3）路径：如果当前选择的补间范围中补间对象已经更改了舞台位置，可以在此设置补间运动路径的位置及大小。其中 X 和 Y 分别代表"属性"面板第 1 帧处属性关键帧的 X 轴和 Y 轴位置；宽和高用于设置运动路径的宽度与高度。

图7-73 "属性"面板

下面通过一个简单实例"跳动的文字"动画来学习在"动画编辑器"面板设置各属性，在"属性"面板中编辑属性关键帧的具体操作。

 典型案例 5——制作"跳动的文字"

在本项目的前面部分对 Flash 中的传统补间动画作了简单的介绍，下面将进入 Flash 补间动画的介绍和实例制作，本案例使用补间动画属性中的各项设置，创建文字进场时的各种变化效果。希望通过这个补间动画案例，使读者对 Flash CS5 的补间动画制作有更进一步的了解和领悟。

➤ 源文件：项目七\典型案例 5\效果\跳动的文字.fla

设计思路

- 新建文档。
- 制作动画文本。
- 制作文字动画。
- 保存和测试影片。

图7-74 最终设计效果

设计效果

创建如图7-74所示效果。

操作步骤

1. 新建文档

运行 Flash CS5，新建一个 Flash ActionScript3.0 文档，设置舞台大小为"550 像素×400 像素"，背景颜色设置为"♯000000"（黑色），并将文档保存为"跳动的文字.fla"。

2. 制作动画文本

（1）选择"文本工具" **T**，在"属性"面板中设置字体系列为"华文行楷"，大小为"72"，颜色为"＃FFFF00"（黄色），其他属性保持默认参数。在舞台中央输入"跳动的文字"，效果如图7-75所示。

（2）选中文字，按【Ctrl＋B】组合键，将文字进行打散，效果如图7-76所示。

图7-75 输入文字

图7-76 打散文字

（3）分别选中每一个文字，单击鼠标右键，从弹出的快捷菜单中选择"转换为元件"命令，在对话框中将元件类型设置为"图形"，并分别进行元件命名，如图7-77所示。

此时"库"面板中显示五个图形元件，如图7-78所示。

图7-77 转换为元件

图7-78 "库"面板状态

图7-79 "时间轴"面板的图层显示

（4）在舞台上选中所有的文字，单击鼠标右键，选择"分散到图层"命令，将每个文字分散到相应的图层，此时"时间轴"面板上图层的显示如图7-79所示。

此时"图层1"中只有一个空白关键帧，可将"图层1"删除。

3. 制作文字动画

（1）右击舞台上的"跳"文字，在弹出的快捷菜单中选择"创建补间动画"命令。

（2）在"时间轴"面板上调整补间范围到20帧。将播放头移动到第20帧，打开"动画编辑器"面板。在"基本动画"中为X、Y、旋转Z三个属性添加关键帧，X、Y属性值不变，将旋转Z属性值设置为"360°"，如图7-80所示。在"转换"中为缩放X和缩放Y属性添加关键帧，属性值均为"100％"，如图7-81所示。

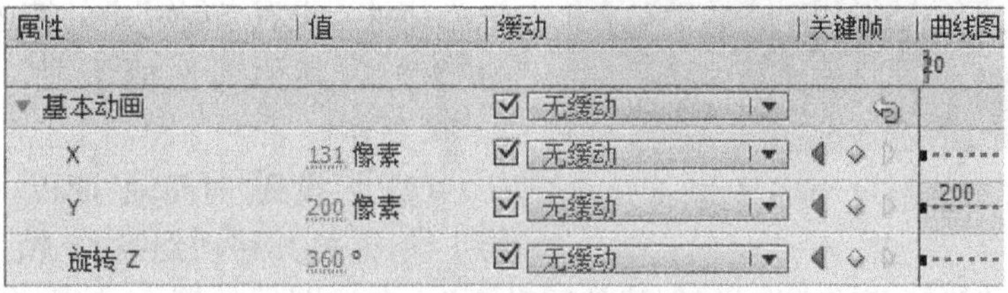

属性	值	缓动		关键帧	曲线图
					20
▼ 基本动画		☑ 无缓动 ▼		↺	
X	131 像素	☑ 无缓动 ▼	◀ ◇ ▶		
Y	200 像素	☑ 无缓动 ▼	◀ ◇ ▶		200
旋转 Z	360 °	☑ 无缓动 ▼	◀ ◇ ▶		

图 7-80　"动画编辑器"面板的"旋转"设置

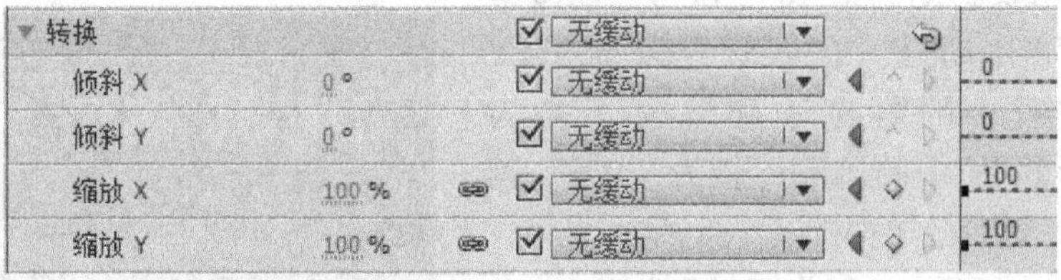

▼ 转换		☑ 无缓动 ▼		↺	
倾斜 X	0 °	☑ 无缓动 ▼	◀ ^ ▶		0
倾斜 Y	0 °	☑ 无缓动 ▼	◀ ^ ▶		0
缩放 X	100 %	☑ 无缓动 ▼	◀ ◇ ▶		100
缩放 Y	100 %	☑ 无缓动 ▼	◀ ◇ ▶		100

图 7-81　"动画编辑器"面板的"转换"设置

在"色彩效果"中添加 Alpha 效果,设置值为"100％",如图 7-82 所示。

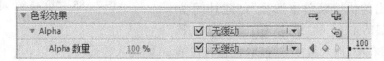

▼ 色彩效果				⊟ ⊞
▼ Alpha		☑ 无缓动 ▼		↺
Alpha 数量	100 %	☑ 无缓动 ▼	◀ ◇ ▶	100

图 7-82　"动画编辑器"面板的"色彩效果"设置

（3）单击"转到上一个关键帧"按钮 ◀ ,播放头移动到第 1 帧。将"基本动画"中的 X 设置为"-10",Y 设置为"80",此时"跳"字移动到舞台的外侧左上方;再设置"转换"中的缩放 X 和缩放 Y 均为"50％";"色彩效果"中的 Alpha 值为"30％";在"缓动"中设置简单（慢）属性值为"100"。舞台效果如图 7-83 所示。

图 7-83　"第 1 帧"舞台效果

（4）打开"时间轴"面板,单击第 80 帧,按【F5】键插入一个普通帧。

（5）选中图层"动"的第 1 帧,将其移动到第 20 帧,右击舞台上的"动"字,在弹出的快捷菜单中选择"创建补间动画"。分别在该图层的第 28 帧和第 36 帧右击,选择插入属性关键帧（全部）,并在第 80 帧插入普通帧。

（6）将播放头移动到第 28 帧,打开"动画编辑器"面板,设置"转换"中的缩放 X 和缩放 Y 均为"40％",其他属性值不变。

（7）切换到"时间轴"面板,选择图层"的"的第 1 帧,并将其移动到第 37 帧。右击舞台上的"的"字,在弹出的快捷菜单中选择"创建补间动画"。在该图层的第 46 帧右击,插入属性关键帧（缩放）,在第 80 帧插入普通帧。

图 7 - 84 "第 36 帧"舞台效果

（8）将播放头移动到第 36 帧，打开"动画编辑器"面板，设置"转换"中的缩放 X 和缩放 Y 均为"30％"，其他属性值不变。舞台效果如图 7 - 84 所示。

（9）切换到"时间轴"面板，选择图层"文"的第 1 帧，并将其移动到第 46 帧。右击舞台上的"文"字，在弹出的快捷菜单中选择"创建补间动画"。在该图层的第 56 帧右击，插入属性关键帧（全部），在第 80 帧插入普通帧。

（10）将播放头移动到第 46 帧，打开"动画编辑器"面板，将"基本动画"中的 X 设置为"500"，Y 为"400"；"转换"中的缩放 X 和缩放 Y 均为"200％"，"色彩效果"中的 Alpha 值为"20％"，其他属性值不变。舞台效果如图 7 - 85 所示。

（11）单击"转到下一个关键帧"按钮 ▶，在 Alpha 值属性上"添加关键帧"，将 Alpha 值设置为"100％"。切换到"时间轴"面板，选择图层"字"的第 1 帧，并将其移动到第 56 帧。右击舞台上的"字"字，在弹出的快捷菜单中选择"创建补间动画"。在该图层的第 61 帧、第 65 帧、第 68 帧、第

图 7 - 85 "第 46 帧"舞台效果

70 帧、第 71 帧右击，插入属性关键帧（位置），在第 80 帧插入普通帧。

（12）将播放头移动到第 56 帧，打开"动画编辑器"面板，将"基本动画"中的 Y 设置为"150"；按两次"转到下一个关键帧"按钮 ▶，跳转到第 65 帧，将"基本动画"中的 Y 设置为"170"；再按两次"转到下一个关键帧"按钮 ▶，跳转到第 70 帧，将"基本动画"中的 Y 设置为"190"。至此，"跳动的文字"全部制作完成。最终的"时间轴"面板状态如图 7 - 86 所示。

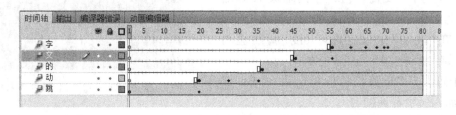

图 7 - 86 "时间轴"面板状态

4. 保存和测试影片

按【Ctrl＋S】组合键保存影片，按【Ctrl＋Enter】组合键测试影片。

> **提示：**"动画编辑器"是一个面板，其中提供了针对补间动画的所有属性的详细信息和编辑能力。在"动画编辑器"的左边，显示了属性的可扩展列表以及它们的值和缓动选项；在右边，时间轴显示了多根直线和曲线，表示如何更改这些属性。

案例小结

在本案例中，通过一个十分简单的补间动画制作，为读者简述了补间动画制作的基本思路和方法。希望读者通过本案例的操作，对 Flash CS5 的"动画编辑器"面板有所了解。

六、动画预设

在 Flash 中动画预设提供了预先设置好的一些补间动画，可以直接将它们应用于舞台对象，当然也可以将自己制作好的一些比较常用的补间动画保存为自定义预设，以备与他人共享或者在以后工作中直接调用，从而节省动画制作时间，提高工作效率。

动画预设的各项操作通过"动画预设"面板进行，单击菜单栏中的"窗口"→"动画预设"命令，可以将该面板展开，如图 7-87 所示。

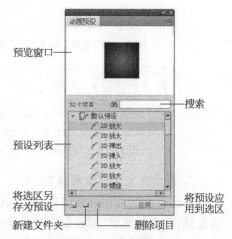

图 7-87　"动画预设"面板

1. 应用动画预设

应用动画预设的操作通过"动画预设"面板中的"应用"按钮进行，可以将动画预设应用于一个选定的帧，也可以将动画预设应用于不同图层上的多个选定帧，其中每个对象只能应用一个预设，如果将第二个预设应用于相同的对象，那么第二个预设将替换第一个预设。应用动画预设的操作非常简单，具体步骤如下：

（1）在舞台上选择需要添加动画预设的对象。

（2）在"动画预设"面板的"预设列表"中选择需要应用的预设，Flash 随附的每个动画预设都包括预览，在上方"预览窗口"中进行动画效果的显示预览。

（3）选择合适的动画预设后，单击"动画预设"面板中的"应用"按钮，就可以将选择预设应用到舞台选择的对象中。

在应用动画预设时需要注意，在"动画预设"面板"预设列表"中的各 3D 动画的动画预设只能应用于影片剪辑实例，而不能应用于图形或按钮元件，也不适用于文本字段。因此如果想要对选择对象应用各 3D 动画的动画预设，需要将其转换为影片剪辑实例。

2. 将补间另存为自定义动画预设

除了可以将 Flash 对象进行动画预设的应用外，Flash 还允许将已经创建好的补间动画另存为新的动画预设，这些新的动画预设存放在"动画预设"面板"自定义预设"文件夹中。将补间另存为自定义动画预设的操作可以通过"动画预设"面板下方的"将选区另存为预设"按钮 ⬚ 完成，具体操作如下：

（1）选择"时间轴"面板中的补间范围，或者选择舞台中应用了补间的对象。本例选择的是事先创建好的"小球弹跳"补间动画，如图 7-88 所示。

（2）单击"动画预设"面板下方的"将选区另存为预设"按钮 ⬚ ，此时可弹出"将预设另存为"对话框，在其中可以设置另存预设的合适名称，如图 7-89 所示。

（3）单击对话框中的"确定"按钮，将选择的补间另存为预设，并存放在"动画预设"面板"自定义预设"文件夹中，如图 7-90 所示。

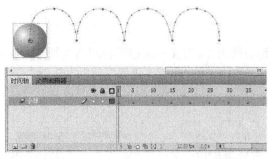

图 7-88　创建"小球弹跳"补间动画

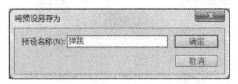

图 7-89　"将预设另存为"对话框

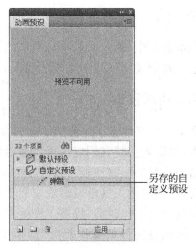

图 7-90　"动画预设"面板
"自定义预设"文件夹

3. 创建自定义预设的预览

　　将选择补间另存为自定义动画预设后,对于细心的读者来说,还会发现几个不足之处,那就是选择"动画预设"面板中已经另存的自定义动画预设后,在"预览窗口"中无法进行预览,如果自定义预设很多,这会给操作带来极大不便,当然在 Flash 中也可以进行创建自定义预设的预览,具体操作步骤如下:

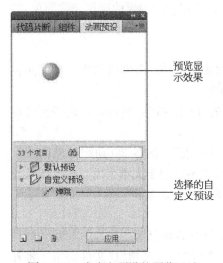

图 7-91　自定义预设的预览显示

　　(1) 创建补间动画,并将其另存为自定义预设。

　　(2) 创建只包含补间动画的 FLA 文件,注意使用与自定义预设完全相同的名称将其保存为 FLA 格式文件,并通过"发布"命令将该 FLA 文件创建 SWF 文件。

　　(3) 将刚才创建的 SWF 文件放置在已保存的自定义动画预设 XML 文件所在的目录中。如果用户使用的是 Windows 系统,那么就可以放置在如下目录中:〈硬盘〉\\Documents and Setting\〈用户〉\\Local Settings\\Application Data\\Adobe\\Flash CS5\〈语言〉\\Configuration\\Motion Presets\。

　　到此,完成刚才选择自定义预设的创建预览操作,重新启动 Flash,这时选择"动画预设"面板"自定义预设"文件夹中的相对应的自定义预设后,在"预览窗口"中就可以进行预览,如图 7-91 所示。

任务四　补间形状动画

学习要点

1. 掌握补间形状动画的创建方法。

2. 熟悉补间形状动画的属性设置。

3. 学会使用形状提示点控制形状变化。

知识准备

补间形状动画用于创建形状变化的动画效果,使一个形状变成另一个形状,同时也可以设置图形形状位置、大小、颜色的变化。

补间形状动画的创建方法与传统补间动画类似,只要创建出两个关键帧中的对象,其他过渡帧便可通过 Flash 自动创建,与传统补间动画所不同的是,补间形状的两个关键帧中的对象必须是可编辑的图形,如果是其他类型的对象,如文字或位图,则必须将其分离为可编辑的图形。

一、创建补间形状动画

创建补间形状动画也有两种方法:通过右键菜单和使用菜单命令。两者相比,前者更方便快捷,比较常用。

1. 通过右键菜单创建补间形状动画

首先在"时间轴"面板中的第1帧导入或绘制一个对象(本例为矩形),接着根据需要在第20帧插入空白关键帧,在空白的舞台上导入或绘制另一个对象(本例为圆形),然后选择两个关键帧之间的任意一帧,单击鼠标右键,在弹出的快捷菜单中选择"创建补间形状"命令,创建的补间形状动画以带有黑色箭头和淡绿色背景的起始关键帧处的黑色圆点表示,如图 7 - 92 所示。

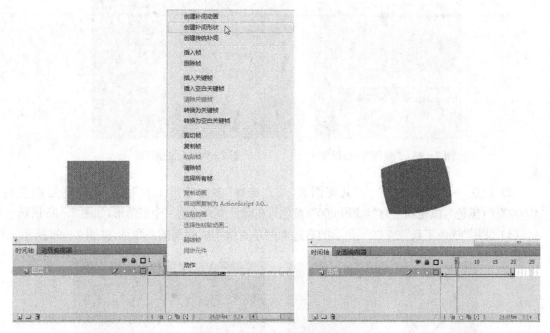

图 7 - 92　创建补间形状动画

> **提示:** 如果创建后的补间形状动画以一条绿色背景的虚线段表示,说明补间形状动画没有创建成功,两个关键帧中的对象可能没有满足创建补间形状动画的条件。

如果要删除创建的补间形状动画,选择已经创建补间形状动画两个关键帧之间的任意一帧,单击鼠标右键,在弹出的快捷菜单中选择"删除补间"命令,就可以将已经创建的补间形状动画删除。

2. 使用菜单命令创建补间形状动画

选择补间范围的任意一帧,然后单击菜单栏中的"插入"→"补间形状"命令,就可以在两个关键帧之间创建补间形状动画。

如果要取消已经创建好的补间形状动画,可以选择已经创建补间形状动画两个关键帧之间的任意一帧,然后单击菜单栏中的"插入"→"删除补间"命令,就可将已经创建的补间形状动画删除。

下面便通过"转动的几何体"动画实例学习补间形状动画的制作方法。

➢ 源文件:项目七\应用实例\效果\转动的几何体.fla

操作步骤如下:

(1) 运行 Flash CS5,新建一个 Flash 文档,将其命名为"转动的几何体"。

(2) 在"时间轴"面板中将"图层 1"重命名为"背景图案"层。选择"矩形工具"▢,打开"颜色"面板,设置笔触颜色为"无",填充颜色类型为"径向渐变",左边色块颜色为"♯FF9966",右边色块颜色为"♯993333",如图 7-93 所示。然后在舞台上绘制一个和舞台一样大的矩形,如图 7-94 所示。

图 7-93 "颜色"面板设置   图 7-94 绘制矩形

(3) 新建一个图层,命名为"几何图案"层。选择"多角星形工具"⬡,设置笔触颜色为"♯000000"(黑色),填充颜色为"♯FFFF00"(黄色),在舞台中央绘制一个三角形,如图 7-95 所示。

(4) 使用"线条工具"◥在三角形的右边画两条直线构成侧面的三角形,如图 7-96 所示。

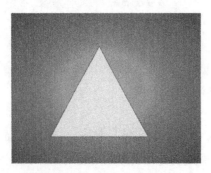 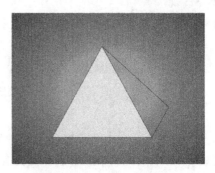

图 7-95 绘制填充三角形   图 7-96 绘制三角形外框

（5）选择"颜料桶工具" 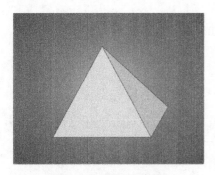，设置填充颜色为"♯FFCC33"，在右侧的三角形内部单击进行填充，如图7-97所示。

（6）选择"橡皮擦工具" ，选中选项设置栏中的"水龙头工具" ，在黑色笔触的地方单击，将所有框线删除，效果如图7-98所示。

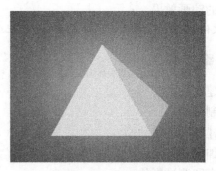

| 图7-97　填充三角形 | 图7-98　删除笔触 |

（7）在"几何图案"图层的第30帧单击鼠标右键，在弹出的快捷菜单中选择"插入关键帧"命令。

（8）选中几何体图形，执行菜单栏中的"修改"→"变形"→"水平翻转"命令，将几何体进行翻转，效果如图7-99所示。

（9）在"几何图案"图层的第1帧单击鼠标右键，在弹出的快捷菜单中选择"创建补间形状"命令。

（10）按【Enter】键预览动画，此时会发现几何体的旋转并不是想象的那样，在形状动画方面，Flash似乎没有那么"聪明"了，很多时候它需要用户给予更多的提示。

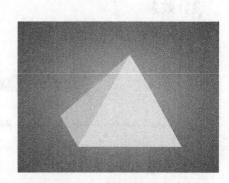

图7-99　水平翻转后的三角形

二、补间形状动画属性设置

补间形状动画的属性同样通过"属性"面板的"补间"选项进行设置，首先选择已经创建补间形状动画两个关键帧之间的任意一帧，然后展开"属性"面板，在其下的"补间"选项中就可以设置动画的运动速度、混合等，如图7-100所示，其中"缓动"参数设置可参照传统补间动画。

混合共有两种选项："分布式"和"角形"，"分布式"选项创建的动画中间形状更为平滑和不规则；"角形"选项创建的动画中间形状会保留有明显的角和直线。

图7-100　补间形状动画
　　　　　"属性"面板

三、使用形状提示点控制形状变化

在制作补间形状动画时，如果要控制复杂的形状变化，那么就会出现变化过程杂乱无章的情况，这时就可以使用Flash提供的形状提示，通过它可以为动画中的图形添加形状提示点，通过这些形状提示点可以指定图形如何变化，从而控制更加复杂的形状变化。下面通过"动物变形记"动画实例学习使用形状提示点控制补间形状动画的方法。

典型案例 6——制作"动物变形记"

在很多的动画中,都可以看到一些物体大变身的效果,其原理也很简单。本案例制作了狮子大变身的动画效果。

➤ 源文件:项目七\典型案例 6\效果\动物变形记.fla

设计思路

- 新建文档。
- 绘制对象。
- 创建补间形状动画。
- 添加形状提示。
- 保存和测试影片。

设计效果

创建如图 7 - 101 所示效果。

图 7 - 101　最终设计效果

操作步骤

1. 新建文档

运行 Flash CS5,新建一个 Flash 文档,文档属性保持默认参数。

2. 绘制对象

在第 1 帧绘制狮子的轮廓图形;在第 15 帧插入空白关键帧,绘制豹子的轮廓图形;在第 30 帧插入关键帧,在第 45 帧处绘制袋鼠的轮廓图形。然后调整它们的位置使之与舞台居中对齐。最后在第 65 帧插入帧。

3. 创建补间形状动画

(1) 选择"图层 1"第 1 帧与第 15 帧间的任意一帧,然后单击鼠标右键,在弹出的快捷菜单中选择"创建补间形状"命令,这样就在两个关键帧间创建出补间形状动画。同理,在第 30 帧与第 45 帧间创建出补间形状动画,如图 7 - 102 所示。

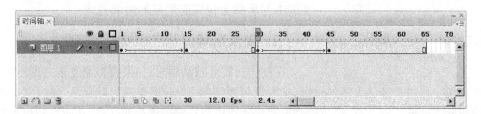

图 7 - 102　创建补间形状动画

（2）单击菜单栏中的"控制"→"测试影片"→"测试"命令，在弹出影片测试窗口中可以观看到形状变化的动画效果。此时的动画是没有任何干预的情况下 Flash 自己创建的动画效果，其动画效果有些杂乱。

4. 添加形状提示

（1）关闭影片测试窗口，将"时间轴"面板播放指针拖曳到第 1 帧，然后单击菜单栏中的"修改"→"形状"→"添加形状提示"命令或按【Ctrl＋Shift＋H】组合键，在图形中出现一个红色形状提示点 a，将其拖曳到狮子的嘴部，在"时间轴"面板中将播放指针拖曳到第 15 帧，将形状提示点拖曳到豹子的嘴部并使之变为绿色，而第 1 帧中的形状提示点将变为黄色。

（2）使用同样的方法添加 5 个形状提示点并分别在第 1 帧和第 15 帧调整提示点的位置，效果如图 7－103 和图 7－104 所示。

图 7－103　添加形状提示点

图 7－104　调整形状提示点

（3）同样，在第 30 帧开始帧上为形状添加形状提示点，在第 45 帧结束帧上调整形状提示点的位置，效果如图 7－105 和图 7－106 所示。

图 7－105　添加形状提示点

图 7－106　调整形状提示点

5. 保存和测试影片

保存影片文档后，单击菜单栏中的"控制"→"测试影片"→"测试"命令，弹出影片测试窗口，在此窗口中可以看到图形根据自己的意愿比较有规律地进行变换的动画效果，从而使变形动画更加流畅自如。至此，完成动画的制作。

> **提示：** 按逆时针顺序从形状的左上角开始放置形状提示，它们的工作效果最好。添加的形状提示不应太多，但应将每个形状提示放置在合适的位置上。在一个补间形状动画中，最多可以使用 26 个形状提示。起始关键帧上的形状提示为黄色，结束关键帧的形状提示为绿色。当形状提示尚未对应时显示为红色。

案例小结

补间形状动画是通过对形状的改变来实现的动画，当形状较复杂时，补间形状动画就会出现不规则的形变,这时就需要使用形状提示点来辅助形状的变化,以达到更好的动画效果。形状提示点主要应用于变形较复杂或对动画变形要求较高的动画中。

习题与实训

一、思考题

1. 创建逐帧动画,需要将每个帧都定义成什么帧,有几种创建方法?
2. 在设置补间动画的旋转效果时,可以设置哪些方向旋转?
3. 传统补间动画与补间动画有何异同?
4. 如何设定动画的播放速度?

二、实训题

1. 制作一个写字的逐帧动画效果,如图7-107所示。
2. 使用逐帧动画制作如图7-108所示蝴蝶振翅的效果。

图7-107 写字动画效果

图7-108 蝴蝶振翅效果

3. 使用补间形状动画制作如图7-109和图7-110所示效果。

图7-109 文字A变形为图形B

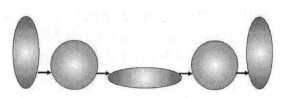

图7-110 变形椭圆

4. 使用传统补间动画制作小球自由落体的动画效果,如图7-111所示。
5. 使用传统补间动画制作一个风吹文字的动画效果,如图7-112所示。

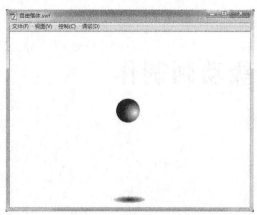

图7-111　自由落体动画　　　　　　　　　图7-112　风吹文字动画

6. 使用传统补间动画制作一个光圈水泡上浮的动画效果，如图7-113所示。

7. 使用补间动画制作一个小球上下坡滚动的动画效果，如图7-114所示。

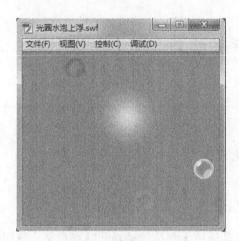

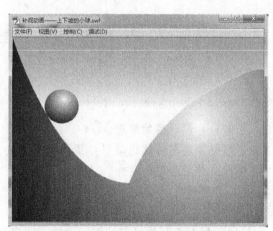

图7-113　光圈水泡上浮动画　　　　　　　图7-114　小球上下坡滚动动画

Flash CS5 高级动画制作

　　除了前面学习的基础动画类型外，Flash 软件还提供了多个高级特效动画，包括运动引导层动画、遮罩动画（合称为图层动画）以及骨骼运动和 3D 动画等，通过它们可以创建更加生动复杂的动画效果，使得动画的制作更加方便快捷。本项目将对这些高级特效动画的创建方法与技巧进行较详细的讲解。

任务一　引导层动画

学习要点

1. 了解引导层动画的原理。
2. 了解引导层与传统运动引导层的建立以及它们的区别。
3. 掌握引导层动画的制作。

知识准备

　　引导层动画对于制作具有特定运动轨迹或者运动轨迹无规律的动画非常有意义。掌握并灵活运用引导层动画制作技术有利于制作更精彩的 Flash 动画。

一、引导层动画的原理

　　引导层动画是在引导层上绘制线条作为被引导层上元件的运动轨迹，从而实现元件沿着指定路径运动的动画效果。因此引导层动画至少需要两个图层，上面的图层是运动引导层，层内放运动的轨迹，下面的图层是被引导层，层内放要运动的元件。如图 8-1 所示是一个简单的引导层动画，小球沿着弧线运动。如图 8-2 所示，该动画由两个图层构成，"图层 2"是引导层，"图层 1"是被引导层。元件小球在"图层 1"中，弧线在"图层 2"中。观察图 8-2 中小球的运动轨迹，可以清晰地了解引导层的作用。

二、引导层

1. 引导层的概念

在 Flash CS5 中，引导层起到辅助静态对象定位的作用，无需使用被引导层，可以单独使

图 8-1 引导层动画

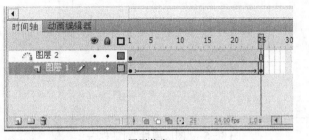

图层信息

小球的运动轨迹

图 8-2 小球的运动轨迹

用,引导层中的内容不会被输出,和辅助线的作用差不多。如图 8-3 所示,"图层 2"为引导层,放置引导线,"图层 1"内放发光小球,当小球拖到引导线附近的时候,重心会自动贴合在引导线上,沿着引导线排列。导出动画的时候,引导层内的线条是不会输出的。

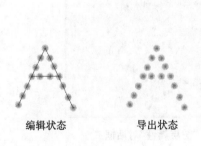

编辑状态　　　　导出状态　　　　　　　　　　　　图层信息

图 8-3 引导层

2. 引导层的建立

引导层的建立有两种方法:①在一般图层上单击鼠标右键,在弹出的快捷菜单上选择"引导层"命令,如图 8-4 所示;②单击菜单栏中的"修改"→"时间轴"→"图层属性"命令,或者在一般图层上单击鼠标右键,选择"属性"命令,打开"图层属性"对话框,在该对话框中,图层的类型选择为"引导层",如图 8-5 所示,然后单击"确定"按钮。这样一般图层就变成了引导层,图层名称旁边的图标 表示该图层为引导层。

3. 引导层转换为一般图层

如果需要,还可以把引导层转换成一般图层,也有两种方法:①在引导层上单击鼠标右键,在弹出的快捷菜单上选择"引导层"命令,如图 8-6 所示;②在引导层上单击鼠标右键,在弹出的快捷菜单上选择"属性"命令,在"图层属性"对话框中,把图层的类型设置为"一般",如图 8-7 所示。这样引导层就变成了一般图层。

图 8－4　快捷菜单一

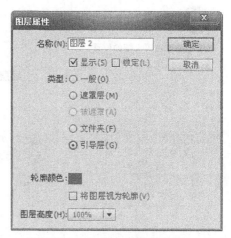

图 8－5　"图层属性"对话框一

图 8－6　快捷菜单二

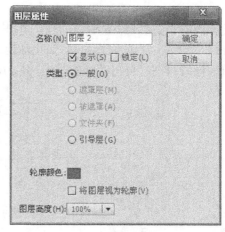

图 8－7　"图层属性"对话框二

三、运动引导层

1. 运动引导层的作用

运动引导层的作用是设置对象运动的路径,使被引导层中的对象沿着路径运动,运动引导层上的路径在播放动画时不显示。要创建沿着任意轨迹运动的动画就需要添加运动引导层,但创建运动引导层动画时要求被引导层是传统补间动画,补间形状动画不可用。在 Flash CS5 中,新增的补间动画可以制作出类引导层动画。

2. 运动引导层的建立

在 Flash CS5 中,创建运动引导层通常有两种方法。

1)直接添加运动引导层　在"时间轴"面板中选择需要添加运动引导层的图层,然后单击鼠标右键,选择弹出菜单中的"添加传统运动引导层"命令,如图 8－8 所示。这样就为选中的图层添加了运动引导层,如图 8－9 所示。

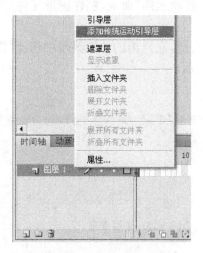

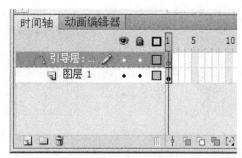

图8-8　添加运动引导层　　　　　　　　　图8-9　"图层1"的运动引导层

2）把引导层转换为运动引导层　选择"时间轴"面板中需要设置为运动引导层的图层,参照前面介绍的引导层的建立,先把一般图层转换为引导层。此时创建的引导层还不能制作运动引导层动画,只有将其下面的图层转换为被引导层后,才能开始制作运动引导层动画。操作步骤是:选择引导层下方的需要设为被引导层的各图层（可以是单个图层,也可以是多个图层）,按住鼠标左键将其拖曳到运动引导层的下方,如图8-10所示,可以将其快速转换为被引导层。这样一个引导层可以添加多个被引导层,如图8-11所示。

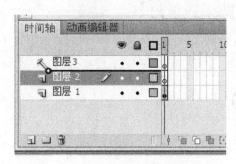

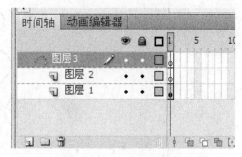

图8-10　把一般图层拖到引导层下　　　　　图8-11　两个被引导层

3. 运动引导层转换为一般图层

将运动引导层转换为一般图层的方法与引导层转换为一般图层的方法一样,这里不再赘述。

四、创建引导层动画

引导层动画可以使运动对象沿着指定的路径运动。使用传统的运动引导层可以制作运动引导层动画。另外,在补间动画的基础上可以制作出类似引导层动画的效果。下面介绍一个简单的引导层动画例子——飘起的气球。通过该例子,学习如何使用传统的运动引导层制作引导层动画。操作步骤如下:

1）新建文档　运行Flash CS5,新建一个Flash文档,文档属性使用默认设置参数。

2）制作气球元件　选择菜单栏中的"插入"→"新建元件"命令，制作图形元件"气球"，如图 8 - 12 所示。

3）添加运动引导层　选择"图层 1"，单击鼠标右键，在弹出的快捷菜单中选择"添加传统运动引导层"，给"图层 1"添加引导层，如图 8 - 13 所示。

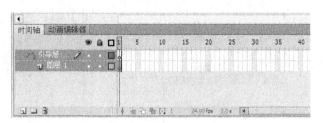

图 8 - 12　"气球"元件　　　　　　　　　　　图 8 - 13　图层信息

4）制作被引导层　选择"图层 1"的第 1 帧，把"气球"元件拖放到舞台上。在第 50 帧插入关键帧。然后在第 1 帧和第 50 帧之间创建传统补间动画。

5）制作运动引导层　选择运动引导层的第 1 帧，使用"铅笔工具" 在舞台上绘制运动的路径，在运动引导层的第 50 帧插入帧，如图 8 - 14 所示。

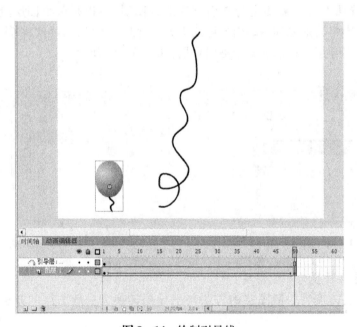

图 8 - 14　绘制引导线

6）完成动画　选择"图层 1"的第 1 帧，把气球的中心拖放到运动路径的起始点上，如图 8 - 15 所示。选择"图层 1"的第 50 帧，把气球的中心拖放到运动路径的结束点上，如图 8 - 16 所示。这一步是引导层动画的关键步骤，如果气球的中心未能与引导线相连，引导线就不会起作用。

7）测试影片　可以看到气球沿着绘制的路径运动，但是运动路径看不到。

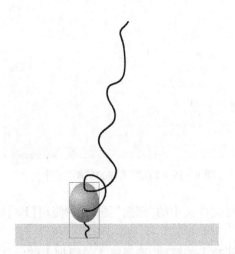

图 8-15 设置运动的起始位置

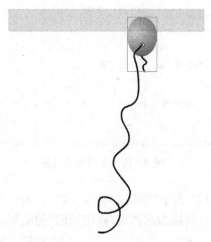

图 8-16 设置运动的结束位置

 典型案例 1——传统运动引导层制作"飞舞的蜻蜓"

蝴蝶飞舞是典型的引导层动画,下面就来着手制作这个案例。在动画的演示过程中,多只蝴蝶绕着花朵翩翩飞舞。

➤ 源文件:项目八\典型案例 1\效果\飞舞的蜻蜓.fla

设计思路

- 新建文档。
- 制作"飞舞的蜻蜓"元件。
- 制作"蜻蜓引导动画"元件。
- 制作"多只蜻蜓飞舞"元件。
- 保存和测试影片。

设计效果

创建如图 8-17 所示效果。

图 8-17 最终设计效果

操作步骤

1. 新建文档

运行 Flash CS5,新建一个 Flash 文档,并设置文档尺寸为"970 像素×600 像素",帧频为"50",背景颜色为"黑色",如图 8-18 所示。

2. 制作"飞舞的蜻蜓"元件

(1) 按下【Ctrl+F8】组合键或者单击菜单栏中的"插入"→"新建元件"命令,新建一个影片剪辑元件,命名为"飞舞的蜻蜓",如图 8-19 所示。单击"确定"按钮,进入影片剪辑编辑状态。

图 8-18　文档属性设置　　　　　　　　　　　图 8-19　新建"飞舞的蜻蜓"元件

（2）选中"图层 1"的第 1 帧,向舞台中导入素材文件夹中的"翅膀"图片,并使用【F8】键将该图片转换为名称为"蜻蜓翅膀"的图形元件。

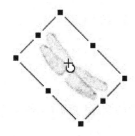

（3）在第 3 帧和第 4 帧插入关键帧,选择第 4 关键帧上的元件,使用"任意变形工具" 对该图形元件进行变形操作,调整一定的角度,如图 8-20 所示。并在第 1 帧创建传统补间动画。

（4）继续在"飞舞的蜻蜓"元件中,新建"图层 2",在"图层 2"第 1 关键帧的舞台中导入素材文件夹中的"蜻蜓身子",并转化为图形元件。将蜻蜓身子的图层参照蜻蜓翅膀的图层,插入关键帧,并作适当的角度调整,将蜻蜓身体与翅膀结合起来,效果如图 8-21 所示。最终"飞舞的蜻蜓"元件的"时间轴"面板状态如图 8-22 所示。

图 8-20　改变"蜻蜓翅膀"的角度

图 8-21　完整的蜻蜓　　　　　　图 8-22　"飞舞的蜻蜓"元件的图层信息

3. 制作"蜻蜓引导动画"元件

（1）新建名称为"蜻蜓引导动画"的影片剪辑元件,将"飞舞的蜻蜓"元件拖入到舞台的第 1 帧中,并利用"任意变形工具" 进行相应的旋转操作。选择该元件,在"属性"面板中为其添加"发光"滤镜,参数设置如图 8-23 所示,接着在该层的第 210 帧处插入帧。

（2）在"蜻蜓引导动画"图层中,为"图层 1"添加运动引导层,并使用"钢笔工具" 在舞台中绘制出一个类似 S 形的弧形,让"飞舞的蜻蜓"元件沿着该 S 形的路径运动,如图 8-24 所示。

（3）在"蜻蜓引导动画"图层的第 135 帧和第 210 帧处插入关键帧,并将第 1 帧和第 210 帧处的元件 Alpha 值调整为"0%",然后在各关键帧之间创建传统补间动画。再在第 105 帧处插入关键帧,并适当调整各个关键帧上元件的角度和位置。该层的"时间轴"面板状态如图 8-25 所示。

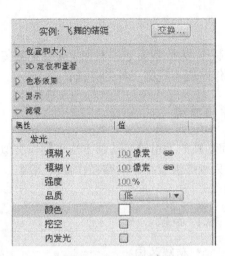

图8-23　添加滤镜

图8-24　绘制运动路径

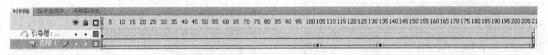

图8-25　被引导层动画的"时间轴"面板状态

4. 制作"多只蜻蜓飞舞"元件

（1）新建一个名称为"多只蜻蜓飞舞"的影片剪辑元件，导入教学资源包中"项目八\典型案例1\素材"中的"背景.jpg"图片，并在第110帧处插入普通帧。

（2）新建"图层2"，将"蜻蜓引导动画"元件拖入到舞台中，并调整到背景下方的花丛位置。

（3）新建"图层3"，在第25帧处插入关键帧，将"蜻蜓引导动画"元件插入到舞台中，并利用"任意变形工具" <img> 适当调整元件的角度、大小和位置，也可以进行水平翻转。用相同的方法完成"图层4"和"图层5"。

（4）再新建"图层6"，在该层的第110帧处插入关键帧，按【F9】键打开"动作"面板，输入脚本代码"stop();"。该元件的"时间轴"面板状态如图8-26所示。

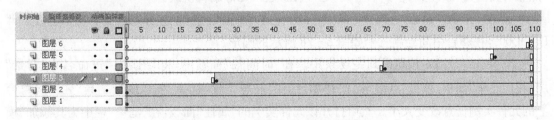

图8-26　元件的"时间轴"面板状态

5. 保存和测试影片

按【Ctrl+E】组合键返回场景，将"多只蜻蜓飞舞"影片剪辑元件拖入到舞台中。按【Ctrl+S】组合键保存影片，按【Ctrl+Enter】组合键测试影片。

案例小结

在本案例中,通过一个飞舞的蜻蜓的动画制作,为读者简述了利用 Flash 中的传统运动引导层并结合影片剪辑元件和添加滤镜效果,制作蜻蜓不规则飞舞的方法。

 典型案例 2——类引导层制作"飞舞的蜻蜓"

本案例通过修改运动路径来制作基于补间动画的类引导层动画方法来制作类似传统运动引导层的动画效果。在动画的演示过程中,一只蝴蝶沿着指定的路径作盘旋飞舞。

➤ 源文件:项目八\典型案例 2\效果\飞舞的蜻蜓.fla

图 8 - 27 最终设计效果

设计思路

- 新建文档。
- 制作背景图案。
- 制作枫叶图案。
- 制作动画元件。
- 创建补间动画。
- 修改动画路径。
- 保存和测试影片。

设计效果

创建如图 8 - 27 所示效果。

操作步骤

1. 新建文档

运行 Flash CS5,新建一个 Flash 文档。在"属性"面板上设置舞台大小为"550 像素×400 像素",帧频为"25",舞台背景颜色为"♯BEAC00"(粉红色)。

2. 制作背景图案

(1) 执行菜单栏中的"插入"→"新建元件"命令,打开"创建新元件"对话框,设置名称为"点缀",类型为"影片剪辑"。单击"确定"按钮,进入元件编辑模式。

(2) 在"工具"面板中选择"椭圆工具" ，设置笔触颜色为"无",填充颜色为"♯DFDD00",在舞台中间绘制三个如图 8 - 28 所示的圆形。

(3) 单击 场景1 按钮回到主场景中。在"时间轴"面板中,将"图层 1"重命名为"背景"层。打开"库"面板,拖曳"点缀"元件到舞台上的任意位置,选择"任意变形工具" ，将舞台上的元件实例任意改变大小。然后打开该元件实例的"属性"面板,在"滤镜"栏中为其添加"模糊"滤镜,并设置模糊 X 值为"30"像素,模糊 Y 为"30"像素,效果如图 8 - 29 所示。

(4) 用同样的方法拖曳多个"点缀"元件到舞台上,并任意改变其大小,同时为实例添加"模糊"滤镜,使实例布满整个舞台,效果如图 8 - 30 所示。

图8-28　绘制三个圆形　　　　图8-29　添加滤镜效果　　　　图8-30　元件布满舞台效果

3. 制作枫叶图案

（1）选择"多角星形工具" <!-- icon -->，在"属性"面板中设置笔触颜色为"#E07700"（褐色），填充颜色为"#FF9900"。单击"工具设置"中的"选项"按钮，打开"工具设置"对话框，设置样式为"星形"，边数为"7"，星形顶点大小为"0.30"，如图8-31所示。在舞台中央绘制一个七角星形，效果如图8-32所示。

图8-31　"工具设置"对话框　　　　　　图8-32　绘制七角星形效果

（2）选择"部分选取工具" <!-- icon -->，单击七角星形，显示所有控制点，选择并移动各个控制点到图8-33所示位置。

（3）进一步使用"部分选取工具" <!-- icon -->，调整各个控制点的位置、角点的曲率和方向，使得成为如图8-34所示的枫叶图形。

图8-33　调整控制点位置　　　　　　图8-34　枫叶图形效果

（4）选择"橡皮擦工具" <!-- icon -->，在选项栏中选中"水龙头"按钮 <!-- icon -->，在枫叶的边缘单击，删除笔触部分，如图8-35所示。

图 8-35 删除笔触效果 　　　　　　**图 8-36** 绘制直线

（5）选择"线条工具" ，在枫叶内部绘制七条直线，效果如图 8-36 所示。

（6）利用"选择工具" ，将直线改变成曲线，效果如图 8-37 所示。

（7）选择"部分选取工具" ，在直线的交界处单击，选中中心控制点，将其向左上方拖动，效果如图 8-38 所示。

图 8-37 调整直线为曲线 　　　　　**图 8-38** 拖动中心控制点

（8）选择"铅笔工具" ，在选项栏中设置铅笔模式为"墨水"。在"属性"面板中设置笔触高度为"4"，笔触颜色为"♯FFCCCC"（淡粉色）。然后在叶子上画一些水滴，如图 8-39 所示。选中枫叶，单击鼠标右键，从弹出的快捷菜单中选择"转换为元件"命令，在对话框中设置名称为"枫叶"，类型为"图形"。

（9）选择"线条工具" ，在舞台上画三条直线（一粗两细）。接着利用"选择工具" 将直线改为曲线，位置及效果如图 8-40 所示。

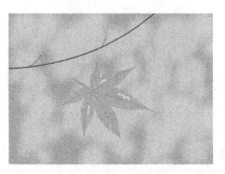

图 8-39 绘制叶上水滴效果 　　　　**图 8-40** 曲线位置及效果

　　（10）将舞台上的"枫叶"元件实例适当缩小，并旋转一定角度，拖放到枝叶的下方，效果如图8-41所示。

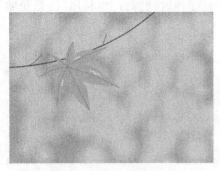

图8-41　枫叶舞台效果　　　　　　图8-42　放置另外两个枫叶效果

　　（11）再放置两个"枫叶"元件的实例到舞台上，在"属性"面板中设置色彩效果下的样式为"亮度"，拖动亮度滑块值分别为"-10"和"-20"，并将两实例放在如图8-42所示的位置。至此枫叶制作完毕。

　　4. 制作动画元件

　　（1）按下【Ctrl+F8】组合键，打开"创建新元件"对话框，设置名称为"蜻蜓的身体"，类型为"图形"，进入元件编辑模式。在舞台上利用"椭圆工具" 绘制三个椭圆，然后再利用"部分选取工具" 和"钢笔工具" ，将三个椭圆修改成如图8-43所示的形状。

图8-43　蜻蜓身体

　　（2）再次创建新元件，设置名称为"翅膀"，类型为"影片剪辑"，进入元件编辑模式。利用"椭圆工具" 在舞台上绘制一个椭圆，笔触颜色为"#CC0000"（浅红色），填充颜色为"#FFFFFF"（白色），填充的 Alpha 值为"46%"。再利用"部分选取工具" 和"钢笔工具" ，将椭圆修改成如图8-44所示的图形。

　　（3）选择"线条工具" ，在椭圆内部画两条直线，并使用"颜料桶工具" 将两条直线之间的区域填充为"#FFFFFF"（白色），填充 Alpha 值为"100%"，如图8-45所示。

　　（4）选择"橡皮擦工具" ，在选项栏中选中"水龙头"按钮 ，在红色线条上单击，删除所有笔触，如图8-46所示，这样就做好了蜻蜓的一只翅膀。

图8-44　蜻蜓翅膀　　　　　图8-45　填充白色　　　　　图8-46　单只翅膀效果

　　（5）新建一个"图层2"，将"图层1"中绘制的蜻蜓翅膀复制到"图层2"中，将其宽度稍微变大，并旋转一定角度，放置在"图层1"翅膀的下方，效果如图8-47所示。

　　（6）在"图层1"和"图层2"的第4帧上分别插入关键帧，并将两个关键帧中的蜻蜓翅膀进行旋转,再在"图层 1"和"图层 2"的第 6 帧上分别插入帧,将状态维持到第 6 帧,效果如图 8-48 所示。

(7) 再次创建新元件,设置名称为"蜻蜓",类型为"影片剪辑",进入元件编辑模式。在"库"面板中将"蜻蜓的身体"、"翅膀"元件(拖放两次)拖放到舞台上,利用"任意变形工具"旋转一定的角度,使得最终效果如图 8-49 所示。

图 8-47　一侧翅膀

图 8-48　旋转翅膀

图 8-49　蜻蜓效果图

5. 创建补间动画

(1) 单击 场景 1 按钮,回到主场景,同时选择"背景"和"枫叶"图层的第 100 帧,按【F5】键插入帧。

(2) 在"枫叶"图层的上方添加一个新图层,重命名为"蜻蜓"层。选择该图层的第 1 帧,在"库"面板中将"蜻蜓"影片剪辑元件拖放到舞台的右下方,并缩放宽度和高度均为原来的"60％",如图 8-50 所示。

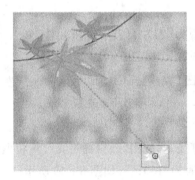
图 8-50　第 1 帧舞台效果

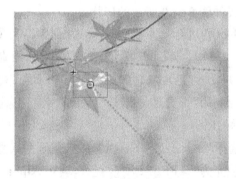
图 8-51　第 40 帧舞台效果

(3) 右击舞台上的"蜻蜓"实例,在弹出的快捷菜单中选择"创建补间动画"命令。

(4) 将播放头移动到第 40 帧,拖动"蜻蜓"实例到坐标值 X 为"150"、Y 为"160"的位置,如图 8-51 所示。

(5) 将播放头移动到第 60 帧,拖动"蜻蜓"实例到坐标值 X 为"20"、Y 为"70"的位置,如图 8-52 所示。

(6) 再将播放头移动到第 100 帧,拖动"蜻蜓"实例到坐标值 X 为"550"、Y 为"120"的位置,如图 8-53 所示。

6. 修改动画路径

此时创建的动作蜻蜓是沿着直线飞行的,"时间轴"面板状态如图 8-54 所示。要想让蜻蜓沿着曲线运动,就要修改运动路径。

图 8-52　第 60 帧蜻蜓位置

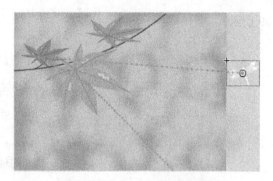

图 8-53　第 100 帧蜻蜓位置

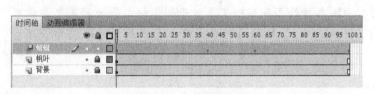

图 8-54　图层信息

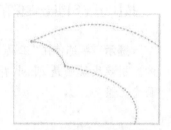

图 8-55　修改路径形状

（1）利用"选择工具" ，将直线全部转换成曲线，如图 8-55 所示（为了显示明显，将其他图层进行了隐藏，并将舞台背景暂时改为白色）。

（2）将播放头拖动第 1 帧，利用"任意变形工具" ，将"蜻蜓"实例进行一定的旋转，使头部对向路径，如图 8-56 所示。

（3）将播放头拖动第 100 帧，利用"任意变形工具" ，将"蜻蜓"实例进行一定的旋转，也使头部对向路径，如图 8-57 所示。

（4）按【Enter】键进行预览，发现蜻蜓飞行时头部方向并非一直朝前，这不符合常态，解决的方法是选择补间图层，将播放头拖到第 1 帧，在"属性"面板中将"调整到路径"选项勾选，如图 8-58 所示。

图 8-56　第 1 帧的蜻蜓

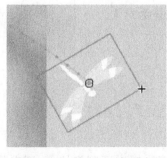

图 8-57　第 100 帧的蜻蜓

图 8-58　"属性"面板设置

（5）按【Enter】键进行预览，蜻蜓飞行状态正确。至此实例制作完毕。此时的"时间轴"面板上的图层状态发生了改变，补间帧全部改变成了属性帧。最终"时间轴"面板状态如图

8-59 所示。

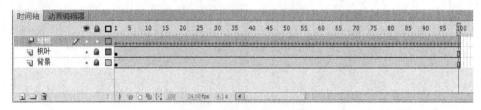

图 8-59 "时间轴"面板状态

7. 保存和测试影片

按【Ctrl+S】组合键保存影片,按【Ctrl+Enter】组合键测试影片。

> **提示：**熟练使用"工具"面板中的各种绘图和编辑工具对于制作优美的动画是至关重要的。引导线动画是 Flash 补间动画的进阶,学习利用引导线制作曲线运动对于制作补间动画尤为重要。

案例小结

在本案例中,通过修改运动路径来制作基于补间动画的类引导层动画。希望读者通过本案例的操作,对 Flash 的新增补间动画类型有进一步的认识和了解。

任务二　遮罩层动画

遮罩是 Flash 动画中重要的动画表现技法。遮罩层动画与其他的动画制作技术结合起来可以制作出各种丰富多彩的动画效果,比如聚光灯效果、过渡效果等。

学习要点

1. 遮罩的概念。
2. 遮罩层的建立及遮罩层包含的对象。
3. 遮罩层动画的构成。
4. 遮罩层动画的制作。

知识准备

一、遮罩的概念

遮罩(mask)是 Flash 中用到的一种动画制作技术,用来限制动画的显示区域。在古装电视剧中,常常能看到这样的镜头,用手指头把窗户纸捅一个洞,然后通过这个洞可以看到房内的人和物。Flash 中的遮罩跟这个类似,遮罩层就像窗户纸,它挡住了人们的视线,屋内的人和物是被遮罩的图像,要想看到被遮罩的图像,只能把窗户纸捅个洞,如图 8-60 所示。

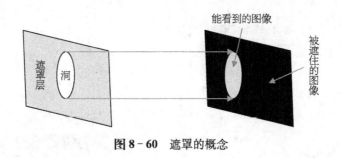

图 8 - 60　遮罩的概念

二、遮罩层

（一）遮罩层的概念

遮罩层是一种特殊的图层，它用来遮住被遮罩层里的图像，要想看到被遮罩的图像，需要在遮罩层里挖"洞"。挖"洞"实际上就是在遮罩层里放置对象。遮罩层中的对象可以是图形、文字、元件的实例等。如果遮罩发生时，遮罩层里放的对象就成了"洞"，这些对象原有的填充效果不再显示。如图 8 - 61 所示，"图层 2"是遮罩层，"图层 1"是被遮罩层。"图层 1"中的图像如图 8 - 62 所示，"图层 2"中的图像如图 8 - 63 所示，遮罩的效果如图 8 - 64 所示。

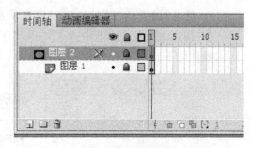

图 8 - 61　遮罩层

图 8 - 62　"图层 1"中的对象

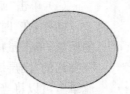

图 8 - 63　"图层 2"中的对象

图 8 - 64　遮罩效果

（二）创建遮罩层

遮罩层其实是由一般图层转换而来的，Flash 会忽略遮罩层中的位图、渐变色、透明、颜色和线条样式，其中的任何填充区域都是完全透明的，任何非填充区域都是不透明的，因此遮罩层中的对象将作为镂空的对象存在。遮罩层可以使用菜单命令进行创建，也可以通过"图层属性"对话框进行创建。

1. 使用"遮罩层"命令创建遮罩层

使用"遮罩层"命令创建遮罩层是最为方便的一种方法，具体操作如下：

（1）在"时间轴"面板中选择需要设置为遮罩层的图层。

（2）单击鼠标右键，在弹出的快捷菜单中选择"遮罩层"命令，如图 8 - 65 所示，即可将当前图层设为遮罩层，其下的一个图层也被相应地设为被遮罩层，两者以缩进形式显示，如图8 - 66 所示。

图 8－65　弹出菜单　　　　　　　图 8－66　图层信息

2. 通过"图层属性"对话框创建遮罩层

在"图层属性"对话框中除了可以用于设置运动引导层外,还可以设置遮罩层与被遮罩层,具体操作如下:

图 8－67　"图层属性"对话框

（1）选择"时间轴"面板中需要设置为遮罩层的图层。

（2）单击菜单栏中的"修改"→"时间轴"→"图层属性"命令,或者在该图层处单击鼠标右键,从快捷菜单中选择"属性"命令,均可弹出"图层属性"对话框。

（3）在"图层属性"对话框中,选择"类型"选项中的"遮罩层",如图 8－67 所示。

（4）单击"确定"按钮,就将当前图层设为遮罩层。

同样,在"时间轴"面板中选择需要设置为被遮罩层的图层,单击鼠标右键,选择快捷菜单中的"属性"命令,在弹出的"图层属性"对话框中,选择"类型"选项中的"被遮罩",可以将当前图层设置为被遮罩层。

（三）将遮罩层转换为一般图层

在制作遮罩层动画的时候,有时需要修改遮罩层里的对象,这就需要将遮罩层转换为一般图层。在"时间轴"面板中,右击要转换的遮罩层,在弹出的快捷菜单中选择"遮罩层"命令,遮罩效果取消,遮罩层转换成了一般图层。

> **提示:** 遮罩层中的对象必须是色块、文字、符号、影片剪辑、按钮或者群组对象,而被遮罩层不受限制。

三、遮罩层动画的构成

遮罩层动画实际上是遮罩效果和基本动画结合的产物。遮罩层动画需要遮罩层和被遮罩层,层之间的遮罩关系完成遮罩效果,动画效果既可以制作在遮罩层里,也可以制作在被遮罩层内。

典型案例 3——制作"展开的卷轴"

利用遮罩可制作多种特效动画效果,如文字过光、水波荡漾、动态折扇、探照灯等。本案例来制作展开的卷轴动画,在动画演示过程中,制造"图穷匕首见"的动画效果。

➢ 源文件:项目八\典型案例 3\效果\展开的卷轴.fla

设计思路

- 新建文档。
- 制作卷轴元件。
- 制作卷轴展开。
- 制作遮罩动画。
- 保存和测试影片。

设计效果

创建如图 8-68 所示效果。

图 8-68 最终设计效果

操作步骤

1. 新建文档

运行 Flash CS5,新建一个 Flash 文档,并设置文档尺寸为"500 像素×350 像素",背景颜色为"♯006666",其他属性保持默认参数。

2. 制作卷轴元件

(1) 选择菜单栏中的"插入"→"新建元件"命令,在弹出的"创建新元件"对话框中设置名称为"轴",类型为"图形",然后单击"确定"按钮,如图 8-69 所示。

(2) 选择"矩形工具"，打开"颜色"面板,笔触颜色设置为"无",填充颜色类型设置成"线性渐变",色条两端的色块颜色为"♯550000",中间色块的颜色为"♯FF0000",如图 8-70 所示。

图 8-69 "创建新元件"对话框

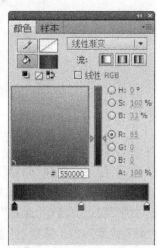

图 8-70 "颜色"面板设置

图 8-71 制作的卷轴效果

（3）使用"矩形工具" 画出卷轴主体部分，使用"任意变形工具" 调整其形状，并将中心小圆与小十字对齐。再用同样方法在卷轴上下两端画出黑色的轴心，这样卷轴就做好了，如图 8-71 所示。按【Ctrl＋E】组合键返回主场景。

3. 制作卷轴展开

（1）打开"库"面板，将库中元件"轴"拖入场景，并将该层命名为"左轴"层。

（2）新建图层，重命名为"右轴"层。再将元件"轴"拖入该层，调整两个层中的轴为并列并位于舞台中央位置，如图 8-72 所示。

（3）点击"左轴"层的第 1 帧，单击鼠标右键，从弹出的快捷菜单中选择"创建传统补间动画"命令；在第 15 帧处单击鼠标右键，从弹出的快捷菜单中选择"插入关键帧"。然后选择场景中的卷轴，将其移动到文档的最左边。用同样的方法，将"右轴"层的卷轴移动到文档的最右边，如图 8-73 和图 8-74 所示。

图 8-72 卷轴的起始位置

图 8-73 左轴与右轴的位置

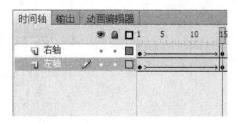

图 8-74 左轴与右轴的图层状态

4. 制作遮罩动画

（1）在"左轴"层下方新建"画卷"层，选择菜单栏中的"文件"→"导入"→"导入到舞台"命令，导入教学资源包中"项目八\典型案例 3\素材\画卷.png"图片作为背景。

（2）在"文字"层上方新建"遮罩"图层，在第 15 帧处插入关键帧，在此帧的舞台上绘制一个宽、高为"487 像素×275 像素"任意颜色的矩形，矩形以能覆盖"文字"图层中的矩形为准。然后选择第 1 帧，在两卷轴之间绘制一个宽、高为"1 像素×275 像素"的矩形。最后，在该层的第 1 帧和第 15 帧间右击，从弹出的快捷菜单中选择"创建补间形状"命令，并在"遮罩"图层右击,将该层设置为"遮罩层",如图 8-75 所示。

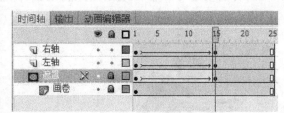

图 8-75 遮罩动画的创建

5. 保存和测试影片

按【Ctrl+S】组合键保存影片,按【Ctrl+Enter】组合键测试影片,舞台效果如图 8-76 所示。为使得动画循环播放时有停顿,可在所有层的第 25 帧插入帧,最终"时间轴"面板状态如图 8-77 所示。

图 8-76 动画效果　　　**图 8-77 "时间轴"面板状态**

案例小结

在本案例中,通过一个十分简单的遮罩动画制作,为读者简述了遮罩动画制作的基本思路和方法。希望读者通过本案例的制作,对 Flash 的遮罩动画制作有所认识和了解。

任务三　骨骼动画制作

骨骼工具和 3D 变形工具是 Flash CS4 中新增的工具,但在 Flash CS5 中得到了强化,操作起来更加灵活、方便。本任务将针对这两类工具讲解骨骼运动和 3D 动画(包括旋转和平移)的制作。通过本任务的学习,读者可以使用 Flash CS5 轻松地完成人物行走、奔跑、跳跃,以及机械抓手、皮影等骨骼动画效果,还能制作出具有 3D 空间感的动画效果。

学习要点

1. 掌握骨骼工具的使用方法。
2. 掌握骨骼对象的基本编辑。

3. 学会使用骨骼工具创建动画。

4. 掌握 3D 变形工具的使用。

知识准备

一、骨骼动画概述

骨骼运动也称为反向运动(IK),是一种使用骨骼的关节结构对一个对象或彼此相关的一组对象进行动画处理的方法。Flash CS5 中包括两个用于处理反向运动的工具——"骨骼工具" 和"绑定工具" 。使用"骨骼工具" 可以创建一系列链接的对象轻松创建链型效果,也可以使用"骨骼工具" 快速扭曲单个对象。使用骨骼进行动画处理时,只需做很少的设计工作,通常指定对象的开始位置和结束位置即可,通过反向运动,即可轻松自然地创建出骨骼的运动。

创建骨骼动画的对象分为两种:一种为元件实例,另一种为图形形状。使用"工具"面板中的"骨骼工具" 在元件实例对象或图形形状上创建出对象的骨骼,然后移动其中的一个骨骼,与这个骨骼相连的其他骨骼也会移动,通过这些骨骼的移动或旋转即可创建出骨骼动画。如使用骨骼动画可以轻松地创建人物动画,如胳膊、腿和面部表情,如图 8-78 所示。

基于图形形状创建的骨骼动画　　　　基于元件实例创建的骨骼动画

图 8-78 创建的骨骼动画

提示: "骨骼工具" 需要在 ActionScript3.0 文档中才能够执行,而且不能够任意在不同的图层之间移动关键帧,只适用于发生在同一个图层的动作。

二、创建基于元件的骨骼动画

在 Flash CS5 中可以对图形形状创建骨骼动画,也可以对元件实例创建骨骼动画。元件实例可以是影片剪辑、图形和按钮,如果是文本,则需要将文本转换为元件实例。如果创建基于元件实例的骨骼,可以使用"骨骼工具" 将多个元件实例进行骨骼绑定,移动其中一个骨骼会带动相邻骨骼进行运动。下面以"机器人摇臂"动画为例来学习使用"骨骼工具" 创建基于元件实例的骨骼动画方法。

> 源文件:项目八\应用实例\效果\机器人摇臂.fla

操作步骤如下:

(1)单击菜单栏中的"文件"→"打开"命令,打开教学资源包中的"项目八\应用实例\素材"目录下的"机器人.fla"文件。

(2)双击舞台中"机器人"影片剪辑实例,切换至该元件编辑窗口中,在此窗口中可以看到机器人的各个部分都为单独的元件,并放置在不同的图层中,如图8-79所示。

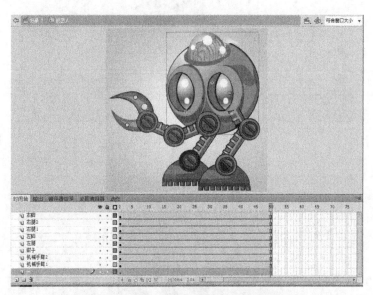

图8-79 "机器人"影片剪辑元件编辑窗口

(3)在"时间轴"面板中解除所有图层的锁定,然后选择所有图层的第50帧,按【F5】键,为所有图层第50帧插入普通帧,设置动画的播放时间为50帧。

(4)将播放头拖曳到第1帧,在"时间轴"面板中选择"骨骼工具" ,此时图标变为十字下方带个骨头的图标形式 ,然后将光标放置到机械手臂的根部位置处单击并向第一个关节位置拖曳,创建出骨骼,接下来继续使用"骨骼工具" 从第一个关节处向大钳子的部分处拖曳,创建出第二个骨骼,此时自动创建出一个"骨架_1"的图层,"机械手臂1"、"机械手臂2"与"钳子"图层中的对象自动剪切到"骨架_1"图层中,如图8-80所示。

> **提示:**骨骼系统又称为骨架。在父子层次结构中,骨架中的骨骼彼此相连。骨架可以是线性的或分支的,源于同一骨骼的骨架分支称为同级,骨骼之间的连接点称为关节。对骨架进行动画处理的方式与Flash中的其他对象不同。对于骨架,只需向骨架图层中添加帧并在舞台上重新定位骨架即可创建关键帧。骨架图层中的关键帧称为姿势,每个姿势图层都自动充当补间图层。

(5)使用"选择工具" 向上拖动机器人的大钳子,则两个机械手臂也会随之转动,最后将大钳子移动到机器人的头部位置,并将大钳子略微向上翘些,如图8-81所示。

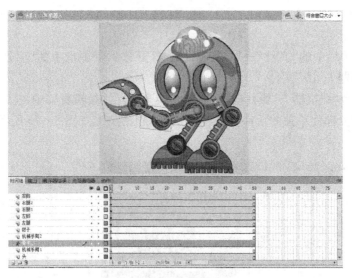

图8-80 创建的骨骼

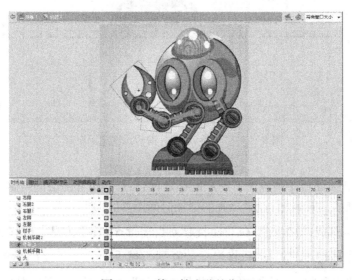

图8-81 第1帧小臂的位置

（6）将播放头拖曳到时间轴的第50帧，然后在"骨架_1"图层第50帧处。单击鼠标右键，在弹出菜单中选择"插入姿势"命令，在"骨架_1"图层第50帧处插入一个关键帧，此帧处的骨骼形式和第1帧处相同，如图8-82所示。

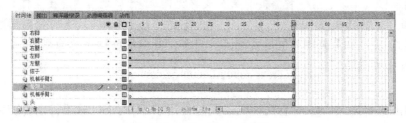

图8-82 第50帧插入的姿势

（7）在"骨架_1"图层第 25 帧处单击鼠标右键,选择弹出菜单中"插入姿势"命令,在"骨架_1"图层第 25 帧处插入一个关键帧。然后使用"选择工具" 将此帧处的机器人大钳子移动到机器人的脚底位置,并调整大钳子的方向向下,如图 8－83 所示。

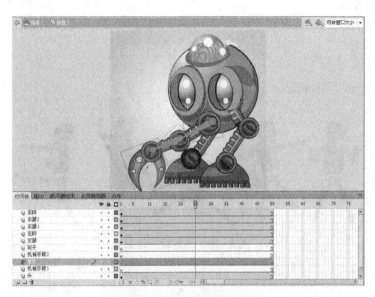

图 8－83 第 25 帧大钳子的位置

（8）按【Ctrl＋Enter】组合键,对影片进行测试,可以观察到机器人手臂上下摇动的动画效果,如图 8－84 所示。

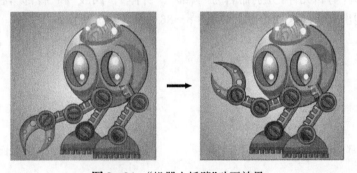

图 8－84 "机器人摇臂"动画效果

 典型案例 4——制作"舞动的小人"

本案例是通过"骨骼工具" 制作一个小人舞动的动画效果。在动画演示过程中,小人挥舞四肢作武打动作。希望通过本案例使读者掌握元件骨骼动画的制作方法和技巧。

➤ 源文件:项目八\典型案例 4\效果\舞动的小人.fla

设计思路

● 新建文档。

- 绘制人物。
- 组合人物。
- 添加骨骼系统。
- 添加人物姿势。
- 保存和测试影片。

设计效果

创建如图8-85所示效果。

图8-85　最终设计效果

操作步骤

1. 新建文档

运行Flash CS5,新建一个Flash ActionScript3.0文档,文档属性保持默认参数。

2. 绘制人物

新建四个影片剪辑元件,分别命名为"头部"、"身体"、"四肢"和"臀部",在影片剪辑中,利用绘图工具绘制出人物的这四个部分,如图8-86~图8-89所示。

图8-86　头部

图8-87　身体

图8-88　四肢

图8-89　臀部

**图8-90　组合成的
完整小人**

3. 组合人物

将制作好的四个影片剪辑元件依次拖入舞台,并组合成一个完整的小人,如图8-90所示。

> **提示:**在将元件组成人物的过程中,要多利用"任意变形工具" ![图标],调整各个元件的大小、角度和位置。

4. 添加骨骼系统

(1) 小人组装好后,使用"骨骼工具" ![图标] 将人物的各个部分连接起来,添加骨骼系统,如图8-91所示。

（2）使用"任意变形工具" 调整各个身体元件的中心点位置，以使各个肢体更好地吻合。

5．添加人物姿势

（1）在第25帧处插入关键帧，单击鼠标右键，在弹出的快捷菜单中选择"插入姿势"命令，并使用"选择工具" 调整角色的姿势，如图8-92所示。

（2）再分别在第40、60、75帧处插入姿势，并使用"选择工具" 调整人物的形态，第60帧处的人物姿势形态如图8-93所示。其余关键帧处的姿势形态，读者可以自行调整。

图8-91　添加骨骼系统

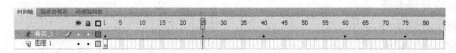

图8-92　第25帧插入的姿势

图8-93　第60帧人物的姿势形态

6．保存和测试影片

按【Ctrl+S】组合键保存影片，按【Ctrl+Enter】组合键测试影片。

案例小结

在老版Flash中，要制作一个角色的动画，是很繁琐的事情。但使用了"骨骼工具" 就可以很轻松地完成人物动画效果。希望读者通过这个简单的案例，能了解"骨骼工具" 为制作Flash动画带来的方便。

三、创建基于图形的骨骼动画

在Flash CS5中，与创建基于元件实例的骨骼动画不同，基于图形形状的骨骼动画对象必须是简单的图形形状，在此图形中可以添加多个骨骼。在向单个形状或一组分离的形状添加第一个骨骼之前必须选择所有形状。将骨骼添加到所选内容后，Flash将所有的形状和骨骼转换为骨骼形状对象，并将该对象移动到新的骨架图层，将某个形状转换为骨骼形状后，它无法再与其他形状进行合并操作。

 典型案例 5——制作"健美人物展示"

对于基于图形形状的骨骼动画也需要使用"骨骼工具" 创建,下面以"健美人物展示"动画为例来学习创建基于图形的骨骼动画的方法。

➢ 源文件:项目八\典型案例 5\效果\健美人物展示.fla

设计思路

- 打开素材文档。
- 添加骨骼系统。
- 制作骨骼动画。
- 保存和测试影片。

设计效果

创建如图 8-94 所示效果。

图 8-94 最终设计效果

操作步骤

1. 打开素材文档

单击菜单栏中"文件"→"打开"命令,打开教学资源包中的"项目八\典型案例 5\素材"目录下的"健美人物展示.fla"。在打开的文件中可以观察到三个人物都是由同一个"健美人物"的影片剪辑元件创建的实例,所以只需为其中一个人物创建骨骼动画,其余两个人物也自动应用骨骼动画,接下来将使用"骨骼工具" 创建人物双臂举起的骨骼动画。

2. 添加骨骼系统

(1)双击舞台中间的"健美人物"影片剪辑实例,切换到该元件编辑窗口中,如图 8-95 所示。

(2)在"工具"面板中选择"骨骼工具" ,此时图标变为十字下方带个骨头的图标形式 ,然后将光标放置到人物的胯部位置处单击并向人物胸口上方拖曳,接着再由胸口上方向左侧手臂肘部拖曳,再由左侧手臂肘部向左手位置拖曳,最后按照左侧手臂的方法同样为右侧手臂也添加骨骼,如图 8-96 所示。

图 8 - 95　"健美人物"影片剪辑元件编辑窗口

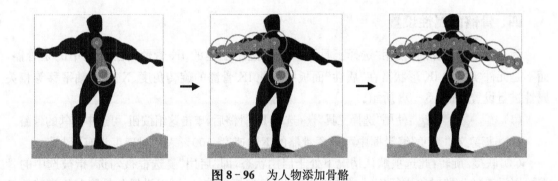

图 8 - 96　为人物添加骨骼

> **提示**：为形状搭建骨骼是在形状内部搭建，且相连的一套骨骼只能搭建在一个形状内，无法在两个形状之间搭建骨骼。第一根被创建的骨骼称为根骨骼，可在根骨骼上继续添加其他骨骼。若要创建分支，请在分支开始的现有骨骼头部按下鼠标左键，拖动到形状的其他位置。

3. **制作骨骼动画**

（1）在"时间轴"面板中选择所有图层的第 20 帧，设置动画的播放时间为 20 帧。

（2）在"骨架_1"图层第 20 帧位置处单击鼠标右键，在弹出的快捷菜单中选择"插入姿势"命令，在"骨架_1"图层第 20 帧创建一个关键帧，然后使用"选择工具" 拖曳人物左侧和右侧手臂向上侧旋转，如图 8 - 97 所示。

4. **保存和测试影片**

按【Ctrl＋S】组合键对文档进行保存后，按【Ctrl＋Enter】组合键对影片进行测试，可以看到舞台中三个人物双臂举起的动画效果。若感觉不满意，可在影片剪辑的第 40 帧按【F5】键。

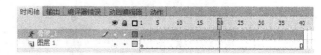

图8-97 调整第20帧人物的姿势

案例小结

本案例制作了一个基于图形形状的骨骼动画效果。在利用"骨骼工具" 制作动画的过程中有时需配合"绑定工具" 对形状进行精确控制。希望通过本案例使读者掌握形状骨骼动画的制作方法和技巧。

四、骨骼的属性设置

为对象创建骨骼后，使用"选择工具" 单击选中创建的 IK 骨骼(注意：选中的是骨骼，而不是元件实例或 IK 形状)，在"属性"面板中对此 IK 骨骼的旋转角度、X 或 Y 轴平移等相关属性进行设置，如图 8-98 所示。

（1） ：使用"选择工具" 选取 IK 骨骼后，单击这组按钮，可选中相邻的骨骼。

（2）速度：在"速度"编辑框中可设置骨骼的运动速度，100％表示对速度没有限制。

（3）联接：旋转：此选项默认情况下处于启用状态，即"启用"复选框被勾选，指被选中的骨骼可以沿着父骨骼对象进行旋转；如果将"约束"复选框勾选，还可以设置此骨骼对象旋转的最小度数与最大度数，如图 8-99 所示。

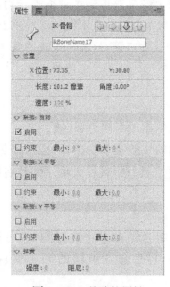

图8-98 骨骼的属性

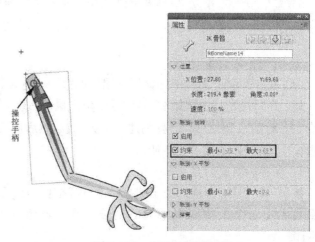

图8-99 启用"旋转约束"

提示： 正如手指向手背的弯曲只能弯到一定程度后再无法继续，手臂的摆动也是一样，这就是骨骼的旋转受到了约束。旋转约束定义骨骼旋转角度的范围。对骨骼启用旋转约束后，会在根关节处产生用于旋转的操控手柄，读者可尝试使用。

（4）联接：X平移：如果将"启用"复选框勾选，则选中的骨骼可以沿着X轴方向进行平移；如果将"约束"复选框勾选，还可以设置此骨骼对象在X轴方向平移的最小值与最大值，如图8-100所示。

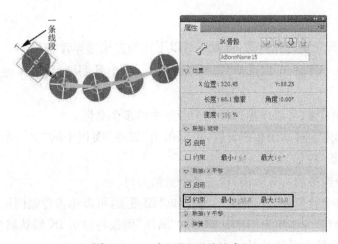

图8-100　启用"X平移约束"

提示： 正如针管的活塞不能无限制地下按，也不能无限制地抽出（除非打算破坏它），这就是一种平移约束。对骨骼启用平移约束后，会在根关节处产生一条线段，用于标注在X轴上平移的范围。

（5）联接：Y平移：如果将"启用"复选框勾选，则选中的骨骼可以沿着Y轴方向进行平移；如果将"约束"复选框勾选，还可以设置此骨骼对象在Y轴方向平移的最小值与最大值。

（6）弹簧：此选项可以使创建的骨骼动画具有弹簧振动一样的效果，可以增加物体移动的真实感，此选项中包含两个选项——"强度"和"阻尼"。其中"强度"选项用于设置弹簧强度，值越高，创建的弹簧效果越强；"阻尼"选项用于设置弹簧效果的衰减速率，值越高，弹簧属性减小得越快，如果值为0，则弹簧属性在姿势图层的所有帧中保持其最大强度，如图8-101所示。

弹簧强度：100～0　　　　　　　　　弹簧阻尼：100～0
（父级=100，最后一个子级=1）　　（父级=100，最后一个子级=10）

图8-101　启用"弹簧"

五、编辑骨骼动画

在 Flash CS5 中创建骨骼后，可以使用多种方法编辑骨骼，例如重新定位骨骼及其关联的对象，在对象内移动骨骼，更改骨骼的长度，删除骨骼，以及编辑包含骨骼的对象等。

值得注意的是，在编辑 IK 骨架时，只能在第一帧（骨架在时间轴中的显示位置）中仅包含初始骨骼的骨架图层中编辑骨架。在骨架图层的后续帧中重新定位骨架后，无法对骨骼结构进行更改。若要编辑骨架，需从时间轴中删除骨架图层中骨架所在的第一帧之后的任何附加姿势。

1. 选择骨骼

要编辑骨架，首先要选择骨骼，可以通过以下几种方法选择骨骼：

（1）要选择单个骨骼，可以选择"选择工具" ▶ ，单击骨骼即可。"属性"面板将显示骨骼属性。

（2）按住【Shift】键，可以单击选择同个骨架中的多个骨骼。

（3）要将所选内容移动到相邻骨骼，可以单击"属性"面板中的"上一个同级"、"下一个同级"、"父级"或"子级"按钮 ⇦ ⇨ ⇩ ⇧ 。

（4）要选择骨架中的所有骨骼，双击某个骨骼即可。

（5）要选择整个骨架并显示骨架的属性和骨架图层，可以单击骨骼图层中包含骨架的帧。

（6）要选择骨骼形状，单击该形状即可。"属性"面板将显示 IK 形状属性。

2. 重新定位骨骼和关联的对象

如果需要重新定位骨骼和关联的对象，主要有以下几种方式可以实现：

（1）要重新定位线性骨架，可拖动骨架中的任何骨骼。如果骨架已连接到元件实例，则还可以拖动实例。这样还可以相对于其骨骼旋转实例。

（2）要重新定位骨架的某个分支，可以拖动该分支中的任何骨骼。该分支中的所有骨骼都将移动，骨架的其他分支中的骨骼不会移动。

（3）要将某个骨骼与子级骨骼一起旋转而不移动父级骨骼，可以按住【Shift】键拖动该骨骼。

（4）要将某个骨骼形状移动到舞台上的新位置，选择该形状后，在"属性"面板中更改 X 和 Y 属性值。

3. 相对于关联的对象移动骨骼

为对象添加骨骼后，使用"选择工具" ▶ 移动骨骼对象，只能对父级骨骼进行环绕的运动。移动骨骼操作可以移动骨骼的任一端位置，并且可以调整骨骼的长度。

（1）要移动骨骼形状内骨骼任一端的位置，可以选择"部分选取工具" ▶ ，拖动骨骼的一端即可。

（2）要移动元件实例内骨骼连接、头部或尾部的位置，打开"任意变形工具" ▦ 或"变形"面板，移动实例的变形点，骨骼将随变形点移动。

（3）要移动单个元件实例而不移动任何其他链接的实例，可以按住【Alt】键，拖动该实例，或者使用"任意变形工具" ▦ 拖动它，连接到实例的骨骼会自动调整长度，以适应实例的新位置。

4. 删除骨骼

删除骨骼可以删除单个骨骼和所有骨骼,可以通过以下几种方式实现:

(1) 要删除单个骨骼及所有子级骨架,可以选中该骨骼,按下【Delete】键即可。

(2) 要从某个骨骼形状或元件骨架中删除所有骨骼,可以选择该形状或该骨架中的任何元件实例,选择菜单栏中的"修改"→"分离"命令,分离为图形即可删除整个骨骼。

5. 编辑骨骼形状

除了以上介绍的有关骨骼的基本编辑操作外,还可以对骨骼形状进行编辑。使用"部分选取工具" , 可以在骨骼形状中添加、删除和编辑轮廓的控制点。

(1) 要显示骨骼形状边界的控制点,单击形状的笔触即可。

(2) 要移动控制点,直接拖动该控制点即可。

(3) 要添加新的控制点,单击笔触上没有任何控制点的部分即可,也可以选择"添加锚点工具" 来添加新控制点。

(4) 要删除现有的控制点,选中控制点,按下【Delete】键即可,可以选择"删除锚点工具" 来删除控制点。

6. 绑定骨骼

为图形形状添加骨骼后,发现在移动骨架时图形形状并不能按令人满意的方式进行扭曲。此时可以使用"工具"面板中"绑定工具" 编辑单个骨骼和形状控制点之间的连接,这样就可以控制在每个骨骼移动时形状的扭曲方式,从而得到更满意的结果。

使用"绑定工具" 可以将多个控制点绑定到一个骨骼,也可以将多个骨骼绑定到一个控制点。使用"绑定工具" 单击骨骼,将显示骨骼和控制点之间的连接,选择的骨骼以红色的线显示,骨骼的控制点以黄色的点显示。

基于图形形状的骨骼动画,在骨骼运动时是由控制点控制动画的变化效果,可以通过绑定、取消绑定骨骼上的控制点,从而精确地控制骨骼动画的运动效果。

1) 绑定控制点　使用"绑定工具" 选择骨骼后,按住【Shift】键,在蓝色未点亮的控制点上单击,则可以将此控制点绑定到选择的骨骼上,如图8-102所示。

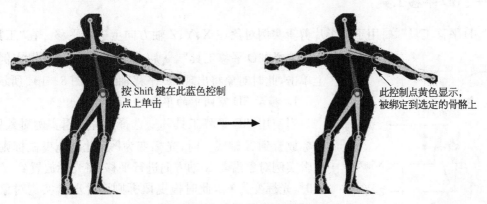

图8-102　绑定控制点

2) 取消绑定控制点　使用"绑定工具" 选择骨骼后,按住【Ctrl】键,在黄色显示绑定在骨骼的控制点上单击,则可以取消此控制点在骨骼上的绑定,如图8-103所示。

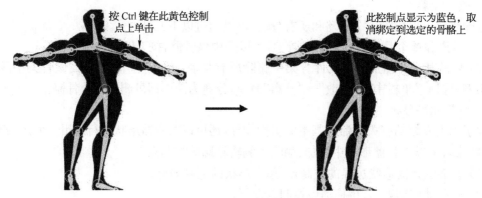

图 8 - 103　取消绑定控制点

任务四　3D 动画制作

Flash CS5 中使用 3D 变形与转换工具——3D 平移和 3D 旋转工具可以使对象沿着 X、Y、Z 轴进行三维的移动和旋转。通过组合使用这些 3D 工具，用户可以创建出逼真的三维透视与动画效果。

学习要点

1. 掌握 3D 平移工具的使用方法。
2. 掌握 3D 旋转工具的使用方法。
3. 熟悉影片剪辑实例的 3D 属性设置。

知识准备

一、3D 平移工具

"3D 平移工具" 用于将影片剪辑实例对象在 X、Y、Z 轴方向上进行平移。在"工具"面板中选择"3D 平移工具" 后，在舞台中影片剪辑实例对象上单击，此时对象将出现 3D 平移轴线，如图 8 - 104 所示。

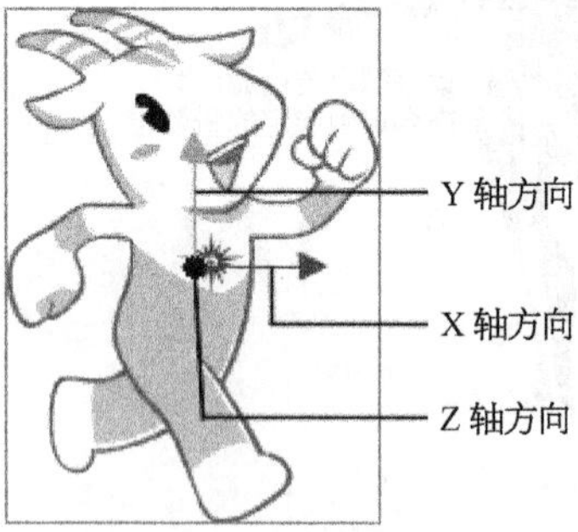

1. 移动 3D 空间中的单个对象

当使用"3D 平移工具" 选择影片剪辑实例对象后，将光标放置到 X 轴线上时，光标变为 $\blacktriangleright_X$，此时拖曳鼠标则影片剪辑实例对象沿着 X 轴方向进行平移；将光标放置到 Y 轴线上时，光标变为 $\blacktriangleright_Y$，此时拖曳鼠标则影片剪辑实例对象沿着 Y 轴方向进行平移；将光标放置到 Z 轴线上时，光标变为 $\blacktriangleright_Z$，此时拖曳鼠标则影片剪辑实例对象沿着 Z 轴方向进行平移，如图 8 - 105 所示。

Y 轴方向
X 轴方向
Z 轴方向

图 8 - 104　使用 3D 平移
工具选择的对象

沿 X 轴方向平移　　　　　　　沿 Y 轴方向平移　　　　　　　沿 Z 轴方向平移

图 8 - 105　3D 平移对象

使用"3D 平移工具"  选择影片剪辑实例对象后,将光标放置到轴线中心的黑色实心点时,光标变为 ▶ 图标,此时拖曳鼠标则可以改变影片剪辑实例 3D 中心点的位置,如图 8 - 106 所示。

图 8 - 106　改变对象 3D 中心点的位置

改变影片剪辑实例 3D 中心点的位置后,通过双击 3D 中心点,可将 3D 中心点重定位到所选影片剪辑实例的中间位置。

2. 移动 3D 空间中的多个对象

如果需要对多个影片剪辑实例进行移动,可以同时选中多个对象,使用"3D 平移工具"  移动其中的一个对象,其余对象将以相同的方式移动,如图 8 - 107 所示。

图 8 - 107　平移多个对象的效果

当需要重新定位轴控件的位置时,可以进行下列操作:

(1) 如果需要把轴控件移动到另一个对象上,可以在按住【Shift】键的同时,双击该对象即可。

(2) 选中所有对象后,通过双击 Z 轴控件,可以将轴控件移动到多个选择对象的中间,如图 8-108 所示。

图 8-108 调整 3D 控件位置

> **提示:** 使用"3D 平移工具" 移动对象,与"选择工具" 或"任意变形工具" 移动对象看上去结果相同,但这两者有着本质的区别:前者是使对象在三维空间中移动,产生空间感的画面;而后者只是在二维平面上移动。

二、3D 旋转工具

使用"3D 旋转工具" 可以在三维空间中旋转影片剪辑实例。当使用"3D 旋转工具" 选择影片剪辑实例对象后,在影片剪辑实例对象上将出现三维旋转的控件,其中 X 轴控件显示为红色,Y 轴控件显示为绿色,Z 轴控件显示为蓝色,使用橙色自由旋转控件,可以同时围绕 X 和 Y 轴方向旋转。如需要旋转影片剪辑实例,只需将光标放置到需要旋转的控件上拖曳鼠标,则随着鼠标的移动,对象也随之改变,如图 8-109 所示。

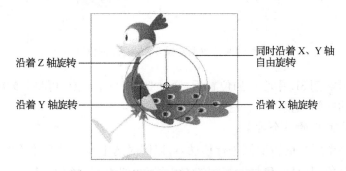

图 8-109 使用 3D 旋转工具选择的对象

> **提示:** Flash CS5 中的 3D 工具只能对影片剪辑进行操作,如想对对象进行 3D 操作,必须将对象转换成影片剪辑元件。此外,Flash 文档脚本必须是 ActionScript3.0,不支持 ActionScript2.0。

1. 使用 3D 旋转工具旋转对象

在"工具"面板中选择"3D 旋转工具" 后,在"工具"面板下方的"选项区域"将出现其选项设置,包括两个选项按钮:"贴紧至对象" 和"全局转换" 。其中"全局转换" 按钮默认为选中状态,表示当前状态为全局状态,在全局状态下旋转对象是相对于舞台进行旋转。如果取消"全局转换" ▨ 按钮的选中状态,表示当前状态为局部状态,在局部状态下旋转对象是相对于影片剪辑进行旋转。

当使用"3D旋转工具" ● 选择影片剪辑实例对象后,将光标放置到X轴线上时,光标变为 ▶x,此时拖曳鼠标则影片剪辑实例对象沿着X轴方向进行旋转;将光标放置到Y轴线上时,光标变为 ▶Y,此时拖曳鼠标则影片剪辑实例对象沿着Y轴方向进行旋转;将光标放置到Z轴线上时,光标变为 ▶z,此时拖曳鼠标则影片剪辑实例对象沿着Z轴方向进行旋转,如图8-110所示。

沿X轴方向旋转　　　　　　　沿Y轴方向旋转　　　　　　　沿Z轴方向旋转

图8-110　3D旋转对象

提示:当选中多个影片剪辑实例对其进行3D旋转时,3D旋转控件将显示叠加在最近一个选择的对象上。

2. 使用变形面板进行3D旋转

使用"3D旋转工具" ● 可以对影片剪辑实例进行任意的3D旋转,但精确控制影片剪辑实例的3D旋转,则需要使用"变形"面板进行操作。选择影片剪辑实例对象后,在"变形"面板中将出现3D旋转与3D中心点位置的相关选项。

(1) 3D旋转:在3D旋转选项中可以通过设置X、Y、Z参数,从而改变影片剪辑实例各个旋转轴的方向,如图8-111所示。

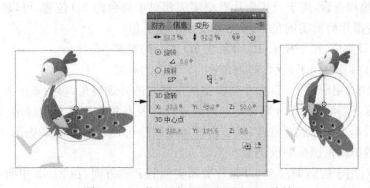

图8-111　使用"变形"面板进行3D旋转

（2）3D 中心点：用于设置影片剪辑实例 3D 旋转中心点的位置，可以通过设置 X、Y、Z 参数从而改变影片剪辑实例中心点的位置，如图 8 - 112 所示。

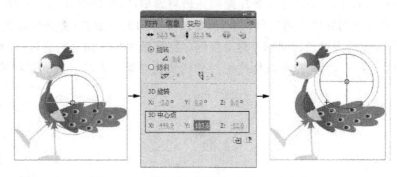

图 8 - 112 使用"变形"面板移动 3D 中心点

三、3D 属性设置

舞台中选择影片剪辑实例对象后，在"属性"面板中将出现对象相关 3D 属性设置，用于设置影片剪辑实例的 3D 位置、透视角度、消失点等，如图 8 - 113 所示。

图 8 - 113 3D 属性设置

（1）3D 定位和查看：用于设置影片剪辑实例相对于舞台的 3D 位置，可以通过设置 X、Y、Z 参数从而改变影片剪辑实例在 X、Y、Z 轴方向的坐标值。

（2）透视 3D 宽度：用于显示 3D 对象在 3D 轴上的宽度。

（3）透视 3D 高度：用于显示 3D 对象在 3D 轴上的高度。

（4）透视角度：用于设置 3D 影片剪辑实例在舞台的外观视角，参数范围为 1°～180°，增大或减小透视角度将影响 3D 影片剪辑实例的外观尺寸及其相对于舞台边缘的位置。增大透视角度可使对象看起来更接近查看者，减小透视角度属性可使对象看起来更远。此效果与通过镜头更改视角的照相机镜头缩放类似。

（5）消失点：用于控制舞台上 3D 影片剪辑实例的 Z 轴方向，在 Flash 中所有 3D 影片剪辑实例的 Z 轴都会朝着消失点后退。重新定位消失点，可以更改沿 Z 轴平移对象时对象的移动方向。通过设置"消失点"选项中的"消失点 X 位置"和"消失点 Y 位置"可以改变 3D 影片剪辑实例在 Z 轴消失的位置。

（6）重置：单击"重置"按钮，可以将改变的"消失点 X 位置"和"消失点 Y 位置"参数恢复为默认的参数。

 典型案例 6——制作"旋转的 3D 立方体"

3D 工具的出现，彻底让 Flash 从二维走向三维。将具有空间感的 Z 轴引入到 Flash 动画制作中来，更容易制作一些旋转、缩放动画，而且动画效果更加逼真，和整个动画场景融合得更加自然。下面通过一个"旋转的 3D 立方体"案例来学习 3D 动画的制作。这是一个比较典型的 3D 动画案例，综合运用了 3D 旋转和 3D 平移工具，通过本案例的学习，希望读者能举一反三，真正掌握 3D 动画的制作方法和技巧。

➤ 源文件：项目八\典型案例 6\效果\旋转的 3D 立方体.fla

用六张同样尺寸的图片来构建一个正方体，首先从外部导入六张图片，其宽为"100"像素、高为"100"像素（不要太大）。将每张图片单独创建成一个影片剪辑，将这六个影片剪辑放入一个命名为"立方体"影片剪辑当中，每一张图片作为这个"立方体"的一个面。然后利用 3D 转换（变形）工具对需要转换的面进行平移和旋转操作，得到组合的"立方体"。

设计思路

- 新建 ActionScript3.0 文档。
- 创建六个面的影片剪辑。
- 创建组合的立方体影片剪辑。
- 制作补间动画。
- 保存和测试影片。

设计效果

创建如图 8-114 所示效果。

操作步骤

图 8-114　最终设计效果

1. 新建 ActionScript3.0 文档

运行 Flash CS5，新建一个 Flash ActionScript3.0 文档，文档属性保持默认参数，并将该文档保存为"旋转的 3D 立方体.fla"。

图 8-115　新建影片剪辑"元件 1"

2. 创建六个面的影片剪辑

（1）新建影片剪辑"元件 1"，导入"项目八\典型案例 6\素材"目录下的"1.jpg"图片，设置相对于舞台水平、垂直居中对齐，如图 8-115 所示。

（2）步骤同上，依次新建其他五个元件，名称分别为"元件 2"、…、"元件 6"，分别导入对应的图片。

3. 创建组合的立方体影片剪辑

（1）新建影片剪辑元件"立方体"，将"图层 1"重命名为"前"层，从"库"面板中拖入"元件 1"到舞台，设置相对于舞台水平、垂直居中对

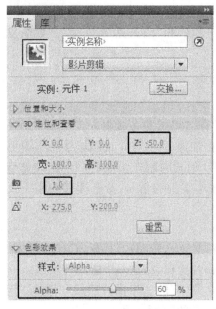

图 8－116 "元件 1"的属性设置

齐。选择"3D 平移工具" ⚓，打开"属性"面板，设置透视角度值为"1"，"3D 定位和查看"选项下的 Z 值为"－50"，"色彩效果"选项下的透明度 Alpha 值为"60％"，如图 8－116 所示。然后锁定该图层。

（2）新建"图层 2"并重命名为"后"层，从"库"面板中拖入"元件 2"到舞台，设置相对于舞台水平、垂直居中对齐。选择"3D 平移工具" ⚓，打开"属性"面板，设置透视角度值为"1"，"3D 定位和查看"选项下的 Z 值为"50"，"色彩效果"选项下的 Alpha 值为"60％"，然后锁定该图层。

（3）新建"图层 3"并重命名为"右"层，从"库"面板中拖入"元件 3"到舞台，设置相对于舞台水平、垂直居中对齐。选择"3D 平移工具" ⚓，打开"属性"面板，设置"3D 定位和查看"选项下的 X 值为"50"，"色彩效果"选项下的 Alpha 值为"60％"，锁定该图层。然后使用"3D 旋转工具" ⚙，将"元件 3"沿 Y 轴顺时针旋转 90°。

由于手动旋转不精确，可以借助于"变形"面板实现。打开"变形"面板，设置"3D 旋转"选项下的 Y 值为"90°"，如图 8－117 所示。

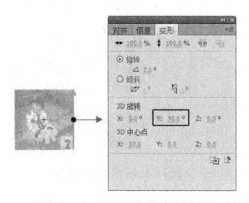

图 8－117 "变形"面板的属性设置

图 8－118 "变形"面板的属性设置

（4）新建"图层 4"并重命名为"左"层，从"库"面板中拖入"元件 4"到舞台，设置相对于舞台全居中对齐。选择"3D 平移工具" ⚓，打开"属性"面板，设置"3D 定位和查看"选项下的 X 值为"－50"，"色彩效果"选项下的 Alpha 值为"60％"，锁定该图层。然后使用"3D 旋转工具" ⚙ 将"元件 4"沿 Y 轴顺时针旋转 90°，打开"变形"面板，设置"3D 旋转"选项下的 Y 值为"90°"，如图 8－118 所示。

（5）新建"图层 5"并重命名为"下"层，从"库"面板中拖入"元件 5"到舞台，设置相对于舞台全居中对齐。选择"3D 平移工具" ⚓，打开"属性"面板，设置"3D 定位和查看"选项下的 Y 值为"50"，"色彩效果"选项下的 Alpha 值为"60％"，锁定该图层。然后使用"3D 旋转工具" ⚙ 将"元件 5"沿 X 轴顺时针旋转 90°，打开"变形"面板，设置"3D 旋转"选项下的 X 值为

“90°”，如图 8－119 所示。

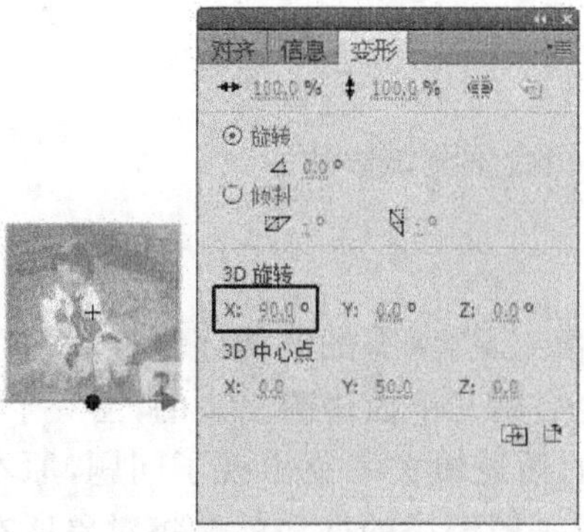

图 8－119　“变形”面板的属性设置

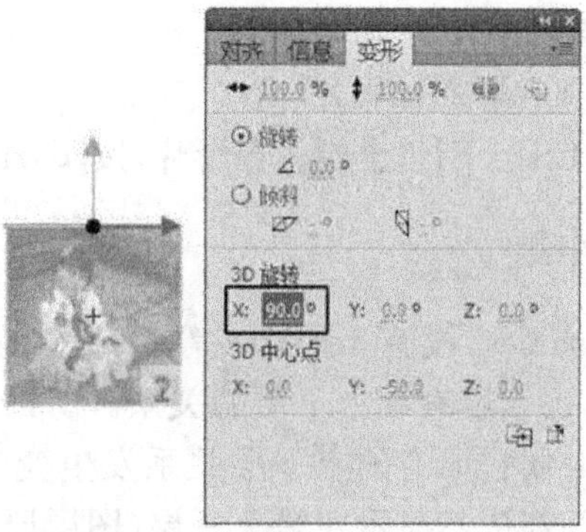

图 8－120　“变形”面板的属性设置

(6) 新建“图层 6”并重命名为“上”层，从“库”面板中拖入“元件 6”到舞台，设置相对于舞台全居中对齐。选择“3D 平移工具”，打开“属性”面板，设置“3D 定位和查看”选项下的 Y 值为“－50”，“色彩效果”选项下的 Alpha 值为“60％”，锁定该图层。然后使用“3D 旋转工具”将“元件 6”沿 X 轴顺时针旋转 90°，打开“变形”面板，设置“3D 旋转”选项下的 X 值为“90°”，如图 8－120 所示。

4. 制作补间动画

将“立方体”这个影片剪辑拖入主场景时间轴中第 1 帧，此时看到的仍然是一个平面图，使用“3D 旋转工具”在选中立方体的 X、Y 或 Z 轴上拖动就会发现 3D 立方体。下面着手来开始创建动画。

(1) 在时间轴的第 50 帧按【F5】键插入帧并且创建补间动画，单击最后一帧也就是第 50 帧，在“动画编辑器”面板调整对应的属性就可以得到想要的效果，这里调整 Y 轴的旋转角度为 360°，即旋转一周得到旋转 3D 立方体动画，如图 8－121 所示。

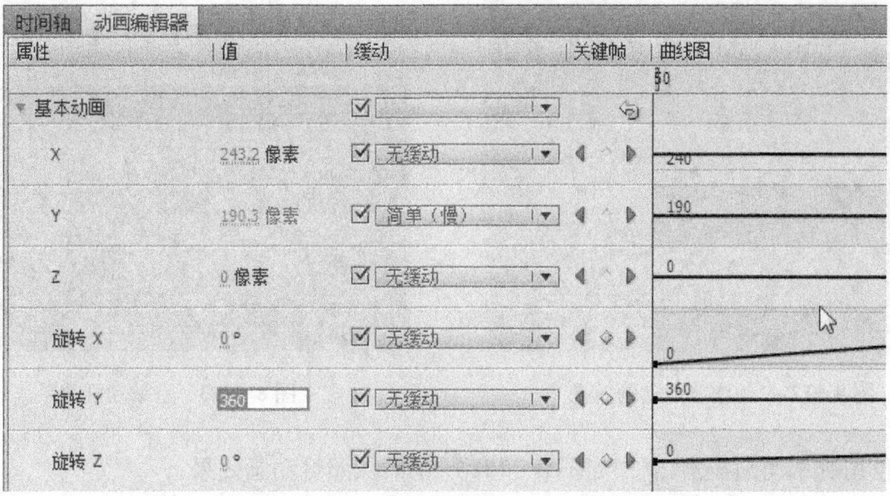

图 8－121　“动画编辑器”面板的属性设置

（2）新建图层，重命名为"背景"层，并将该层放置到"3D立方体"层的下方。选择菜单栏中的"文件"→"导入"→"导入到舞台"命令，导入"项目八\典型案例6\素材"目录下的"手.jpg"图片到舞台中作为动画的背景。

5. 保存和测试影片

按【Ctrl＋S】组合键保存影片，按【Ctrl＋Enter】组合键测试影片。

案例小结

Flash CS5 没有 3ds Max 等 3D 软件强大的建模工具，所有的结构还是建立在图层基础之上的，那么就存在上下层的关系。所谓的模型也是用几个面拼凑出来的，当一个 3D 模型转动的时候它原有的上下层关系发生变化，这样的话逻辑关系就出现了问题，原本应该是在下的面却依然显示在最上一层（图层原因），所以一般解决的办法就是将对象所在的图层透明度降低。

习题与实训

一、思考题

1. 引导层动画的原理是什么？引导层的作用是什么？

2. 遮罩层动画的原理是什么？制作遮罩层动画至少需要几个图层？

3. 高级特效动画包括哪几种动画类型？其中骨骼动画又分为哪两种类型的动画？

4. 3D 转换工具包括哪两种工具？如何使用它们？

二、实训题

1. 使用多层运动引导动画制作技术，完成如图 8－122 所示的泡泡飞舞动画效果。

2. 使用遮罩动画技术，制作如图 8－123 所示的水波动画效果。

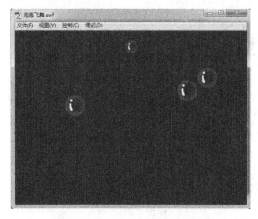

图 8－122　泡泡飞舞动画效果

图 8－123　水波动画效果

3. 使用遮罩动画技术，制作如图 8－124 所示的探照灯动画效果。

4. 利用骨骼动画工具，制作如图 8－125 所示的人奔跑动画效果。

5. 利用 3D 动画工具，制作如图 8－126 所示的立体三维旋转动画效果。

图 8-124　探照灯动画效果

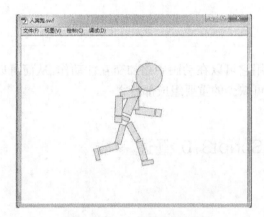

图 8-125　人奔跑动画效果

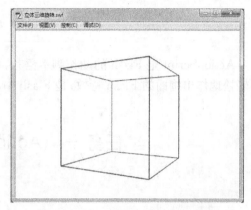

图 8-126　立体三维旋转动画效果

ActionScript3.0 编程基础

ActionScript 是 Flash 的动作脚本语言,使用它可以在动画中添加交互性动作,从而可以很轻松地作出绚丽的 Flash 特效,是 Flash 中不可缺少的重要组成部分之一。

任务一　ActionScript3.0 概述

学习要点

1. 了解 ActionScript 的发展历程和 ActionScript3.0 的新特性。
2. 熟悉 ActionScript3.0 的代码编程环境及书写位置。
3. 学会使用"动作"面板和"代码片断"面板编写简单的脚本。

知识准备

一、ActionScript3.0 简介

ActionScript 简称 AS,是 Adobe Flash Player 和 Adobe AIR 运行时的语言,是 Flash 专用的面向对象编程语言,具有强大的交互功能,使用该语言提高了动画与用户之间的交互。在制作普通动画时,用户不需要使用动作脚本即可制作 Flash 动画,但要提供与用户交互、使用户置于 Flash 对象之外,如控制动画中的按钮、影片剪辑,则需要使用 ActionScript 动画脚本。通过 ActionScript 的应用,扩展了 Flash 动画的应用范围,使其不折不扣地成为了跨媒体应用开发软件。

（一）ActionScript 的发展历程

ActionScript 动作脚本最早出现在 Flash 3 中,其版本为 ActionScript1.0,主要应用是围绕着帧的导航和鼠标的交互。随着 Flash 版本的升级,ActionScript 动作脚本也不断发展,到 Flash 5 版本时,ActionScript 已经很像 JavaScript 了。到 Flash MX 2004 时 ActionScript 升级到 2.0 版本,它带来了两大改进——变量的类型检测和新的 Class 类语法。ActionScript2.0 对于 Flash 创作人员来说是一个非常好的工具,可以帮助调试更大、更复杂的程序,但它并不是完全面向对象的语言,只是在编译过程中支持 OOP 语法。

目前 Flash 最新的版本为 Flash CS5,ActionScript 也升级到 ActionScript3.0,ActionScript1.0

和 ActionScript2.0 使用的都是 AVM1,而 ActionScript3.0 运行在 AVM2 上,是一种新的专门针对 ActionScript 3.0 代码的虚拟机,使得 ActionScript3.0 在 Flash Player 中的回放速度要比 ActionScript2.0 代码快了 10 倍。因此 ActionScript3.0 的改变要比 ActionScript1.0 过渡到 ActionScript2.0 更深远、更有意义。

（二）ActionScript3.0 的新特性

ActionScript3.0 是一种完全面向对象的编程语言,它与 C♯、JAVA 等语言风格十分接近,是时下较为流行的开发环境。总体来说,ActionScript3.0 具有如下的一些新特性。

1. 语法方面的增强与改动

（1）引入了 package(包)和 namespace(命名空间)两个概念。其中 package 用来管理类定义,防止命名冲突;而 namespace 则用来控制程序属性、方法的访问。

（2）新增内置类型 int(32 位整数)和 uint(非负 32 位整数),用来提速整数运算。

（3）新增 * 类型标识,用来标识类型不确定的变量。

（4）新增 is 和 as 两个运算符来进行类型检查。

（5）新增 in 运算符来查询某实例的属性或其 prototype 中是否存在指定名称的属性。

（6）新增 for each 语句来循环操作 Array 及 Object 实例。

（7）新增 const 语句来声明常量。

（8）新增 Bound Method 概念。当一个对象的方法被赋值给另外一个函数变量时,此函数变量指向的是一个 Bound Method,以保证对象方法的作用域仍然维持在声明此方法的对象上。这相当于 ActionScript2.0 中的 mx.util.Delegate 类,在 ActionScript3.0 中这个功能完全内置在语言中,不需要额外写代码。

（9）ActionScript3.0 的方法声明中允许为参数指定默认值(实现可选参数)。

2. OOP 方面的增强

通过类定义而生成的实例,在 ActionScript3.0 中是属于 Sealed 类型,即其属性和方法无法在运行时修改。这种处理方式一方面减少了通过 prototype 继承链查找属性方法所耗费的时间,另一方面也减小了内存占用量。

3. API 方面的增强

（1）新增 Display,使 ActionScript3.0 可以控制包括 Shape、Image、TextField、Sprite、MovieClip、Video、SimpleButton、Loader 在内的大部分 DisplayList 渲染单位。渲染单位的创建和销毁通过联合 new 操作符以及 addChild/removeChild 等方法实现。

（2）新增 DOM Event API,所有在 DisplayList 上的渲染单位都支持全新的三段式事件播放机制。

（3）新增内置的 Regular Expressions (正则表达式)支持。

（4）新增 ECMAScript for XML (E4X)支持,XML 成为内置类型。

（5）新增 Socket 类,允许读取和写入二进制数据,使通过 ActionScript 来解析底层网络协议(比如 POP3、SMTP、IMAP、NNTP 等)成为可能。

（6）新增 Proxy 类来替代在 ActionScript2.0 中的 Object._resolve 功能。

（7）新增对于 Reflect(反射)的支持,相关方法在 flash.util.* 包中。

二、"动作"面板

作为开发环境,Flash CS5 有一个功能强大的 ActionScript 代码编辑器——"动作"面板。

"动作"面板用于组织动作脚本,用户可以用面板中自带的语言脚本,也可以自己添加脚本来迅速而有效地编写出功能强大的程序。"动作"面板如图9-1所示。

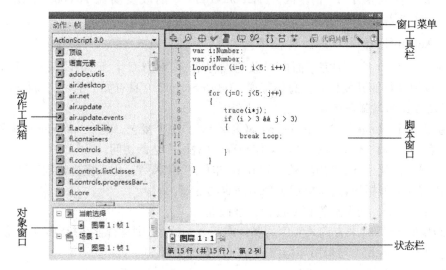

图 9-1 "动作"面板

"动作"面板大致可以分为以下几个部分。

(1) 动作工具箱:其中包含了所有的 ActionScript 动作命令和相关语法,在此窗口中将不同的动作脚本分类存放,需要使用什么脚本语言可以直接双击或拖动即可添加到脚本窗口中。

(2) 对象窗口:此窗口中可以显示 Flash 中所有添加了动作脚本的对象,而且还可以显示当前正在编辑的脚本对象。其主要功能包括:通过单击其中的项目,可以将与该项目相关的代码显示在脚本窗口中;通过双击其中的项目,可以对该项目的代码进行固定操作。

(3) 窗口菜单:单击此按钮可以弹出关于"动作"面板的命令菜单。

(4) 工具栏:提供了进行添加 ActionScript 脚本以及相关操作的按钮。

(5) 脚本窗口:在此窗口中,当前对象上所有调用或输入的 ActionScript 语言(包括 ActionScript、Flash Communication 或 Flash JavaScript 文件)都会在该区域中显示,是编辑脚本语言的主区域。

(6) 状态栏:用于显示当前添加的脚本对象以及光标所在的位置。

在编辑动作脚本时,如果熟悉 ActionScript 脚本语言,可以直接在脚本窗口中输入动作脚本(专家模式)。如果对 ActionScript 脚本语言不是很熟悉,则可以单击"脚本助手"按钮 ,激活"脚本助手"模式,如图9-2所示。在脚本助手模式中,提供了对脚本参数的有效提示,可以帮助新用户避免可能出现的语法和逻辑错误。编辑器的环境一般可以自己定制,执行菜单栏中的"编辑"→"首选参数"命令,弹出"首选参数"对话框,在"类别"选项中单击"ActionScript"选项卡进行设置。

三、"代码片断"面板

Flash CS5 新增的"代码片断"面板旨在使非编程人员能快速轻松地开始使用简单的 ActionScript3.0。借助该面板,开发人员可以将 ActionScript3.0 代码添加到 FLA 文件以启用常用功能。当应用代码片断时,此代码将添加到时间轴中"Actions"图层的当前帧。如果用

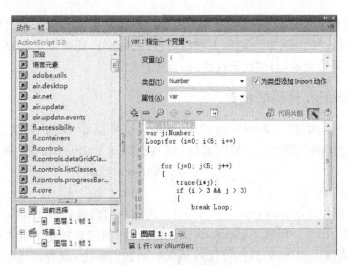

图9-2　脚本助手模式

户尚未创建"Actions"图层,Flash 将在时间轴中的所有其他图层之上添加一个"Actions"图层。

添加代码片断的方法:

(1) 选择舞台上的对象或时间轴中的帧。如果选择的对象不是元件实例或 TLF 文本对象,则当应用代码片断时,Flash 会将该对象转换为影片剪辑元件。如果选择的对象还没有实例名称,Flash 在应用代码片断时会自动为对象添加一个实例名称。

(2) 执行菜单栏中的"窗口"→"代码片断"命令,或单击"动作"面板右上角的"代码片断"图标按钮，打开"代码片断"面板,如图 9-3 所示。

(3) 双击要应用的代码片断,即可将相应的代码添加到脚本窗口之中,如图 9-4 所示。

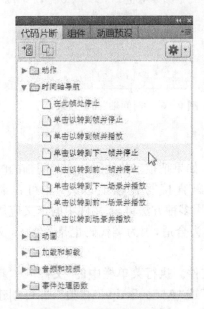

图9-3　"代码片断"面板

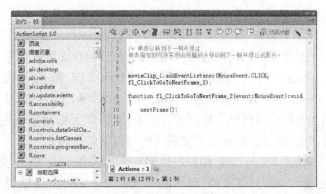

图9-4　利用"代码片断"面板添加的代码

Flash CS5 代码片断库可以让用户方便地通过导入和导出功能管理代码。例如,可以将常用的代码片断导入"代码片断"面板,方便以后使用。此外,还可以通过导入代码片断 XML 文件,将自定义代码片断添加到"代码片断"面板中。

四、ActionScript 代码的位置

在 ActionScript1.0 和 ActionScript2.0 环境下,可以给按钮或影片剪辑元件添加 ActionScript,且添加的代码加入在处理函数 on()或者 onClipEvent()代码块中。例如:

```
on(press) {                          onClipEvent(load) {
    gotoAndPlay(1);                      trace("hello!");
} //为鼠标添加 ActionScript         }//为影片剪辑添加 ActionScript
```

但在 ActionScript3.0 环境下,ActionScript3.0 代码的位置发生了重大改变,按钮和影片剪辑不再可以被直接添加代码,只能将代码写在时间轴的帧上,或者将代码输入在外部 as 文件中。用户可以根据动画实际要实现的效果,选择方便快捷的 ActionScript 环境。

1. 在时间轴的帧中编写

在帧中编写 ActionScript 程序代码是最常见也是最主要的代码位置,选中主时间轴上或者影片剪辑内的某一帧,打开"动作"面板就可以为该帧编写代码。当在帧中编写代码时,"动作"面板顶部的选项卡会提示"动作-帧"代码,如图 9-5 所示。添加代码后的帧上会出现一个小写的 a,表示该帧中包含代码,如图 9-6 所示。

图 9-5 "动作-帧"面板

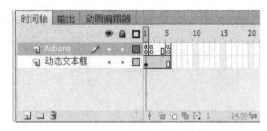

图 9-6 "时间轴"面板效果

2. 在外部 as 文件中编写

虽然支持把代码写在时间轴的帧上,但在实际应用中,如果把很多的代码放在时间轴的帧上,势必会导致代码很难管理。Flash CS5 除了将代码直接写在帧上以外,还可以将 ActionScript 程序代码放在外部的 as 文件中,然后可以使用多种方法将 as 文件中的定义应用到当前的应用程序。特别地,用"类"来组织大量的代码更为合适,因为类代码也是放在 as 文件中的,这样更加倾向于实现代码与美工的分离。

使用 Flash CS5,用户可以轻松创建和编辑外部 as 文件。执行菜单栏中的"文件"→"新建"命令,在"新建文档"对话框中选中"ActionScript 文件"或"ActionScript3.0 类",即可创建一个外部的 as 文件,如图 9-7 所示。单击"确定"按钮,进入脚本编辑界面,即可进行脚本代码的编写。

图9-7　创建外部 as 文件

创建的 ActionScript 编辑器将不再是"动作"面板,它转换成了一种纯文本格式。可以使用任何文本编辑器编辑,而且无需定义 ActionScript 版本,因为最终将被加载到帧中。

> **提示:** 除了使用 Flash IDE(包括"动作"面板与外部 as 文件脚本编辑器),还可以使用 Flex Builder 和专门的第三方编写工具 FlashDevelop、ASDT 等,当然也可用记事本等文本编辑器来编写代码,写完代码后把扩展名改为. as 可以达到同样的效果。如果读者不是很熟悉编程,还是使用 Flash IDE 编写为好,可以使用代码提示功能。

值得注意的是,外部的 as 文件并非全部是类文件,有些是为了管理方便,将帧代码按照功能放置在一个个 as 文件中。使用 include 指令可将 as 文件中的代码导入到当前帧中。指令格式如下:

include "[path]filename. as";

不但可以在帧代码中使用 include 指令,也可以在 as 文件中使用 include 指令,但不能在 ActionScript 类文件中使用。

include 可以对要包括的文件不指定路径、指定相对路径或指定绝对路径。as 文件必须位于下列三个位置之一:

(1) 与 fla 文件位于同一个目录。

(2) 位于全局 include 目录中,该目录路径为:C:\\Documents and Settings\\用户\\Local Settings\\Application Data\\Adobe\\Flash CS5\语言\\Configuration\\include。

(3) 位于下面的目录下:C:\\Program Files\\Adobe\\Adobe Flash CS5\语言\\First Run\\include。如果在此目录下保存一个文件,则在下次启动 Flash 时,会将此文件复制到全局 include 目录中。若要为 as 文件指定相对路径,使用单个点(.)表示当前目录,使用两个点(..)表示上一级目录,并使用正斜杠(/)来指示子目录。

五、ActionScript 简单应用

下面通过一个简单的例子,学习如何在"动作"面板中编写 ActionScript 代码,让文档测试运行时输出一句话。操作步骤如下:

(1) 新建 Flash ActionScript3. 0 文档,所有属性保持默认参数。

(2) 选择"图层1"的第1帧,按【F9】键打开"动作-帧"面板,输入如下脚本:trace("欢迎您

进入 AS3 世界!"),如图 9-8 所示。

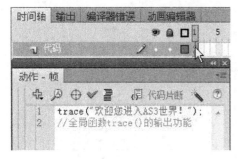

图 9-8　输入脚本

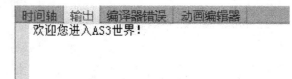

图 9-9　输出语句

（3）保存并测试影片,会发现在"输出"面板中输出"欢迎您进入 AS3 世界!",如图 9-9 所示。

任务二　ActionScript3.0 基础

计算机语言和人类的语言一样,都有自己的指令与语法结构,在编写程序时必须按照其语法编写,这样计算机才能读懂它所表达的含义。ActionScript 是 Flash 独有的计算机语言,它也有自己的指令与语法,只有了解它的语言与语法,才能运用 ActionScript 语句对 Flash 交互动画进行控制。语法、数据类型、变量、运算符和语句构成了编程语言的基础。下面将通过有关的测试代码,介绍 ActionScript3.0 中的语法、数据类型、变量、函数、运算符以及语句等,为以后的面向对象编程打下一个坚实的基础。

学习要点

1. 了解 ActionScript 语法规则。
2. 了解 ActionScript 数据类型。
3. 认识 ActionScript 常量和变量。
4. 熟悉 ActionScript 运算符和表达式。
5. 掌握 ActionScript 语句和函数的使用。

知识准备

一、ActionScript 语法

ActionScript 语法是指在编写和执行 ActionScript 语句时必须遵循的规则。ActionScript3.0 语句的基本语法包括点语法、标点符号、字母的大小写、关键字与注释等。

1. 点语法

点语法是由于在语句中使用了一个点运算符"."而得名的,它是基于"面向对象"概念的语法形式。点运算符主要用于下面几个方面:

（1）采用对象后面跟点运算符和属性名称（方法）来引用对象的属性（方法）。例如一个影

片剪辑的实例名称为 cir_mc,它的 x 轴坐标值属性为 100,那么这条语句可以写为 cir_mc. x＝100。

（2）可以采用点运算符表示包路径,如 flash. display. MovieClip。

（3）可以使用点运算符描述显示对象的路径。

2. 标点符号

在 Flash 中常用的标点符号是:分号(;)、逗号(,)、冒号(:)、小括号(())、中括号([])和大括号({})。这些标点符号在 Flash 中都有各自不同的作用,可以帮助定义数据类型、终止语句或者构建 ActionScript 代码块。

（1）分号(;):ActionScript 语句用分号(;)字符表示语句结束,如:stop();。

（2）逗号(,):逗号主要用于分割参数,比如函数的参数、方法的参数等。

（3）冒号(:):冒号主要用于为变量指定数据类型。

（4）小括号(()):小括号在 ActionScript3.0 中有两种用途。在数学运算方面,可以用来改变表达式的运算顺序;在表达式运算方面,可以结合逗号运算符,来优先计算一系列表达式的结果并返回最后一个表达式的结果。

（5）中括号([]):中括号主要用于数组的定义和访问。

（6）大括号({}):大括号主要用于编程语言程序控制,函数和类中。

3. 字母的大小写

ActionScript3.0 是一种区分大小写的语言。大小写不同的标识符会被视为不同变量或函数。例如,下面的代码中"myname"和"myName"是创建的两个不同的变量:

var myname:String;

var myName:String;

4. 关键字

在程序开发过程中,不要使用与 Flash 的各种内建类的属性名、方法名或与 Flash 的全局函数名同名的标识符作为变量名或函数名。此外在 Flash 中还有一些称为"关键字"(表 9-1)的语句,它们是保留给 ActionScript 使用的,是 Flash 语法的一部分,它们在 Flash 中具有特殊的意义,不能在代码中将它们用作标识符,否则编译器会报错。例如,if、new、with 等都属于关键字。

表 9-1　ActionScript 关键字

break	else	instanceof	typeof
case	for	new	var
continue	function	return	void
default	if	switch	while
delete	in	this	with

5. 注释

注释可以向脚本中添加说明,便于对程序的理解,常用于团队合作或向其他人员提供范例信息。Flash 在执行的时候会自动跳过注释语句。ActionScript3.0 代码支持两种类型的注释:单行注释和多行注释。

单行注释以两个正斜杠字符(//)开头并持续到该行的末尾。例如：

//以下为 ActionScript3.0 的一条输出语句。

trace("1234"); //输出:1234

多行注释以一个正斜杠和一个星号(/*)开头,以一个星号和一个正斜杠(*/)结尾。例如：

/* 这是一个可以跨

　　多行代码的多行注释 */

二、数据类型

数据类型用于描述变量或动作脚本元素可以存储的信息种类。很多程序语言都提供了一些标准的基本数据类型,例如逻辑型、字符型、整型、浮点型等。ActionScript 的数据类型极其丰富,并且允许用户自定义类型。

ActionScript 的数据类型分为简单数据类型和复杂数据类型。

(一) 简单数据类型

简单数据类型是构成数据的最基本元素。具体分为以下几种数据类型：

1. String 数据类型

String 数据类型是诸如字母、数字和标点符号等字符的序列,放于双引号之间,也就是说,把一些字符放置在双引号之间就构成了一个字符串。例如：

yourname= "fang ming";

在上面的例子中变量 yourname 的值就是引号中的字符串"fang ming"。

2. Number 数据类型

Number 数据类型中包含的都是数字,所有数据类型的数据都是双精度浮点数。数据类型可以使用算术运算符如加(+)、减(−)、乘(*)、除(/)、求模(%)、递增(++)和递减(−−)来处理运算,也可以使用内置的 Math 对象的方法处理数字。

3. int 数据类型

int 数据类型是介于 $-2\,147\,483\,648(-2^{31})$ 和 $2\,147\,483\,647(2^{31}-1)$ 之间的 32 位整数。早期的 ActionScript 版本仅提供 Number(数字)数据类型,该数据类型既可用于整数又可用于浮点数。在 ActionScript3.0 中,如果不使用浮点数,那么使用 int 数据类型来代替 Number 数据类型会更快更高效。

4. uint 数据类型

uint 数据类型是 32 位的整数数据类型,其数值范围是 $0\sim4\,294\,967\,295(2^{32}-1)$。

提示: Number、int、uint 都是数值数据类型,但是它们却有不同的应用范围,对于浮点型数值可以选用 Number 数据类型,对于带负数的整数可以选用 int 数据类型,对于正整数就可以选用 uint 数据类型。

5. Boolean 数据类型

Boolean 数据类型只有两个值,即 true(真)和 false(假),Flash 动作脚本也会根据需要将 Boolean 数据 true 和 false 转换为 1 和 0。

6. null 数据类型

null 数据类型可以被认为是变量，它只有一个值，即 null。此值意味着"没有值"，即缺少数据。在很多情况下可以指定 null 值，以指示某个属性或变量尚未赋值。

7. undefined 数据类型

undefined 数据类型也可以被认为是变量，它只有一个值，即 undefined。可以使用 undefined 数据类型检查是否已设置或定义某个变量。

（二）复杂数据类型

ActionScript 包含很多的复杂数据类型，并且用户也可以自定义复杂的数据类型，所有的复杂数据类型都是由简单数据类型组成的。

1. void 数据类型

void 数据类型仅包含一个值——undefined，用来在函数定义中指示函数不返回值。例如下面的代码：

//创建返回类型为 void 的函数

function myFunction()：void{ }

2. Array 数据类型

在编程中，常常需要将一些数据放在一起使用，例如一个班级所有学生的姓名，这个清单就是一个数组。在 ActionScript 中数组是极为常用的数据结构。

Array 就是数组，是 ActionScript 中较为复杂的数据类型，它也是内建的一个核心类，其属性由标识该数组结构中位置的数字来表示。实际上，Array 是一系列项目的集合。

数组可以是连续数字索引的数组，也可以是复合数组。数组中的元素很自由，可以是 String、Number 或 Boolean，甚至是复杂的数据类型。例如下面的代码为创建一个简单的星期数组 arrWeek：

var arrWeek：Array= new Array()；//使用 new 运算符创建 Array 类的实例

var arrWeek：Array= new Array("星期一","星期二","星期三")；//给数组元素赋值

var arrWeek：Array= new Array["星期一","星期二","星期三"]；//给数组元素赋值

3. Object 数据类型

Object(对象)是一些属性的集合，每个属性都有名称和值，属性的值可以是任何的 Flash 数据类型，也可以是 Object 数据类型，这样就可以将对象相互包含，或"嵌套"它们。要指定对象和它们的属性，可以使用点运算符"."。例如：

var person：Object＝new Object()；//使用 new 运算符创建 Object 类的实例

person. age＝25；//为 Object 定义属性并赋值

在上面的例子中 age 是 person 的属性，通过点运算符"."，对象 person 得到了它的 age 属性值。

提示： 经常用作数据类型的同义词的两个词是类和对象。例如：下面几条陈述虽然表达的方式不同，但意思是相同的。

myVariable 的数据类型是 Number。

myVariable 是一个 Number 实例。

myVariable 是一个 Number 对象。

myVariable 是 Number 类的一个实例。

4. MovieClip 数据类型

影片剪辑是 Flash 应用程序中可以播放动画的元件,它也是一个数据类型,同时被认为是构成 Flash 应用的最核心元素。

MovieClip 数据类型允许用户使用 MovieClip 类的方法控制影片剪辑元件的实例。

三、常量和变量

(一)常量

常量可以看作一种特殊的变量,是一个用来表示其值永远不会改变的变量,比如 Math.PI 就是一个常量。任何一种语言都会定义一些内置的常量,ActionScript 语言定义了如下的内建常量。

(1) false:一个表示与 true 相反的唯一逻辑值,表示逻辑假。

(2) true:一个表示与 false 相反的唯一逻辑值,表示逻辑真。

(3) Infinity:表示正无穷大的 IEEE-754 值,trace(1/0)返回 Infinity。

(4) -Infinity:表示负无穷大的 IEEE-754 值,trace(-1/0)返回-Infinity。

(5) NaN:表示 IEEE-754 定义的非数字值,trace(0/0)返回 NaN。

(6) *:指定变量时无类型的。

(7) null:一个可以分配给变量的或由未提供数据的函数返回的特殊值。

(8) undefined:一个特殊值,通常用来指示变量尚未赋值。

ActionScript3.0 中增加了一个 const 关键字,用于自定义常量。使用 const 自定义常量的语法格式为:

const 常量名:数据类型=值;

例如,声明一个 g 为 9.8 的常量:

const g:Number=9.8; //如果试图改变它的值,重新赋新值时将会出现错误

(二)变量

变量在 ActionScript 中用于存储信息,它可以在保持原有名称的情况下使其包含的值随特定的条件而改变。在 ActionScript 中要声明变量,须将关键字 var 和变量名结合使用。譬如:

var i; //声明了一个名为 i 的变量

变量可以是数值类型、字样串类型、布尔值类型、对象类型或影片剪辑类型等多种数据类型,一个变量在脚本中被指定时,它的数据类型将影响变量的改变。

1. 变量的命名规则

一个变量是由变量名和变量值构成,变量名用于区分变量的不同,变量值用于确定变量的类型和数值,在动画的不同位置可以为变量赋予不同的数值。在 Flash CS5 中为变量命名必须遵循以下规则:

(1)变量名必须是一个标识符,标识符开头的第一个字符必须是字母,其后的字符可以是数字、字母或下划线。

(2)变量的名称不能使用 Flash CS5 中 ActionScript 的关键字或命令名称,如 true、false、null 等。

(3)对变量的名称设置尽量使用具有一定含义的变量名。

(4) 它在其范围内必须是唯一的,不能重复定义变量。

2. 变量的赋值

在早期 ActionScript1.0 版本中声明变量时,不需要用户去考虑数据的类型,但自从升级到 ActionScript2.0 以后,声明变量时就要首先声明变量的类型,下面是声明变量的格式:

var variableName:datatype=value;

//variableName 为定义的变量名,datatype 为数据类型,value 为变量值

例如,var name:String= "Jack",age:Number=25;

其含义为:声明了一个字符串型变量 name 和一个数值型变量 age 并对它们赋值。

> **提示:** 在声明变量时,变量的数据类型必须与赋值的数据类型一致,例如变量设置的数据类型是字符,结果却给它赋数字,这样是错误的。此外,对于 ActionScript3.0 的数据类型来说,都有各自的默认值。例如,Boolean 型变量的默认值是 false,int 型变量的默认值是 0,Number 型变量的默认值是 NaN,Object 和 Array 型变量的默认值是 null,String 型变量的默认值是 null,uint 型变量的默认值是 0,* 型变量的默认值是 undefined。

3. 变量的作用域

变量的作用域是指这个变量可以被引用的范围,ActionScript 中的变量可以是全局的,也可以是局部的,全局变量可以被所有时间轴共享,局部变量只能在它自己的代码段中有效(﹛﹜之间的代码段)。

在一个函数的主要部分中运用局部变量是一个很好的习惯,通过定义局部变量可以使这个函数成为独立的代码段,需要在别处使用这个代码段,直接将其调用即可。

四、运算符和表达式

运算符指的是能够提供对常量和变量进行运算的特定符号。在 ActionScript 中有大量的运算符,包括整数运算符、字符串运算符和二进制数字运算符等。表达式是用运算符将常量、变量和函数以一定的运算规则组织在一起的运算式。表达式可以分为算术表达式、字符串表达式和逻辑表达式三种类型。

1. 运算符的类型

在 Flash CS5 中,运算符具体可以分为数字运算符、比较运算符、字符串运算符、逻辑运算符、位运算符、等于运算符和赋值运算符。

1) 数字运算符 数字运算符可以执行加法、减法、乘法、除法运算,也可以执行其他算术运算。各类数字运算符见表 9-2。

表 9-2 数字运算符

运算符	执行的运算	运算符	执行的运算
+	加法	—	减去
*	乘法	++	递增
/	除法	——	递减
%	求模(除后的余数)		

2）比较运算符　　比较运算符用于比较数值的大小,比较运算符返回的是 Boolean 类型的数值:true 和 false。比较运算符通常用于 if 语句或者循环语句中进行判断和控制。各类数字比较运算符见表 9-3。

表 9-3　比较运算符

运算符	执行的运算	运算符	执行的运算
<	小于	<=	小于或等于
>	大于	>=	大于或等于

3）字符串运算符　　字符串运算符用于对两个或两个以上字符串进行连接、连接赋值和比较大小等的运算。各类字符串运算符见表 9-4。

表 9-4　字符串运算符

运算符	执行的运算	运算符	执行的运算
+	连接(合并)	<	小于
+=	连接并赋值	>	大于
==	相等	<=	小于等于
!=	不相等	>=	大于等于
!==	不全等	"	分隔符

4）逻辑运算符　　逻辑运算符是用在逻辑类型的数据中间,也就是用于连接布尔变量,Flash 中提供的逻辑运算符有三种。各类逻辑运算符见表 9-5。

表 9-5　逻辑运算符

运算符	执行的运算	运算符	执行的运算
&&	逻辑"与"	!	逻辑"非"
||	逻辑"或"		

5）位运算符　　位运算符是对数字的底层操作,主要是针对二进制的操作,在 Flash 中提供了七种位运算符。各类位运算符见表 9-6。

表 9-6　位运算符

运算符	执行的运算	运算符	执行的运算
&	按位"与"	<<	左移位
|	按位"或"	>>	右移位
∧	按位"异或"	>>>	左移位填零
~	按位"非"		

6) 等于运算符 使用等于运算符可以确定两个运算数的值或标识是否相等。这个比较运算符会返回一个布尔值。如果运算符为字符串、数字或布尔值,它们会按照值进行比较;如果运算符是对象或数组,它们将按照引用进行比较。各类等于运算符见表9-7。

表9-7 等于运算符

运算符	执行的运算	运算符	执行的运算
==	等于	!=	不等于
===	全等于	!==	不全等

7) 赋值运算符 使用赋值运算符可以为一个变量进行赋值,如下所示:

name ="Tom";

还可以使用复合赋值运算符来联合运算,复合赋值运算符会对两个运算对象都执行,然后把新的值赋给第一个运算对象,如下所示:

i+=50;它也就相当于:i=i+50;

各类赋值运算符见表9-8。

表9-8 赋值运算符

运算符	执行的运算	运算符	执行的运算
=	赋值	<<=	按位左移位并赋值
+=	相加并赋值	>>=	按位右移位并赋值
-=	相减并赋值	>>>=	按位右移位填零并赋值
*=	相乘并赋值	&=	按位"与"并赋值
/=	相除并赋值	|=	按位"或"并赋值
%=	求模并赋值	^=	按位"异或"并赋值

2. 运算符优先级和结合律

在一个语句中使用两个或多个运算符时,一些运算符会优先于其他的运算符。ActionScript 动作脚本按照一个精确的层次来确定首先执行哪个运算符。当两个或多个运算符优先级相同时,它们的结合律会确定它们的执行顺序。结合律的结合顺序可以是从左到右或者从右到左(表9-9)。

表9-9 结合律从右向左

运 算 符 号	意 义	结合规则
?:	三元条件运算符	从右向左
=, *=,/=, +=, -=, &=, |=, ^=,<<=,>>=,>>>=	赋值运算符	从右向左

五、语句和函数

(一)语句

ActionScript 语句就是动作(或者命令),动作可以相互独立地运行,也可以在一个动作内使用另一个动作,从而达到嵌套效果,使动作之间可以相互影响。条件语句及循环语句是制作 Flash 动画时经常用到的两种语句,使用它们可以控制动画的进行,从而达到与用户交互的效果。

1. 条件语句

条件语句用于决定在特定情况下才执行命令,或者针对不同的条件执行具体操作。在制作交互性动画时,使用条件语句,只有当符合设置的条件时,才能执行相应的动画操作。在 Flash CS5 中,条件语句主要有 if…else 语句、if…else if…和 switch 三种。

1) if…else 语句 if…else 语句判断一个控制条件,如果该条件能够成立,则执行一个代码块,否则执行另一个代码块。if…else 语句基本格式如下:

```
if(条件表达式){
  //语句块1
  }
else
  {
  //语句块2
}
```

示例:下面的代码测试分数 score 与 60 大小的判断,如果 score 大于或等于 60,则输出"恭喜您,及格了!",否则输出"很遗憾,您没及格!"。

```
var score:Number=80;
if(score>=60){
    trace("恭喜您,及格了!");
else {
    trace("很遗憾,您没及格!");
}
//测试结果为:"恭喜您,及格了!"
```

2) if…else if…语句 if…else 条件语句执行的操作最多只有两种选择,要是有更多的选择,那就可以使用 if…else if…条件语句(相当于使用多个 if…else 语句)。

示例:根据分数输出等级。

```
var score:Number = 85;
if (score >= 90){
  trace("A");
}
else if (score>= 80){
  trace("B");
}
```

```
else if (score>= 70){
  trace("C");
}
else if (score>= 60){
  trace("D");
}
else{
  trace("E");
}
//测试结果为:B
```

3）switch 语句　switch 语句相等于一系列的 if…else if…语句,但是要比 if 语句清晰得多。switch 语句不是对条件进行测试以获得布尔值,而是对表达式进行求值并使用计算结果来确定要执行的代码块。代码块以 case 语句开头,以 break 语句结尾。switch 语句格式如下:

```
switch (表达式){
    case 常量表达式 1:
        //语句块 1
        break;
    case 常量表达式 2:
        //语句块 2
        break;
    case 常量表达式 3:
        //语句块 3
        break;
    ……
    default:
        // 默认执行的语句块 n+1
    }
```

示例:由 grade 的 A、B、C、D、E 五个等级来判断成绩的分数段。

```
switch (grade) {
    case 'A':
        trace("90 分以上");
        break;
    case 'B':
        trace("80—90 分");
        break;
    case 'C':
        trace("70—79 分");
        break;
    case 'D':
```

```
        trace("60—69 分");
        break;
    default：
        trace("<60 分");
    }
```

2. 循环语句

循环类动作主要控制一个动作重复的次数，或是在特定的条件成立时重复动作。在 Flash CS5 中可以使用 while、do…while、for、for…in 和 for each…in 循环语句创建循环。

1）while 循环语句　while 循环语句是典型的"当型循环"语句，意思是当满足条件时，执行循环体的内容。while 循环语句语法格式如下：

```
while(循环条件) {
    //循环执行的语句块
}
```

示例：if 条件语句与 while 循环语句综合运用。

```
var i:Number=0;
    while(i<=10){
        if(i%3==0){
            i++;
            continue;
        }
    trace(i);
    i++;
    }
```

2）do…while 循环语句　do…while 循环是另一种 while 循环，它保证至少执行一次循环代码，这是因为其是在执行代码块后才会检查循环条件。do…while 循环语句语法格式如下：

```
do {
    //循环执行的语句块
} while (循环条件)
```

3）for 循环语句　for 循环语句是 ActionScript 编程语言中最灵活、应用最为广泛的语句。for 循环语句语法格式如下：

```
for(初始化;循环条件;步进语句) {
    //循环执行的语句块
}
```

4）for…in 和 for each…in 循环语句　for…in 和 for each…in 循环语句都可以用于循环访问对象属性或数组元素。下面分别使用这两种语句来访问对象中的属性。例如下列两种语句均输出 x:20,y:30。

```
//定义一个对象 dx,并添加属性 x 和 y
var dx:Object = {x:20, y:30};
//执行 for 遍历操作
for (var i:String in dx) {
```

```
    //输出属性名称和属性值
    trace("for in 语句输出:"+i + ":" + dx[i]);
}
//定义一个对象 dx,并添加属性 x 和 y
var dx:Object = {x:20, y:30};
//执行 for each 遍历操作
for each (var k:String in dx) {
    //输出属性值
    trace("for each 语句输出:"+k);
}
```

(二) 函数

在程序设计的过程中,函数是一个革命性的创新。利用函数编程,可以避免冗长、杂乱的代码;利用函数编程,可以重复利用代码,提高程序效率;利用函数编程,可以便利地修改程序,提高编程效率。

函数(function)的准确定义为:执行特定任务,并可以在程序中重用的代码块。严格来讲,在 ActionScript 中,"函数闭包"和"方法"都属于函数的范畴。两者的区别在于,函数闭包是指与对象和类无关的函数类型,而方法则是指一个类或对象所包含的函数。在讲解函数时,暂时不明确两者的区别。在 ActionScript 中,函数又分为系统内置函数和用户自定义函数两种。

1. 系统内置函数

1) 预定义函数　又称"全局函数"或"顶级函数",包括控制台输出函数、类型转换函数、转义操作函数及判断函数。各函数及功能见表 9-10。

表 9-10　预定义函数

类别	函数	功　　能
控制台输出函数	trace()	将表达式的值显示在"输出"面板上
类型转换函数	int()	将给定数值转换成十进制整数值,按位右移位并赋值
	uint()	将给定数值转换成无符号十进制整数值,按位右移位填零并赋值
	Boolean()	将一个对象转换成逻辑值
	Number()、String()	将一个对象转换成数字或字符串
	parseInt()	将字符串转换成整数
	parseFloat()	将字符串转换成浮点数
	XML()、XMLList()	将表达式转换成 XML 或 XMLList 对象
转义操作函数	encodeURI()	将文本字符串编码为一个有效的 URI
	decodeURI()	将 URI 解码为文本字符串(反向转义)
	escape()	转换为字符串,并以 URL 格式编码
	unescape()	将一个字符串从 URL 格式中解码(反向转义)

续　表

类别	函数	功　　能
判断函数	isNaN()	判断某个数值是否为数字
	isXMLName()	判断某个数值是否为有限数
	isFinite()	判断字符串是否为 XML 元素或属性值的有效名称

2）包内函数　还有一些函数在一定的包内，包可以理解为本地硬盘中的文件夹，通过文件夹可以管理不同的文件。同样，不同的包可以管理不同的函数和类。如果在时间轴上编程，不用理会函数在哪个包内，但进行类编程时，如果使用包内的函数，必须要先导入包，才能使用这些函数。

3）类中方法　从面向对象编程的角度来说，函数就是方法。在类结构中，也可以通过对函数的再次抽象，形成类中的"方法"，例如：常用于控制影片剪辑回放的"时间轴控制函数"（即 ActionScript 动作脚本命令）就是 MovieClip 类中的方法。时间轴控制函数及功能见表9-11。

表 9-11　时间轴控制函数

函　　数	功　　能
play()	在时间轴中向前移动播放头
stop()	停止时间轴中移动的播放头
stopAllSounds()	在不停止播放头的情况下，停止 SWF 文件当中当前正在播放的所有声音
nextFrame()	将播放头转到下一帧
nextScene()	将播放头转到下一场景的第 1 帧
prevFrame()	将播放头转到上一帧
prevScene()	将播放头转到上一场景的第 1 帧
gotoAndPlay(n,[场景])	将播放头转到场景的第 n 帧并从帧开始播放（场景可省略，n 为要跳转的帧数）
gotoAndStop(n,[场景])	将播放头转到场景的第 n 帧并停止播放（场景可省略，n 为要调整的帧数）

4）其他　如数学函数 Math. random()、Math. sin() 与 Math. ceil() 以及数组函数 concat()、push()、Shift() 等，此处不再赘述。

2. 用户自定义函数

Flash CS5 允许用户自定义函数来满足程序设计的需要。同系统内置函数一样，自定义函数可以返回值、传递参数，也可以在定义函数后被任意调用。

1）函数定义　在 ActionScript3.0 中有两种定义函数的方法：一种是常用的函数语句定义法；另一种是 ActionScript 中独有的函数表达式定义法。原则上，推荐使用常用的函数语句定义法，因为这种方法更加简洁，更有助于保持严格模式和标准模式的一致性。

（1）函数语句定义法是程序语言中基本类似的定义方法，使用 function 关键字来定义，其格式如下：

function 函数名（参数 1：参数类型，参数 2：参数类型，…）：返回类型

```
{
//函数体
}
```

（2）函数表达式定义法有时也称为函数字面值或匿名函数。这是一种较为繁杂的方法，在早期的 ActionScript 版本中广为使用。其格式如下：

var 函数名:Function＝function(参数1:参数类型,参数2:参数类型,…):返回类型

```
{
//函数体
}
```

2）函数调用　要调用自定义函数,直接使用"函数名(参数1,参数2,…,参数n)"方式调用即可。在调用参数时,参数必须严格数量和严格数据类型,并且参数是有顺序的,就像使用预定义函数那样。

例如:定义一个加法函数 addFunc(),计算两个数之和。代码如下:

```
function addFunc(a:Number,b:Number):void
{
    trace(a＋b);
}
addFunc(6,4); //函数调用,输出值 10
```

 典型案例——单个按钮控制影片的播放与停止

本案例制作了一足球在舞台上循环从左向右运动的动画,现通过放置一个按钮,当按钮文字为"停止"时,单击该按钮,可让足球停止运动;当按钮文字为"播放"时,单击该按钮,可让足球继续运动。

➤ 源文件:项目九\典型案例\效果\单个按钮控制足球的运动.fla

设计思路

- 新建文档。
- 界面设计。
- 代码控制。
- 保存和测试影片。

设计思路

创建如图 9-10 所示效果。

操作步骤

1. 新建文档

运行 Flash CS5,选择菜单栏中的"文件"→"新建"→"ActionScript3.0"命令,新建一个

图 9-10　最终设计效果

ActionScript3.0 的 Flash 文档。文档尺寸为"600 像素×300 像素",其他属性保持默认参数。

2. 界面设计

(1) 新建一个图形元件,命名为"足球",进入元件编辑状态,执行菜单栏中的"文件"→"导入"→"导入到舞台"命令,将素材"足球.png"导入到舞台中。

(2) 新建一个影片剪辑元件,命名为"滚动的足球",在其编辑状态创建一足球从左向右滚动的补间动画。"时间轴"面板状态如图 9-11 所示,补间动画的属性设置如图 9-12 所示。

(3) 返回主场景,将"图层 1"重命名为"背景"层,导入"草地背景.jpg"到舞台。

(4) 新建"图层 2"重命名为"足球"层,拖曳库中"滚动的足球"影片剪辑到舞台。

(5) 新建"按钮"层,单击菜单栏中的"窗口"→"组件"命令,打开"组件"面板中,展开"User Interface",拖曳 Button 组件到舞台上。在"属性"面板上设置 Button 组件的实例名称为"an_btn",label 属性值为"停止",如图 9-13 所示。

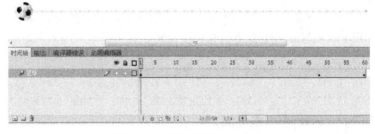

图 9-11 "时间轴"面板状态

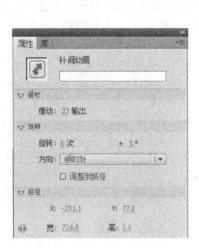

图 9-12 补间动画"属性"设置

图 9-13 组件的"属性"设置

3. 代码控制

新建"AS"层,单击该层的第 1 帧,打开"动作-帧"面板,输入如下脚本:

```
var isPlaying:Boolean;   //注册单击事件的接收者
an_btn. addEventListener(MouseEvent. CLICK,onClick);   //定义事件的接收者;
function onClick(e:MouseEvent)
{ isPlaying = ! isPlaying;   //布尔值取反
```

```
    if (isPlaying)
    {
      zq_mc. stop()；//如果布尔值为 true,停止播放影片剪辑实例
      an_btn. label ＝ "播放"；//将按钮置为"播放"
    }
    else
    {
      zq_mc. play()；//如果布尔值为 false,播放影片剪辑实例
      an_btn. label ＝ "停止"；//将按钮置为"停止"
    }
}
```

主场景"时间轴"面板状态如图 9－14 所示。

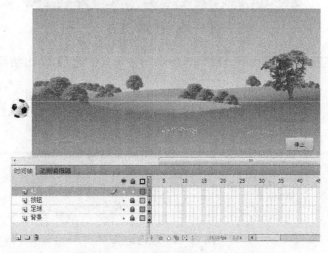

图 9－14　主场景"时间轴"面板状态

4. 保存和测试影片

按【Ctrl＋S】组合键保存影片,按【Ctrl＋Enter】组合键测试影片。

案例小结

　　通过本案例,让读者对 ActionScript 交互式动画有所了解,同时熟悉 ActionScript 代码书写环境和位置,掌握 if…else 语句的使用等编程基础知识。

习题与实训

一、思考题

　　1. 交互的基本概念是什么?

　　2. "动作"面板由哪几部分组成? 简述如何使用"动作"面板撰写脚本。

3. 简述如何使用"代码片断"面板为对象添加动作。

4. 在 Falsh CS5 中如何为帧、按钮以及影片剪辑添加动作？注意 ActionScript2.0 与 ActionScript3.0 下的不同。

5. 如何通过时间轴控制函数，控制影片剪辑的播放？

二、实训题

1. 利用"动作"面板，创建如图 9-15 所示逐字显示"自信阳光，好学向上"的打字机效果。

图 9-15 打字机效果

2. 利用"动作"面板，编写代码计算"1+2+3+…+100"之和，输出结果如图 9-16 所示。

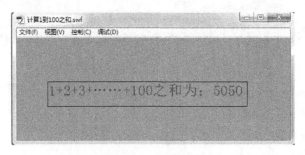

图 9-16 输出结果

3. 利用"动作"面板，编写下列代码计算输出结果。

```
var i:uint=30;
var j:uint=40;
var k:uint=50;
trace(i=j);
trace(i==j);
trace(i==k);
```

4. 利用"代码片断"面板，实现如图 9-17 所示排列对象效果。

图 9-17 单击某对象后，该对象移动到顶层

项目十

ActionScript3.0 编程提高

本项目将针对 Flash ActionScript3.0 交互式动画应用编程进行介绍，通过学习，使读者了解类和对象的基本概念，掌握系统类的调用方法与常用类的编写等知识，熟悉对象的创建和显示层级。在设计开发 Flash 动画作品的同时，还详细介绍了对象的属性、方法、事件的编程技巧。

任务一 ActionScript3.0 类的创建和使用

通过前面的学习，已经熟悉了如何在 Flash CS5 的时间轴上编写代码，那么如何在外部 ActionScript 文件中编写代码，以及如何将时间轴上的代码转换为外部类文件形式，接下来将进一步系统地来学习编写类及外部 as 文件的方法。本任务将着重介绍 ActionScript3.0 中用户自定义类，以及常用类的编写。

学习要点

1. 了解面向对象编程的有关概念。
2. 学会文档类的设置。
3. 掌握元件类、动态类的创建与使用。
4. 通过实例熟悉常用类的编写。

知识准备

一、面向对象编程的有关概念

ActionScript3.0 是为面向对象编程（object oriented programming，OOP）而准备的一种脚本语言。面向对象编程，是 20 世纪 90 年代才流行的一种软件编程方法，被公认为是"自上而下"编程的优胜者。面向对象编程在 Flash 5 已经开始支持，但语法不是业界传统的语言格式；ActionScript2.0 在面向对象的编程上有很大的进步，但是并不完全符合标准，存在很多问题。ActionScript3.0 的推出基本解决了 ActionScript2.0 中存在的问题，并作了很多的改进，使其相对于其他 OOP 语言更简单易学。Flash 面向对象编程涉及类、对象、接口和命名空间等有关概念，在此简单介绍类和对象的基本概念。

（一）类

类（class）就是具有相同或相似性质的对象的抽象，是一群对象（object）所共有的特性和行为。因此，对象的抽象是类，类的具体化就是对象，也可以说类的实例是对象。类具有属性，它是对象的状态的抽象，用数据结构来描述类的属性。类具有操作，它是对象的行为的抽象，用操作名和实现该操作的方法来描述。使用类来存储对象可保存的数据类型，及对象可表现的行为信息。要在应用程序开发中使用对象，就必须准备好一个类，这个过程就好像制作好一个元件并把它放在库中，随时可以拿出来使用。类具有封装、继承和多态三大特性。

1. 封装

封装（encapsulation）的主要特点是数据隐藏。封装隐藏了类的内部实现机制，使用者只需要关心类所提供的功能。例如电视遥控器，使用者并不知道电视遥控器的内部构造以及它如何与电视机交互，但这并不影响使用电视遥控器来收看电视，只需知道按对应的遥控键会产生什么样的功能即可。举个代码例子：

```
package{
    public class Controller{
        public function OpenTV(){
            trace("open tv now");
        }
        public function CloseTV(){
            trace("close tv now");
        }
    }
    conObj＝new Controller();
    conObj.OpenTV();
    conObj.CloseTV();
```

此处定义了一个Controller（遥控器）类，这个类里面有两个实例方法，conObj是实例化出来的一个Controller对象，通过conObj对象调用了OpenTV、CloseTV这两个方法，只需要知道调用OpenTV可以打开电视，调用CloseTV可以关闭电视即可，并不需要知道这两个方法的内部到底是如何实现的。对外部调用者来说隐藏了复杂的内部实现就可以很方便地进行使用；对于开发者来说，可以防止一些数据被非法访问，提高了安全性。

2. 继承

继承（inheritance）是面向对象技术的一个重要概念，也是面向对象技术的一个显著特点。继承是指一个对象通过继承可以使用另一个对象的属性和方法。准确地说，继承的类具有被继承类的属性和方法。被继承的类，称为基类或者超类，也可以称为父类；继承出来的类，称为扩展类或者子类。继承是封装的延伸，若想实现继承必须通过封装才能实现。继承是通过封装进行代码复用的一种方式，是实现多态的基础。

类的继承要使用extends关键字来实现。其语法格式如下：

```
package
    {
```

```
    class 子类名称 extends 父类名称{
    }
}
```

下面的示例创建一个新类 Man,它继承自 Person 类,这样 Man 类就是子类,而 Person 类就是父类。用法示例代码如下：

```
package
    {
        class Man extends Person{
        }
}
```

3. 多态

多态(polymorphism)是指相同的操作或函数、过程可作用于多种类型的对象上并获得不同的结果,实现"一种接口,多种方法"。不同的对象,收到同一消息可以产生不同的结果,这种现象称为多态性。也就是说在父类定义的接口,这种接口的各种具体实现放在它的子类当中,在程序运行的过程中,动态地根据子类的类型来调用这种接口的具体实现。

(二) 对象

ActionScript3.0是面向对象的脚本语言,而面向对象编程中最重要也最难以理解的概念就是"对象"。所谓对象就是将所有一类物品的相关信息组织起来,放在一个称为类(class)的集合里,这些信息被称为属性(properties)和方法(method),然后为这个类创建实体(instance),这些实体就被称为对象(object)。对象具有状态,一个对象用数据值来描述它的状态。对象还有操作,用于改变对象的状态。对象实现了数据和操作的结合,使数据和操作封装于对象的统一体中。如 Flash 中创建的影片剪辑实例就可以看作一个对象,单击这个影片剪辑就可以看作这个对象的事件,影片剪辑的位置(状态)则可以看作对象的属性,而改变影片剪辑的方式则可看作对象的方法(操作)。

1. 属性

属性是对象的基本特性,如影片剪辑的大小、位置、颜色等,它表示某个对象中绑定在一起的若干数据块中的一个。Flash 中可以通过"属性"面板设置,也可以在程序运行以后对它进行控制、设置。对象的属性通用结构为：

对象名称(变量名).属性名称;

如下面的三个语句：

yp_mc. x=200;

yp_mc. y=300;

var ratio:Number=Math. PI;

前两个语句中的 yp_mc 为影片剪辑对象,x 和 y 就是对象的属性,通过这两个语句可以设置名称为 yp_mc 的影片剪辑对象的 x 与 y 轴属性坐标值分别为 200 像素与 300 像素;第三个语句直接访问 Math 的 PI 属性。

2. 方法

方法是指可以由对象执行的操作。如 Flash 中创建的影片剪辑元件,使用播放或停止命令控制影片剪辑的播放与停止,这个播放与停止就是对象的方法。对象的方法通用结构为：

对象名称(变量名).方法名();

对象的方法中的小括号用于指示对象执行的动作,可以将值或变量放入小括号中,这些值或变量称为方法的"参数",如下面的语句:

myMovie_mc.gotoAndPlay(10);

上面语句中的 myMovie_mc 为影片剪辑对象,gotoAndPlay 就是控制影片剪辑跳转并播放的方法名,小括号中的"10"则是执行方法的参数。

再如下面的三条语句:

var myNumber:Number = new Number(123);//创建 Number 类的实例化 myNumber 对象

myNumber.toString(16);//调用 myNumber 对象的 toString 方法

var myValue:Number=Math.floor(5.5);//直接调用 floor 方法

3. 事件

事件是指触发程序的某种机制,例如,单击某个按钮,就会执行跳转播放帧的操作,这个单击按钮的过程就是一个"事件",通过单击按钮的事件激活了跳转播放帧的这项程序。在 ActionScript3.0 中,每个事件都由一个事件对象表示。事件对象是 Event 类或其某个子类(鼠标类 MouseEvent、键盘类 KeyBoardEvent、时间类 TimerEvent 和文本类 TextEvent 等)的实例。事件对象不但存储有关特定事件的信息,还包含便于操作事件对象的方法。例如,当 Flash Player 检测到鼠标单击时,它会创建一个事件对象(MouseEvent 类的实例)以表示该特定鼠标单击事件。

为响应特定事件而执行的某些动作的技术称为"事件处理"。在执行事件处理 ActionScript 代码中,包含三个重要元素:

1) 事件源 发生该事件的是哪个对象,例如,哪个按钮会被单击,或哪个 Loader 对象正在加载图像。这个按钮或 Loader 对象就称为事件源。

2) 事件 将要发生什么事情,以及希望响应什么事情。如单击按钮或鼠标移到按钮上,这个单击或鼠标移到就是一个事件。

3) 响应 当事件发生时,希望执行哪些步骤。

在 ActionScript3.0 中编写事件侦听器代码会采用以下基本结构:

function eventResponse(eventObject:EventType):void

    {

//此处是为响应事件而执行的动作

    }

eventTarget.addEventListener(EventType.EVENT_NAME,EventResponse);

此代码执行两个操作:首先,它定义一个函数,这是指定为响应事件而执行的动作的方法。接下来,调用对象的 addEventListener()方法,实际上就是为指定事件"订阅"出函数,以便当该事件发生时,执行该函数的动作。当事件实际发生时,事件目标将检查其注册为事件侦听器的所有函数和方法的列表,然后依次调用每个对象,以将事件对象作为参数进行传递。

在以上代码中 eventResponse 为函数的名称,用户可以自己定义;EventType 是为所调度的事件对象指定相应的类名称;EVENT_NAME 为指定事件相应的常量;eventTarget 为事件目标的名称,如为按钮实例 tz_btn 设置事件,则上面代码中的 eventTarget 写为 tz_btn。如下面代码是单击按钮实例 tz_btn 后执行跳转播放当前场景第 10 帧的操作。

function playmovie(event:MouseEvent):void

```
    {
      gotoAndPlay(10);
    }
```

tz_btn. addEventListener(MouseEvent. MOUSE_UP,playmovie);

二、系统类的使用

ActionScript3.0 中的类如果想被外部访问,所有的类都必须放在包(package)中。包用于划分访问控制和实现模块化功能,用包来对类进行分类管理,相当于文件系统的目录。Flash CS5 中提供了很多类,按类别被放置于不同的包中,这些包中包含了系统内置的类和函数等,见表 10 - 1。

表 10 - 1　系统包中的类

顶　级	包含 ActionScript 核心类和全局函数
adobe. utils 包	包含供 Flash 创作工具开发人员使用的函数和类
fl. accessibility 包	包含支持 Flash 组件中的辅助功能的类
fl. containers 包	包含加载内容或其他组件的类。其中包括 BaseScrollPane,该类是所有滚动组件、ScrollPane 和 UILoader 的基础。包含单元格的组件(如 List 或 DataGrid)位于 fl. controls 包中
fl. controls. data-GridClasses 包	包含 DataGrid 组件用于维护和显示信息的类。这些类特定于 DataGrid,不能为其他任何组件所用
fl. controls. listClasses 包	包含 List 组件用于维护和显示数据的类。这些类并非特定于 List 组件;扩展 SelectableList 类(DataGrid 类除外)的任何组件都可以使用这些类
fl. controls. progressBarClasses 包	包含特定于 ProgressBar 组件的类。当前,此包中只包含默认 IndeterminateBar 类,该类用于当 ProgressBar 不确定时控制其显示
fl. controls 包	包含顶级组件类,如 List、Button 和 ProgressBar。此包中还包含所有基于列表的组件所扩展的抽象类,如 SelectableList。还可以在此包中找到用于定义组件所使用的常量的类,或者支持单个组件的类
fl. core 包	包含与所有组件有关的类
fl. data 包	包含处理与组件关联的数据的类
fl. events 包	包含特定于组件的事件类
fl. lang 包	包含支持多语言文本的 Locale 类
fl. livepreview 包	包含特定于组件在 Flash 创作环境中的实时预览行为的类
fl. managers 包	包含管理组件和用户之间关系的类。某些管理器类用于管理状态(如 FocusManager 类);其他管理器类用于管理样式(如 StyleManager 类)。还可以在此包中找到为管理器类提供帮助的接口
fl. motion. easing 包	包含可与 fl. motion 类一起用来创建缓动效果的类。"缓动"是指动画过程中的渐进加速或减速,它会使动画看起来更逼真。此包中的类支持多个缓动效果,以加强动画效果

续表

顶　级	包含 ActionScript 核心类和全局函数
fl. motion 包	包含一些函数和类，它们可以合并描述补间动画的 XML 并将该补间应用于显示对象
fl. transitions. easing 包	包含可与 fl. transitions 类一起用来创建缓动效果的类。"缓动"是指动画过程中的渐进加速或减速，它会使动画看起来更逼真。此包中的类支持多个缓动效果，以加强动画效果
fl. transitions 包	包含一些类，可通过它们使用 ActionScript 来创建动画效果。可以将 Tween 和 TransitionManager 类作为主要类以在 ActionScript3.0 中自定义动画
fl. video 包	包含用于处理 FLVPlayback 和 FLVPlaybackCaptioning 组件的类
flash. accessibility 包	包含可用于支持 Flash 内容和应用程序中的辅助功能的类
flash. display 包	包含 Flash Player 用于构建可视显示内容的核心类
flash. error 包	包含的错误类是 Flash Player 应用程序编程接口（API）的一部分，而不是 ActionScript 核心语言的一部分。在 ActionScript3.0 中，异常是用于报告运行时错误的主要机制。错误事件是异步操作过程（例如调用 Loader. load()方法）中遇到错误时使用的次要机制
flash. events 包	支持新的 DOM 事件模型，并包含 EventDispatcher 基类
flash. external 包	包含可用于与 Flash Player 的容器进行通信的 ExternalInterface 类
flash. filters 包	包含用于位图滤镜效果的类。使用滤镜可以应用丰富的视觉效果来显示对象，例如模糊、斜角、发光和投影
flash. geom 包	包含 geometry 类（如点、矩形和转换矩阵）以支持 BitmapData 类和位图缓存功能
flash. media 包	包含用于处理声音和视频等多媒体资源的类。它还包含 Flash Media Server 中可用的视频和音频类
flash. net 包	包含用于在网络中发送和接收的类，如 URL 下载和 Flash Remoting
flash. printing 包	包含用于打印基于 Flash 的内容的类
flash. profiler 包	包含用于调试和分析 ActionScript 代码的函数
flash. system 包	包含用于访问系统级功能（例如安全、垃圾回收等）的类
flash. text 包	包含用于处理文本字段、文本格式、文本度量、样式表和布局的类。高级锯齿消除功能可通过 flash. text. TextFormat 以及 flash. text. TextRenderet 类用于 Flash Player 8 和更高版本
flash. ui 包	包含用户界面类，如用于与鼠标和键盘交互的类
flash. utils 包	包含实用程序类，如 ByteArray 等数据结构
flash. xml 包	包含 Flash Player 的旧 XML 支持以及其他特定于 Flash Player 的 XML 功能

在这些包的类中，有些在绝大多数的 Flash 应用程序中都会使用到，而且无需导入就可以使用，这些类也称为顶级类（或核心类）。顶级类按照不同的功能封装了一些函数和变量，用于不同的数据运算，例如字符串运算、数学运算、数值转化、格式化等。

在"动作"面板的工具栏中,这些 ActionScript 顶级类位于"顶级"节点下,如图 10-1 所示。这些类的实现被包含在 ActionScript 解释器 Flash Player 中,直接使用即可。

图 10-1 系统顶级类

其中,顶级类有 28 个,根据其内在的逻辑联系将其分为七类,详见表 10-2。

表 10-2 顶级类的划分

类别	关 键 字	说 明
根类	Object	所有类都是从根类直接或间接继承
语言结构	Class, Function, Namespace, arguments	一些 ActionScript3.0 语言元素相关的类
基本类型	int, Boolean, Number, String, uint	基本数据类型
常用复杂类型	Array, Date, RegExp	最常用的几种类型
XML 相关类	XML, XMLList, Qname	处理 XML 数据的相关类
异常类	Error, ArgumentError, DefinitionError, EvalError, RangeError, RefernceError, SecurityError, SyntaxError, TypeError, URIError, VerifyError	异常类 Error,及其几个经常用到的运行时异常类
工具类	Math	所有成员都是静态方法的工具类。由于数学运用最频繁,所以将其提到了顶级包

三、用户类的创建

在 ActionScript3.0 中,每个对象都是由类定义的。可将类视为某一类对象的模板或蓝图，它定义了对象的结构和操作数据的方法。用户可以自定义类，类定义中可以包括变量和常量以及方法，前者用于保存数据值，后者是封装绑定到类的行为的函数。存储在属性中的值可以是基元值，也可以是其他对象。基元值是指数字、字符串或布尔值。

（一）类的基本结构

ActionScript3.0 中类的基本结构如下：

```
package [包名]
{
    // import 类包；
    public class 类名
        { //构建类
          //访问控制符 静态属性
        //访问控制符 静态方法
        //访问控制符 实例属性
        public function 类名()
            {//构造函数
            //函数代码
            }
            //实例方法
            public function 方法名()
            {
        }
        }
    }
```

由上可以看出 ActionScript3.0 中的类由 class 的名称和包路径、构造函数、属性（包括实例属性和静态属性）、方法（包括实例方法和静态方法）构成。

下面的示例创建一个 Man 类作为 Person 的子类，该类有两个实例属性 name 和 age，有两个实例方法 walk()和 say()。代码如下：

```
package net.jrnl.cn
{
    import net.jrnl.cn.Person;//导入 Person 类
    public class Man extends Person
    {
        public var name:String="jrnl";
        public var age:int=35;
        public function walk():void
            {
                trace("男人走路有力量!");
                }
        public function say():void
```

```
            {
                trace("男人说话直截了当!");
            }
        }
    }
```

（二）类的基本要素

在 ActionScript3.0 中类是最基本的编程结构，所以必须先掌握编写类的基础知识。关于类必须弄清楚以下元素：

1. Object 类

所有的类（无论是内置类还是用户自定义的类）都是从 Object 类派生的。以前在 ActionScript 方面有经验的程序员一定要注意到 Object 数据类型不再是默认的数据类型，尽管其他所有类仍从它派生。

2. as 文件

所有的类都必须放在扩展名为 as 的文件中，每个 as 文件里只能定义一个 public 类，且类名、构造函数名要与.as 的文件名相同。为与其他类内函数区分，一般首字母大写。

3. 包路径

包路径其实说简单点就是这个类文件所放的位置。业界习惯是使用域名来定义包路径，比如 com. kinda. book. display。假设现在一个项目是放在 d:\\exam 这个文件夹里面，那么上面写的这个 Man 类就应该放在 d:\\exam\\net\\jrnl\\cn 路径下面，取名 Man. as 即可（注意：类的文件名应该跟类名一样）。包路径相对于类路径（class path），默认的类路径就是项目的根目录。

4. 包的导入

使用一个类之前，必须先导入这个类所在的包，即使使用全饰路径，也必须先导入包（顶级类除外）。在 Flash CS5 文档时间轴上写代码时，flash. * 默认是自动导入的，可不用手动导入（import）。

在 ActionScript3.0 中，要使用某一个类文件，就需要先导入这个类文件所在的包，也就是要先指明要使用的类所在的位置。

通常情况下，包的导入有如下三种情形：

（1）明确知道要导入哪个包，直接导入单个的包。例如说要创建一个绘制对象，那么只需导入 Display 包中的 Shape 包即可。代码如下：

import flash. display. Shape；

（2）不知道具体要导入的类，使用通配符"＊"导入整个包。例如需要一个文本的控制类，但是并不知道该类的具体名称，那么就可以使用通配符进行匹配，一次导入包内的所有类。具体使用代码如下：

import flash. text. ＊；

但一般为了程序的清晰，建议少用，而是直接写清楚导入类的包名。

（3）要使用同一包内的类文件，则无需导入。例如现在有多个类位于计算机中的同一个目录下，则这些类在互相使用的时候，不需要导入，直接使用即可。

如果导入的不同包中有同名的类，则需要在声明使用时使用全饰路径，即：

new 完整包路径. 类名( );

5. 构造函数

构造函数是一个特殊的函数, 就是这个类被实例化时执行的函数。其创建的目的是为了在创建对象的同时初始化对象, 即为对象中的变量赋初始值。

在 ActionScript3.0 编程中, 创建的类可以定义构造函数, 也可以不定义构造函数。如果没有在类中定义构造函数, 那么编译时编译器会自动生成一个默认的构造函数, 这个默认的构造函数为空。构造函数可以有参数, 通过参数传递实现初始化对象操作。

下面的示例列出两种常用的构造函数代码:

```
//空构造函数
public function Sample()
{
}
//有参数的构造函数
public function Sample(x:String)
{
//x 为形参, 同样可以使用... rest 运算符载入不同个数的参数, 实现类似重载的功能
//初始化对象属性
}
```

构造函数只能返回 undefined 值, 遇到 return 时, 其下的代码将终止执行。

6. 类的实例化

类是为了使用而创建的, 要使用创建好的类, 必须通过类的实例来访问它的属性和方法。要创建类的实例, 可使用 new 运算符和类名称构造函数来创建类的实例。其用法格式为:

var 类引用名称:类名称=new 类名称构造函数( );

下面的示例创建了 Date 类的一个名为 myBirthday 的实例。

var myBirthday:Date( )=new Date( );

> **提示**: 有一些类, 它是唯一的, 没有具体的个体对象, 也就无需实例化, 如 ActionScript 中内建的 Math 类就属于这种类型, 直接使用就可以了。例如下面的代码:
>
> var area:Number=Math. PI * radius * radius;

7. 静态属性和静态方法

静态属性和静态方法类似于动态网页语言中的 Application, 由于具有某种唯一性, 因而是无需实例化就可以调用的属性和方法。

1) 静态属性

static var 属性:数据类型;

static var 属性:数据类型 = 值;

public static var 属性:数据类型;

public static var 属性:数据类型 = 值;

不加访问控制符时, 默认是 internal。如果要声明静态常量, 需要配合使用 static 和 const, 格式如下:

static const 属性:数据类型 = 值;

2）静态方法

访问控制符 static function 方法名(形参):返回值类型

{

　//方法内容

}

3）访问静态属性和静态方法

类名.属性;

类名.方法;

为了避免与类内成员变量冲突,访问静态属性及方法时,即使在类体内访问也最好用"类名.属性"的格式来写。

8. 实例属性和实例方法

实例属性和实例方法类似于动态网页语言中的 session,不同的类实例(对象)中的实例属性可以有不同值。

1）实例属性

访问控制符 var 属性名:数据类型;

访问控制符 var 属性名:数据类型 = 值;

访问控制符可以是 internal、public、private、protect 或者自定义的 namespace 标识,默认为 internal。在 ActionScript3.0 中,使用访问控制说明符来控制代码的可见度(访问权限)。访问控制说明符从"毫无限制"到"严格限制"的顺序是:

public　　　　完全公开

protected　　在 private 的基础上,允许子类访问

internal　　　包内可见,包外不可见

private　　　类内可见

2）实例方法

访问控制符 function 方法名(形参):返回值类型

　{

　//方法内容

　}

3）访问实例属性和实例方法

对象.属性|方法名;

四、用户类的使用

在 ActionScript3.0 中,创建好的类一般有四种使用方法:使用 include 指令导入外部类;作为文档类进行文档类绑定;作为库中元件的类进行绑定;使用主类和辅助类结合的动态类。

（一）include 类

 应用实例 1——制作鼠标拖曳动画效果

Flash 动画中使用鼠标实现交互效果是非常普遍的。在本例中,通过对 MouseEvent 类的

调用,实现对影片剪辑"小球"的拖曳。

➤ 源文件:项目十\应用实例\应用实例 1\drag_sjz.fla

操作步骤如下:

(1) 运行 Flash CS5,执行菜单栏中的"文件"→"新建"命令,新建一个 Flash 文档,在弹出的"新建文档"对话框中选择"ActionScript3.0",如图 10 - 2 所示,单击"确定"按钮。

图 10 - 2 "新建文档"对话框

(2) 在场景中绘制或导入一个图形,本例中使用的是圆球,按【F8】键将其转换为影片剪辑,并在"属性"面板中将其实例名称命名为"circle_mc"。

(3) 新建图层,重命名为"代码"层。单击其第 1 帧,打开"动作"面板,在其中输入如下代码:

```
//以下为 drag_include.as 代码
//设置当光标移到 circle_mc 上时显示手形
circle_mc.buttonMode = true;
//侦听事件
circle_mc.addEventListener(MouseEvent.CLICK,onClick);
circle_mc.addEventListener(MouseEvent.MOUSE_DOWN,onDown);
circle_mc.addEventListener(MouseEvent.MOUSE_UP,onUp);
//定义 onClick 事件
function onClick(event:MouseEvent):void{
    trace("ActionScript3.0 代码时间轴上测试");
}
//定义 onDown 事件
function onDown(event:MouseEvent):void{
    circle_mc.startDrag();
}
```

//定义 onUP 事件

```
function onUp(event:MouseEvent):void{
        circle_mc.stopDrag();
}
```

"时间轴"面板状态如图 10-3 所示。

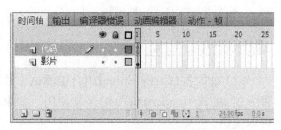

图 10-3　"时间轴"面板状态

（4）将文档保存为 drag_sjz.fla，完成动画制作。按【Ctrl＋Enter】组合键测试动画，拖动鼠标可实现对影片剪辑"小球"的拖曳。这里采用的仍是以前的将 ActionScript 代码写在主时间轴的关键帧上。

　应用实例 2——使用 include 指令导入外部类

为了使动画方便修改，并增加其安全性，可以将代码程序写在一个 ActionScript 文件（扩展名为.as）中。在 ActionScript3.0 中，使用 include 指令可以用来导入外部类，从而实现动画效果。

下面仍通过上个例子来了解如何编写 as 文件中的代码，以及如何把 as 文件中的代码导入到时间轴中。

➤ 源文件：项目十\应用实例\应用实例 2\include 类\drag_include.fla

操作步骤如下：

（1）打开上个案例源文件 drag_sjz.fla，单击"代码"层的第 1 帧，按下【F9】键，打开"动作-帧"面板，将此帧上的代码全部选中，按下【Ctrl＋X】组合键剪切掉。

（2）执行菜单栏中的"文件"→"新建"→"ActionScript 文件"命令，新建一个 ActionScript 文件，如图 10-4 所示。按下【Ctrl＋V】组合键将刚剪切掉的代码粘贴上，保存名为 drag_include.as，并与 drag_include.fla 在同一路径下。

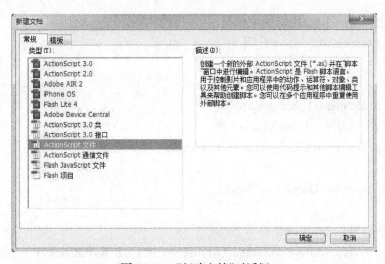

图 10-4　"新建文档"对话框

（3）回到 drag_include. fla 文件中，在其"代码"层的第 1 帧上输入如下代码：

include "drag_include. as";

> **提示**：导入命令在 ActionScript3. 0 中是 include，而在 ActionScript3. 0 以前的版本是 ♯include。

（4）此时按【Ctrl＋Enter】组合键测试影片即可以看到与时间轴上测试时相同的结果。此种方式，在 ActionScript1. 0 时经常使用。如果读者仍习惯这种方式，在 ActionScript3. 0 中仍可以使用。

（二）文档类

自从 Flash 编程到了 ActionScript3. 0 时代，Flash 进入了完全面向对象的开发过程，面向对象意味着模块独立，意味着界面和程序独立。ActionScript2. 0 时代很多代码都写在主时间轴的关键帧上，查找维护很复杂，而 ActionScript3. 0 主时间轴代码可以利用文档类来实现。文档类是 ActionScript3. 0 的新特色，该特色是为实现代码与文档分离而设计的。文档类其实就是主时间轴代码，只不过它被写成了一个类文件。仍使用上例来说明问题。

> 源文件：项目十\文档类\drag_DocumentClass. fla

操作步骤如下：

（1）打开上个实例源文件 drag_include. fla，将其另存为 drag_DocumentClass. fla 文件。

（2）新建一个 ActionScript 文件。

> **提示**：除了利用新建的"ActionScript 文件"来编写类之外，也可以选择菜单栏中的"文件"→"新建"→"ActionScript3. 0 类"命令，新建一个带有类结构模板的 ActionScript3. 0 类文件，向其中输入代码。

现在将上面的例子中的代码抽象成类，具体代码如下：

```
//以下为 DocumentClass. as 代码
package
{
  import flash. display. MovieClip;
import flash. events. MouseEvent;
public class DocumentClass extends MovieClip
  {
    public function DocumentClass()
      {
        this. buttonMode = true;
        this. addEventListener(MouseEvent. CLICK,onClick);
        this. addEventListener(MouseEvent. MOUSE_DOWN,onDown);
        this. addEventListener(MouseEvent. MOUSE_UP,onUp);
```

```
        }
        private function onClick(event:MouseEvent):void
            {
            trace("ActionScript3.0 文档类测试");
            }
        private function onDown(event:MouseEvent):void
            {
            this.startDrag();
            }
    private function onUp(event:MouseEvent):void
            {
            this.stopDrag();
        }
    }
}
```

　　(3) 将其保存为 DocumentClass.as 文件,并与 drag_DocumentClass.fla 源文件存储于同一目录下。

　　提示:因为将类的名称设置为 DocumentClass,所以此类文件一定要保存为 DocumentClass.as 文件。此外,为了保证文件运行正常,要将 fla 源文件中的"代码"层上的脚本代码删除,否则将会报错。

　　(4) 回到 drag_DocumentClass.fla 文件,在"属性"面板"文档类"文本框中输入类名"DocumentClass"(注意:不用带后缀.as),如图 10-5 所示。

　　(5) 按【Ctrl+Enter】组合键测试影片,会发现"输出"面板输出了"ActionScript3.0 文档类测试!"。

　　提示:其实文档类可以保存到用户硬盘任意未加密的位置让 Flash 来调用,并不需要与源文件放在一起,这就需要类的包路径设置了。

图10-5 "属性"面板文档类设置

 典型案例 1——利用文档类制作"鼠标跟随效果"

　　本案例通过创建用户自定义的类来制作一个上下运动的鼠标小玩具。通过本案例的制作,使读者掌握类的创建和文档类的设置方法。

　　➤ 源文件:项目十\典型案例 1\文档类\MouseToy.fla

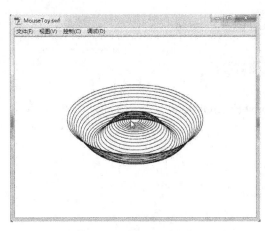

图 10 - 6　最终设计效果

- 新建文档。
- 创建类。
- 设置文档类。
- 测试影片。

设计思路

创建如图 10 - 6 所示效果。

操作步骤

1. 新建文档

运行 Flash CS5,新建一个 Flash ActionScript3.0 文档,文档属性保持默认参数,并将其另存为 MouseToy. fla 文件。

2. 创建类

新建一个 ActionScript 文件或 ActionScript3.0 类文件,向其中输入如下脚本代码:

```
//以下为 MouseToy. as 代码
package
{
    import flash. display. * ;
    import flash. events. * ;
    public class MouseToy extends MovieClip
    {
    private var circles:Array;
    public function MouseToy()
    {
      //初始化
      circles = [];
      for (var i:int = 0; i<30; i++)
      {
       var c:Sprite = makeCircle();
       c. x = stage. stageWidth/2;
       c. y = stage. stageHeight/2;
       c. scaleX = 1+i/2;
       c. scaleY = 0.5+ i/4;
       addChild(c);
       circles. push(c);
     }
    addEventListener(Event. ENTER_FRAME,onLoop);//进入帧事件
    }
```

```
//私有方法
private function onLoop(evt:Event):void
{
    circles[0].y+= (mouseY-circles[0].y)/4;
    for (var i:int = 1; i<circles.length; i++)
    {
        var pre:Sprite = circles [i-1];
        circles [i].y += (pre.y-circles [i].y)/4;
    }
}
private function makeCircle():Sprite
{
    var s:Sprite = new Sprite();
    with (s.graphics)
    {
        lineStyle(0,0x000000);
        drawCircle(0,0,10);
    }
    return s;
}
}
}
```

将该文件保存为 MouseToy.as,并与 MouseToy.fla 文件存储于同一目录下。

3. 设置文档类

返回到 Document_class.fla 文件,在"属性"面板的"文档类"框中输入"MouseToy",如图 10-7 所示。

4. 测试影片

按【Ctrl+Enter】组合键测试影片,完成本例的制作。

案例小结

通过本案例的学习,使读者掌握 ActionScript3.0 文档类的设置,同时本案例也综合运用了数组、进入帧事件以及绘图(画线、画圆)等编程基础知识。

（三）元件类

元件类的作用实际上是为 Flash 动画中的元件指定一个链接类名,它与 include 指令的不同之处在于,元件类使用的类结构要更为严格,且有别于通常的在时间轴上书写代码的方式。与 fla 文件库中的影片剪辑进行绑定时,每个影片剪辑只能绑定一个类。

图 10-7 "属性"面板文档类设置

　　仍使用上例来说明问题。现要将小圆球的拖动功能封装起来，这样不论创建多少可以拖动的小球，都会变得很轻松，只需要创建它的实例并显示出来即可。

➤ 源文件：项目十\文档类\drag_SymbolClass. fla

　　操作步骤如下：

　　（1）打开上个实例源文件 drag_DocumentClass. fla，将其另存为 drag_SymbolClass. fla 文件。

　　（2）打开上个实例类文件 DocumentClass. as，将其另存为 SymbolClass. as 文件，并与 drag_SymbolClass. fla 文件在相同目录下。

　　（3）在源文件 drag_SymbolClass. fla 中打开"库"面板，右击影片剪辑"圆球"，从弹出的快捷菜单中选择"属性"命令，如图 10 - 8 所示。打开"元件属性"对话框，在"高级"的"链接"项下，勾选"为 ActionScript 导出"复选框，在"类"文本框中输入类"SymbolClass"，即让类与元件相关联，如图 10 - 9 所示。

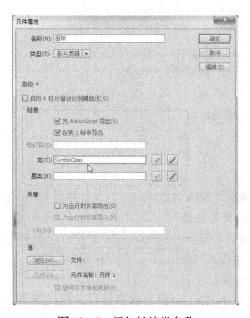

图 10 - 8　设置链接属性　　　　　　　　**图 10 - 9　添加链接类名称**

　　（4）此时测试影片，会看到与上例中相同的结果。

> **提示：** 点击类旁边的笔 ✎，也可以进行编写元件的类（当然这里的类可以是用户已经写好的，直接将类的名字填到这里即可）。此外，场景中仍要保证 circle_mc 的存在，因为在代码中并没有动态地加载 circle_mc，同时这个例子中并没有使用 ActionScript3. 0 的文档类特性。

　典型案例 2——利用元件类制作"下雨效果"

➤ 源文件：项目十\典型案例 2\元件类\下雨效果.fla

设计思路

- 新建文档。
- 新建影片剪辑。
- 创建元件类。
- 编写控制脚本。
- 保存和测试影片。

设计效果

创建如图 10-10 所示效果。

图 10-10 最终设计效果

操作步骤

1. 新建文档

运行 Flash CS5,新建一个 Flash ActionScript3.0 文档,并设置文档尺寸为"400 像素×550 像素",其他属性保持默认参数。

2. 新建影片剪辑

按【Ctrl+F8】组合键,新建影片剪辑"雨滴",进入其编辑状态。新建"雨"层,利用"线条工具" ▨ 绘制雨滴,在第 1 帧和第 11 帧间创建雨滴斜向下落的补间形状动画,如图 10-11 所示。再新建"水花"层,利用"椭圆工具" ▨ 绘制圆圈,在第 11 帧和第 16 帧间创建水花溅起水波荡漾开来的补间形状动画,如图 10-12 所示。

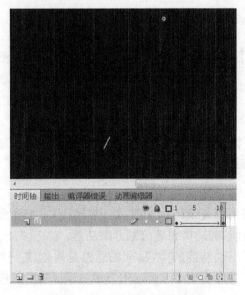

图 10-11 下雨补间形状动画

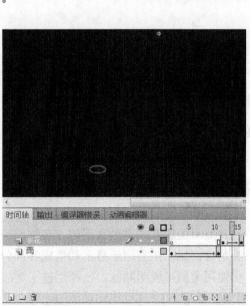

图 10-12 水花补间形状动画

3. 创建元件类

打开"库"面板,鼠标右击影片剪辑"雨滴",从弹出的快捷菜单中选择"属性"命令,打开"元件属性"对话框,在"高级"的"链接"项下,勾选"为 ActionScript 导出"复选框,在"类"文本框中

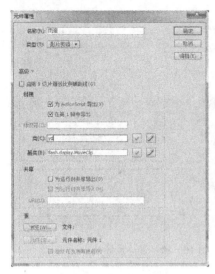

图 10 - 13　创建元件类

输入类名"yd"，如图 10 - 13 所示，单击"确定"按钮。上面的操作，实际是创建一个名为"yd"的类。

4. 编写控制脚本

返回主场景，将"图层 1"重命名为"背景"，执行菜单栏中的"文件"→"导入"→"导入到舞台"命令，选择一张背景图片，将其导入到舞台中。然后新建"代码"层，单击该层的第 1 帧，打开"动作"面板，输入如下代码：

```
var sj:Timer = new Timer(Math. random() * 500 +
500,100);//100 为雨滴数量,读者可尝试修改该值
sj. addEventListener (TimerEvent. TIMER,sjcd);
    function sjcd (event:TimerEvent)
    {
        var yd_mc:yd=new yd();//yd 类的实例化
        addChild(yd_mc);//添加到显示列表
        yd_mc. x = Math. random() * 550;
        yd_mc. y = Math. random() * 200;
        yd_mc. alpha = Math. random() * 1 + 0.2;
        yd_mc. scaleX = Math. random() * 0.5 + 0.5;
        yd_mc. scaleY = Math. random() * 0.5 + 0.5;
    }
sj. start();//启动计时器
```

5. 保存和测试影片

保存文档为"下雨效果. fla"，按【Ctrl＋Enter】组合键测试影片，就可以看到雨滴下落溅起水波的效果。

案例小结

通过本案例的学习，使读者掌握如何通过元件类动态加载库中的元件实例到舞台上显示的方法，并进一步熟悉利用 Timer 事件来控制动画。

（四）动态类

此种编写类的方式是最常用的。在制作一些比较复杂的程序时，往往需要由主类和多个辅助类组合而成。主类用于显示和集成各部分功能，辅助类封装分割开的功能。

仍使用上例来说明问题。已经创建了封装了拖动功能的类，目前的思路是再创建一个主类，用来显示这 20 个具有拖动功能的小球。将主类命名为 DocumentClass. as，封装后的拖动球功能辅助类命名为 Drag_class. as。

➤ 源文件：项目十\动态类\drag_DynamicClass. fla

操作步骤如下：

（1）新建一个 ActionScript 文件，将其保存为 DocumentClass. as 文件，向其中输入如下脚本代码：

```
//以下为 DocumentClass. as 代码
package {
    import flash. display. MovieClip;
    public class DocumentClass extends MovieClip {
        // 属性
    private var _circle:Drag_circle;
        private const maxBalls:int = 20;
        //构造函数
        public function DocumentClass(){
            var i:int;
        // 循环创建小球
            for(i=0;i<=maxBalls; i++){
                // 创建可拖动小球的实例
                _circle = new Drag_circle();
                // 设置小球实例的一些属性
                _circle. scaleY = _circle. scaleX = Math. random();
                // 场景中的 x,y 位置
                _circle. x= Math. round(Math. random() * (stage. stageWidth
            - _circle. width));
            _circle. y= Math. round(Math. random() * (stage. stageHeight
            -     _circle. height));
            // 在场景上显示
                addChild(_circle);
        }
    }
  }
}
```

（2）再新建一个 ActionScript 文件，将其保存为 Drag_circle. as 文件，向其中输入如下脚本代码：

```
//以下为 Drag_circle. as 类代码
package {
    import flash. display. Sprite;
    import flash. events. MouseEvent;
    public class Drag_circle extends Sprite {
        public function Drag_circle(){
            this. buttonMode = true;
            this. addEventListener(MouseEvent. CLICK,onClick);
            this. addEventListener(MouseEvent. MOUSE_DOWN,onDown);
            this. addEventListener(MouseEvent. MOUSE_UP,onUp);
        }
```

```
        private function onClick(event:MouseEvent):void{
            trace("ActionScript3.0动态类测试");
        }
        private function onDown(event:MouseEvent):void{
            this.startDrag();
        }
        private function onUp(event:MouseEvent):void{
            this.stopDrag();
        }
    }
}
```

(3) 打开之前所用过的 drag_DocumentClass.fla,将其另存为 drag_DynamicClass.fla 文件,并与 DocumentClass.as 和 Drag_class.as 类文件所在目录相同。

(4) 打开"库"面板,选中库中的小球,右击影片剪辑"圆球",从弹出的快捷菜单中选择"属性"命令,在"高级"的"链接"项下,勾选"为 ActionScript 导出",在"类"处输入类"Drag_class"。注意与上面的元件类不同之处在于,不需要让场景中有任何内容,因为已在主类 DocumentClass.as 中动态地加载和显示了 circle_mc。在 drag_DynamicClass.fla 中的主场景中,在"属性"面板中的"文档类"文本框中输入主类"DocumentClass"。

(5) 按【Ctrl+Enter】组合键测试影片,最终效果如图 10-14 所示。

图 10-14 最终效果

 典型案例 3——利用动态类制作"下雪效果"

➤ 源文件:项目十\典型案例 3\动态类\下雪效果.fla

设计思路

● 新建文档。

- 新建影片剪辑。
- 创建类。
- 元件与类文件绑定。
- 编写主时间轴脚本。
- 保存和测试影片。

设计效果

创建图 10-15 所示效果。

图 10-15　最终设计效果

操作步骤

1. 新建文档

运行 Flash CS5，新建 ActionScript3.0 文档，设置文档尺寸为"750 像素×502 像素"，其他属性保持默认参数，并将该文档保存为"下雪效果. fla"。

图 10-16　"颜色"面板设置

2. 新建影片剪辑

（1）按【Ctrl＋F8】组合键新建影片剪辑元件"snow"，绘制一个宽、高均为 26.5 像素的正圆，填充颜色为从"♯FFFFFF"（白色，alpha＝100%）到"♯FFFFFF"（白色，alpha＝0%）的"径向渐变"，如图10-16 所示。

（2）返回主场景，将默认"图层 1"重命名为"背景"层，导入一张背景图片。

3. 创建类

新建一个 ActionScript 文件或 ActionScript3.0 类，并在其中输入如下脚本：

```
package
{
 import flash. display. * ;
 import flash. events. * ;
 public class SnowFlake extends MovieClip
    {
 var radians = 0;
 var speed = 0;
 var radius = 5;
 var stageHeight;
 public function SnowFlake (h:Number)
       {
        speed =.01＋.5 * Math. random();
        radius =.1＋2 * Math. random();
        stageHeight = h;
```

```
                    this.addEventListener (Event.ENTER_FRAME,Snowing);
           }
                function Snowing (e:Event):void
                   {
                   radians += speed;
                   this.x += Math.round(Math.cos(radians));
                   this.y += 2;
                   if (this.y > stageHeight)
                      {
                      this.y =-20;
                      }
                   }
             }
       }
```

保存该文件为 SnowFlake.as,并与 Flash 文档位于同一目录下。

4. 元件与类文件绑定

返回 Flash 文档,打开"库"面板,右击影片剪辑"snow",从弹出的快捷菜单中选择"属性"命令,打开"元件属性"对话框,在"高级"的"链接"项下,勾选"为 ActionScript 导出"复选框,在"类"文本框中输入类"SnowFlake",单击"确定"按钮。

5. 编写主时间轴脚本

在"背景"层上方新建一个图层,重命名为"AS3"层。选择该层的第 1 帧,打开"动作"面板,输入如下代码:

```
import SnowFlake;
function DisplaySnow ()
{
for (var i:int=0; i<30; i++)
   {
      var _SnowFlake:SnowFlake = new SnowFlake(300);
      this.addChild (_SnowFlake);
      _SnowFlake.x =Math.random() * 600;
      _SnowFlake.y =Math.random() * 400;
      _SnowFlake.alpha = 0.2+Math.random() * 5;
      var scale:Number = 0.3+Math.random() * 2;
      _SnowFlake.scaleX =_SnowFlake.scaleY =scale;
      }
}
DisplaySnow();
```

6. 保存和测试影片

按【Ctrl+S】组合键保存影片,按【Ctrl+Enter】组合键测试影片,完成动画的制作。

案例小结

本案例通过动态类制作下雪效果。其实 Flash 中制作下雨、下雪效果的方法有多种,读者可尝试使用其他方法来制作。

(五)不使用库元件的动态类

在前面动态类的实例中使用的是已创建好的影片剪辑,并在库中进行了类的链接,对于一些有复杂图形的动画是比较好的选择,如果应用 Drawing API 绘制出想要的图形,那么也可以不使用库元件,可以直接在类中编写脚本代码。

很显然,不使用库元件,就需要在类中直接使用 Drawing API 来绘制,类的结构和动态类是相同的。

➤ 源文件:项目十\不使用库元件的动态类\drag_DynamicClass2.fla

操作步骤如下:

(1) 打开上个实例源文件 drag_DynamicClass.fla,将"库"面板中的元件"圆球"删除,并将其另存为 drag_DynamicClass2.fla 文件。

(2) 新建一个 ActionScript 文件,向其中输入如下代码:

```
package
{
    import flash.display.MovieClip;
    public class DocumentClass extends MovieClip
    {
        private var _circle:Drag_circle;
        private const maxBalls:int = 20;
        public function DocumentClass()
        {
        var i:int;
        for (i=0; i<=maxBalls; i++)
        {
            _circle = new Drag_circle();
            _circle.scaleY = _circle.scaleX = Math.random();
            _circle.x=      Math.round(Math.random()*(stage.stageWidth      -
_circle.width));
            _circle.y=Math.round(Math.random()*(stage.stageHeight      -
_circle.height));
            addChild(_circle);
        }
    }
    }
}
```

将该文件保存为 DocumentClass.as,且与 drag_DynamicClass2.fla 文件在相同目

录下。

（3）再次新建一个 ActionScript 文件，向其中输入如下代码：

```
package
{
    import flash. display. Sprite;
    import flash. display. Shape;
    import flash. events. MouseEvent;
    public class Drag_circle extends Sprite
    {
        private var _circle:Sprite;
        public function Drag_circle()
        {
            _circle = new Sprite();// 构造函数
            _circle. graphics. beginFill(0xff0000); //红色小球;
            _circle. graphics. drawCircle(-5, -5, 40); // 绘制一个半径为 40 的圆形;
            _circle. graphics. endFill();
            _circle. buttonMode = true;
            addChild(_circle);//将对象添加到显示列表
            _circle. addEventListener(MouseEvent. CLICK,onClick);
            _circle. addEventListener(MouseEvent. MOUSE_DOWN,onDown);
            _circle. addEventListener(MouseEvent. MOUSE_UP,onUp);
        }
        private function onClick(event:MouseEvent):void
        {
            trace("不使用库元件的 AS3. 0 动态类测试");
        }
        private function onDown(event:MouseEvent):void
        {
            _circle. startDrag();
        }
        private function onUp(event:MouseEvent):void
        {
            _circle. stopDrag();
        }
    }
}
```

将该文件保存为 Drag_circle. as,也与 drag_DynamicClass2. fla 文件在相同目录下。

（4）返回 drag_DynamicClass2. fla 文件，在"属性"面板中的"文档类"文本框中输入类"DocumentClass"。

（5）按【Ctrl+Enter】组合键测试影片，最终效果如图 10-17 所示。

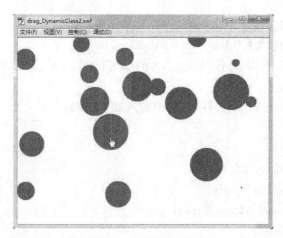

图 10 - 17 最终效果

（六）使用"类包"

一般来说，一个 as 文件中就是一个类，但是在 ActionScript3.0 中，允许在一个文件中定义多个类，用来辅助主类。但是类包内只能定义一个类，此为主类，主类的名称一定要和类文件的名称相同，这个类是供外部使用的。在类包之外，还可以定义多个类，此为辅助类，这些类的名称和类文件的名称不同，而且只能由当前文件中的主类和其他辅助类访问。它的基本结构如下：

```
package
{
  class MyMainClass
  {
    function MyMainClass()
    {
      var AidedClass:MyAidedClass=new MyAidedClass();
    }
  }
}
class MyAidedClass{
    function MyAidedClass()
    {
    var AidedClass:AidedClassAided=new AidedClassAided();
    }
}
class AidedClassAided{
  function AidedClassAided()
  {
    }
```

```
    }
```
下面使用"类包"来实现上个实例的功能,具体操作步骤如下:

➤ 源文件:项目十\使用"类包"\drag_Main&AidedClass.fla

(1) 打 开 上 个 实 例 源 文 件 drag_DynamicClass2.fla,并 将 该 文 件 另 存 为 drag_Main&AidedClass.fla。

(2) 新建一个 ActionScript 文件,向其中输入如下代码:

```
package
{
    import flash.display.MovieClip;
    import flash.display.Sprite;
    import flash.events.MouseEvent;
    // Document Class
    public class DocumentClass extends MovieClip
    {
    private var _circle:Drag_circle;
    private const maxBalls:int = 20;
    public function DocumentClass()
    {
        var i:int;
        for (i=0; i<=maxBalls; i++)
    {
        _circle = new Drag_circle();
        _circle.scaleY = _circle.scaleX = Math.random();
        _circle.x=        Math.round(Math.random() * (stage.stageWidth
_circle.width));
        _circle.y=Math.round(Math.random() * (stage.stageHeight        −
_circle.height));
            addChild(_circle);
        }
    }
    }
}
    import flash.display.Sprite;
    import flash.events.MouseEvent;
    class Drag_circle extends Sprite {
    private var _circle:Sprite;
    public function Drag_circle()
    {
    _circle = new Sprite();
    _circle.graphics.beginFill(0xff0000);
```

```
_circle. graphics. drawCircle(-5, -5, 30);
_circle. graphics. endFill();
addChild(_circle);
this. buttonMode = true;
_circle. addEventListener(MouseEvent. CLICK,onClick);
_circle. addEventListener(MouseEvent. MOUSE_DOWN,onDown);
_circle. addEventListener(MouseEvent. MOUSE_UP,onUp);
}
private function onClick(event:MouseEvent):void
{
    trace("AS3.0 使用类包测试!");
}
private function onDown(event:MouseEvent):void
{
    _circle. startDrag();
}
private function onUp(event:MouseEvent):void
    {
    _circle. stopDrag();
    }
}
```

将该文件保存为 DocumentClass. as。

（3）返回 drag_Main&AidedClass. fla 文件,测试影片,最终效果如图 10 - 18 所示。

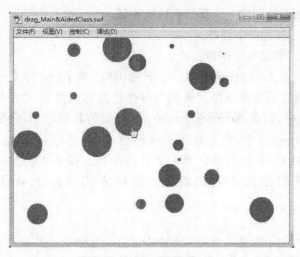

图 10 - 18 最终效果

任务二　ActionScript3.0 面向对象编程

学习要点

1. 学会创建和显示对象。
2. 熟悉常用对象的属性、方法和事件。
3. 掌握 ActionScript3.0 面向对象的编程。

知识准备

一、创建与显示对象

对象是类的实例化。Flash 中的对象有两种存在形式：一个是全局对象，另一个是实例对象。全局对象不需要创建，这些对象已经创建好，可以在任何时候调用，比如在实际应用中，Math 数学对象不用创建，直接可以使用，它是全局对象。而实例对象需要创建，比如 Sound 对象就需要创建。

1. 创建对象

在 ActionScript2.0 创建对象时，通常使用如下方式：

(1) createEmptyMovieClip：创建一个空的影片剪辑。

(2) createTextField：创建一个文本域。

而在 ActionScript3.0 中都是通过构造类的实例的方式来创建对象的。

(1) new MovieClip()：创建一个新的空的影片剪辑。

(2) new Sprite()：创建一个新的空的影片精灵。

(3) new TextField()：创建一个新的空的文本域。

(4) new Shape()：创建一个画布。

(5) new Sound()：创建一个声音。

ActionScript2.0 与 ActionScript3.0 对于库中已有的元件处理方式也不同：在 ActionScript2.0 中，通常要为库中的元件命名一个链接标识符 id，然后使用 attachMovie()方法来将它加载到场景中；而在 ActionScript3.0 中，仍要为其指定 id，只是该 id 是作为一个类的名称。在 ActionScript3.0 中，当指定了类名称后，这个类可以有，也可以没有，如果没有编写类文件，在编译时 Flash 会自动创建一个构造函数。接下来仍要在代码中使用 new 类名称()构造类实例的方式来创建对象。这种方式实际上就是 ActionScript2.0 的 attachMovie()。

> **提示：** 从 ActionScript2.0 迁移到 ActionScript3.0，有很多重要的概念、类及对象的属性、方法和事件发生了变化，在构建应用程序时要特别注意。

2. 添加到显示对象列表

当创建完对象后，并不会立即显示在场景中，若要想让它显示处理，则需要将其加入到"容器类"的显示列表中,在 ActionScript3.0 中使用的是 addChild()方法或者 addChildAt()方法。如果要将显示了的对象重新不显示,将其移除"容器类"中即可,使用的是 removeChild()方法或 removeChildAt()方法。

二、对象属性编程

1. 坐标

1) Flash 坐标系　Flash 中也存在一个和笛卡儿坐标系类似的坐标系,但是这个坐标系和笛卡儿坐标系又有一些重要的不同点。Flash 的坐标系如图 10-19 所示。

坐标系说明:

x 轴和 y 轴:Flash 中也存在 x 轴和 y 轴,其 x 轴与笛卡儿坐标系相同,都是从左到右,值逐渐增加。但是其 y 轴与笛卡儿坐标系不同,其 y 轴是从上到下,值逐渐增加。该坐标系中的点同样使用坐标(x, y)来表示,两个坐标轴的交点(0, 0)也是坐标原点。

角度:该坐标系的角度也是从 $+x$ 轴开始,但与笛卡儿坐标系的角度相反,其角度为顺时针旋转,角度逐渐增大。旋转一周为 360°。

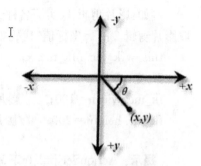

图 10-19　Flash 坐标系

> **提示**:在 Flash 坐标系中,旋转(rotation)的角度范围为 $-180° \sim +180°$。

坐标象限:为了便于比较,还采用和笛卡儿坐标系相同的象限分法。

2) 舞台上的坐标　以舞台的左上角为坐标原点,向右逐渐增大,向下逐渐增大。舞台坐标系如图 10-20 所示。

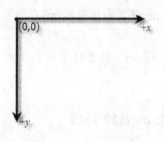

图 10-20　舞台坐标系

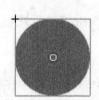

图 10-21　对象自身的坐标系

3) 对象自身的坐标　选中舞台上的对象,按【F8】键转换为元件,在弹出的对话框中的"注册点"即为对象的坐标点,也称为它的原点。对象自身的坐标系如图 10-21 所示。

2. 获取对象的 X、Y 坐标

例如选中舞台上的矩形对象,按【F8】键转换为影片剪辑元件,实例名称命名为"fk_mc";新建图层,重命名为"代码"层,单击其第 1 帧,打开"动作"面板,输入如下代码:

```
fk_mc.x;//获取对象的 X 坐标(坐标值很精确)
fk_mc.y;//获取对象的 Y 坐标
```

提示：ActionScript2.0 下 X、Y 坐标属性分别为"_x"、"_y"。

3. 设置对象的 X、Y 坐标

fk_mc. x＝0；

fk_mc. y＝0；//使得对象的坐标原点和舞台坐标原点重合

4. 获取对象内部坐标

例如：影片剪辑 1(实例名称为"wfk_mc")包含影片剪辑 2(实例名称为"nfk_mc")，要想获取影片剪辑 2 的 x 坐标值，代码如下：

this. wfk_mc. nfk_mc. x；

5. 宽、高属性

fk_mc. width＝100；　　//影片剪辑元件对象 fk_mc 的宽度为 100px

fk_mc. height＝200；　　//影片剪辑元件对象 fk_mc 的高度为 200px

提示：ActionScript2.0 下影片剪辑的宽、高属性分别为"_width"、"_height"；"舞台"的宽、高属性分别为"Stage. _width"、"Stage. _height"，ActionScript3. 0 下分别为"stage. stageWidth"、"stage. stageHeight"(注意字母大小写)。

6. 缩放属性

fk_mc. scaleX＝0.5；　　//将影片剪辑元件对象 fk_mc 沿着 X 缩小为原来的一半

fk_mc. scaleY＝1.5；　　//将影片剪辑元件对象 fk_mc 沿着 X 放大为原来的 1. 5 倍

提示：ActionScript2.0 下缩放属性分别为"_xscale"、"_yscale"。

7. 透明度属性

fk_mc. alpha＝0.5；//将影片剪辑元件对象 fk_mc 设置为半透明(值介于 0 和 1 之间)

提示：ActionScript2.0 下透明度属性分别为"_alpha"，且值介于 0 和 100 之间。

8. 旋转属性

fk_mc. rotation＝45；//将影片剪辑元件对象 fk_mc 旋转 45 度

提示：ActionScript2.0 下旋转属性为"_rotation"。

 应用实例 3——鼠标单击影片剪辑对象后，对象的属性发生变化(位置移动)

➤ 源文件：项目十\应用实例\应用实例 3\鼠标单击移动对象. fla

提示：有关影片剪辑(MovieClip)的属性、方法和事件放在 flash. display. MovieClip 类包中，读者也可从"动作"面板的动作"工具"面板中进行查找与输入，如图 10-22 所示。

图 10 - 22　利用动作"工具"面板查找和输入代码

三、对象方法编程

(一) 控制影片剪辑回放

如果在 Flash 动画中不设置任何 ActionScript 动作脚本,Flash 是从开始到结尾播放动画的每一帧。如果想自由地控制动画的播放、停止以及跳转,可以通过 ActionScript 动作脚本中的 play、stop、goto 等命令(又称类方法)完成。这些命令是 Flash 中最基础的 ActionScript 动作脚本应用,都是用于控制影片播放的。

1. 停止影片剪辑——stop()方法

1) 停止舞台上的动画

➤ 源文件:项目十\应用实例\停止 MC. fla

2) 停止影片剪辑内的动画

➤ 源文件:项目十\应用实例\停止 MC2. fla

3) 通过按钮控制影片停止　如果想通过单击按钮,实现上述影片剪辑"bx_mc"的停止播放,可以在舞台上放置一实例名称为"tz_btn"的按钮,然后在主场景时间轴的第 1 帧上添加如下代码:

```
function playmovie(event:MouseEvent):void
{//创建名称为 playmovie 函数
    this. bx_mc. stop();//停止影片剪辑 bx_mc 的播放
}
tz_btn. addEventListener(MouseEvent. CLICK,playmovie);
//为按钮添加单击的侦听事件
```

2. 播放影片剪辑——play()方法

与停止影片剪辑类似,只需将 stop()方法替换为 play()方法即可。

3. 帧跳转——nextFrame()和 prevFrame()方法

使用 nextFrame()和 prevFrame()动作命令可以控制 Flash 动画向后或向前播放一帧后停止。下面的代码就是单击 tz_btn 的按钮控制影片剪辑 bx_mc 向后播放一帧并停止播放。

```
function playmovie(event:MouseEvent):void
{
        bx_mc. nextFrame();
}
tz_btn. addEventListener(MouseEvent. CLICK,playmovie);
```

但是播放到影片的最后一帧或最前一帧后,则不能再循环回来继续向后或向前播放了。

4. 转到并停止/转到并播放——gotoAndStop()和 gotoAndPlay()方法

使用 goto 命令可跳转影片到指定的帧或场景,跳转后执行的命令有两种:gotoAndPlay 和 gotoAndStop,这两个命令用于控制动画跳转播放或跳转停止播放指定的帧(标签)或场景中的帧(标签)处。

如下面的语句:

```
function playmovie(event:MouseEvent):void
{
        gotoAndStop("end","场景2"); //此处 end 为帧标签
}
zdtz_btn. addEventListener(MouseEvent. CLICK,playmovie);
```

上面的语句表示单击实例名称为"zdtz_btn"的按钮后,动画从当前场景跳转到"场景2"的名称为"end"帧标签处并停止播放。

 应用实例 4——控制"影片剪辑的回放"

通过脚本控制影片剪辑动画从头播放到结尾,然后再从结尾到头逆向播放,如此循环。
➢ 源文件:项目十\应用实例\应用实例 4\MC 的回放. fla

(二)拖放影片剪辑——startDrag()和 stopDrag()方法

1. 在整个舞台上拖放影片剪辑
➢ 源文件:项目十\应用实例\拖放 MC. fla

2. 在指定范围内拖放影片剪辑,鼠标移到范围外停止
➢ 源文件:项目十\应用实例\指定范围内拖动 MC. fla

(三)加载库中元件——addChild()方法
➢ 源文件:项目十\应用实例\加载库中元件. fla

 应用实例 5——向舞台中添加多个实例

➢ 源文件:项目十\应用实例\应用实例 5\向舞台中添加多个实例. fla

(四)网站链接——navigateToURL()方法

Flash 中如果需要创建超链接,则需要通过 ActionScript 动作脚本 flash. net 包中的函数

navigateToURL 完成。navigateToURL 函数的书写格式为：

public function navigateToURL(request：URLRequest，window：String＝null)：void

如下面的语句：

function playmovie(event：MouseEvent)：void{

navigateToURL (new URLRequest("http：//www. flash8. net")，"_blank")；}

nav_btn. addEventListener(MouseEvent. CLICK，pLaymovie)；

上面的语句表示单击实例名称为"nav_btn"的按钮后，在新的浏览器窗口中打开 http：//www. flash8. net 网页。

（五）加载 Flash 作品

1. 加载远程 Flash 作品——load()方法

➤ 源文件：项目十\应用实例\加载远程 Flash 作品. fla

2. 加载本地 Flash 作品——URLRequest()方法

➤ 源文件：项目十\应用实例\加载本地 Flash 作品. fla

 典型案例 4——制作"加载进度条"

➤ 源文件：项目十\典型案例 4\加载进度条 Loading. fla

设计思路

- 新建文档。
- 制作进度条。
- 编写控制脚本。
- 测试影片。

设计效果

创建如图 10-23 所示效果。

图 10-23　最终设计效果

操作步骤

1. 新建文档

运行 Flash CS5，新建一个 Flash ActionScript 3.0 文档，文档属性保持默认参数。

2. 制作进度条

（1）将"时间轴"面板中的"图层 1"重命名为"进度条底色"，绘制一个宽高为"448 像素×24 像素"的矩形，笔触颜色为"红色"，填充颜色为"无"。

（2）新建"图层 2"重命名为"进度条"，选择"进度条底色"层上的矩形框，按【Ctrl＋C】组合键复制，然后单击"进度条"层，按【Ctrl＋Shift＋V】组合键粘贴到该层上，再利用"任意变形工具"调整大小，使其宽、高稍微比"进度条底色"层上的矩形框小一些，最后按【F8】键转换为影片剪辑元件，名称为"进度条"。

（3）双击"进度条"影片剪辑，填充渐变色，如图 10-24 所示。

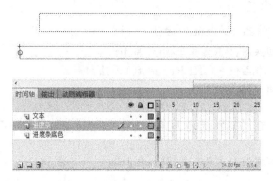

图 10-24 填充渐变色

（4）返回场景，利用"属性"面板设置其宽度为"1"，实例名称为"jdt_mc"。

（5）在"进度条"层之上新建"文本"层，绘制一动态文本框，实例名称为"wb_txt"。时间轴和舞台效果如图 10-25 所示。

图 10-25 时间轴和舞台效果

3. 编写控制脚本

新建"代码"层，单击该层第 1 帧，打开"动作"面板，输入如下脚本：

```
import flash. net. URLRequest;
import flash. display. Loader;
import flash. events. ProgressEvent;
import flash. display. LoaderInfo;
var jz:URLRequest = new URLRequest("http://www. flash8. net/uploadFlash/67/
flash8net_66560. swf ");
//声明加载的远程路径
var jzdx:Loader=new Loader();//创建加载对象
jzdx. load(jz);
//加载和显示对象；
addChild(jzdx);
jzdx. contentLoaderInfo. addEventListener(ProgressEvent. PROGRESS,jzhs);
//加载过程中的事件；
function jzhs(event:ProgressEvent)
{
    var jzjd:LoaderInfo = LoaderInfo(event. target);//加载进度的相关信息
    var zzj = jzjd. bytesTotal;//总字节数
    var yjz = jzjd. bytesLoaded;//已加载字节数
    wb_txt. text = "影片已加载:" + int(yjz / zzj) * 100 + "% ";
```

　　jdt_mc. scaleX ＝ int(yjz / zzj);

　　//trace("已加载:"＋yjz＋ "总字节:"＋zzj);

}

jzdx. contentLoaderInfo. addEventListener(Event. COMPLETE,jzwchs);

//加载完成的事件;

function jzwchs(event:Event)

{

　　trace("影片已加载完毕!");

}

4. 测试影片

按【Ctrl＋Enter】组合键测试影片,完成本例的制作。

案例小结

　　本案例制作了一个外部影片的加载进度条 Loading。通过本案例的学习,希望读者以此为基础制作出加载自己作品的进度条。

四、对象事件编程

　　ActionScript3.0 使用单一事件模式来管理事件,所有的事件都位于 flash. events 包内,其中构建了 20 多个 Event 类的子类,用来管理相关的事件类型。在本任务介绍常用的鼠标事件(MouseEvent)、键盘事件(KeyboardEvent)、时间事件(TimerEvent)和帧循环事件(ENTER_FRAME)。

　　(一)鼠标事件

　　在 ActionScript3.0 之前的语言版本中,常使用 on(press)或者 onClipEvent(mousedown)等方法来处理鼠标事件。而在 ActionScript3.0 中,统一使用 MouseEvent 类来管理鼠标事件。在使用过程中,无论是按钮还是影片事件,统一使用 addEventListener 注册鼠标事件。此外,若在类中定义鼠标事件,则需要先引入(import)flash. events. MouseEvent 类。

　　MouseEvent 类定义了 10 种常见的鼠标事件,具体如下:

CLICK:定义鼠标单击事件

DOUBLE_CLICK:定义鼠标双击事件

MOUSE_MOVE:定义鼠标移动事件

MOUSE_WHEEL:定义鼠标滚动触发事件

MOUSE_OVER:定义鼠标移入事件

MOUSE_OUT:定义鼠标移出事件

MOUSE_DOWN:定义鼠标按下事件

MOUSE_UP:定义鼠标弹起事件

ROLL_OVER:定义鼠标滑入事件

ROLL_OUT:定义鼠标滑出事件

1. 鼠标单击事件

1) 单击影片剪辑自身控制其移动　　例如:单击舞台上的矩形影片剪辑实例 fk_mc,控制其向上移动。

方法一:将代码写在主时间轴上。

> 源文件:项目十\应用实例\鼠标单击控制影片.fla

方法二:将代码写在 as 文件中。

> 源文件:项目十\应用实例\鼠标单击控制影片(类).fla

2)单击按钮控制影片剪辑的移动

方法一:将代码写于主时间轴上。

> 源文件:项目十\应用实例\鼠标单击按钮控制影片.fla

方法二:将代码写于 as 文件中。

> 源文件:项目十\应用实例\鼠标单击按钮控制影片(类).fla

3)单击舞台控制影片剪辑移动

> 源文件:项目十\应用实例\鼠标单击舞台控制影片.fla

2. 鼠标双击事件

例如:通过双击舞台上的矩形影片剪辑实例 fk_mc,控制其向上移动。代码如下:

fk_mc. doubleClickEnabled = true;

function fkkz(fkhs:MouseEvent)

{

　　fk_mc. y -= 50;

}

fk_mc. addEventListener(MouseEvent. DOUBLE_CLICK,fkkz);

fk_mc. buttonMode = true;

3. 鼠标移入移出事件

 应用实例 6——制作"动感导航按钮"

> 源文件:项目十\应用实例\应用实例 6\利用 Tween 类制作动感导航按钮.fla

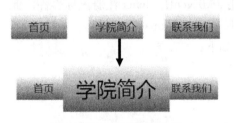

图 10 - 26 最终设计效果

效果如图 10 - 26 所示。

(二)键盘事件

键盘操作也是 Flash 用户交互操作的重要事件。在 ActionScript3. 0 中使用 KeyboardEvent 类来处理键盘操作事件。它有两种类型的键盘事件:KeyboardEvent. KEY _ DOWN 和 KeyboardEvent. KEY_UP。其中:

KeyboardEvent. KEY_DOWN:定义按下键盘时事件。

KeyboardEvent. KEY_UP:定义松开键盘时事件。

提示:在使用键盘事件时,要先获得它的焦点,如果不想指定焦点,可以直接把 stage 作为侦听的目标。

例如:通过键盘方向键控制影片剪辑 fk_mc 的移动。

> 源文件:项目十\应用实例\键盘控制影片.fla

应用实例 7——通过键盘键控制影片剪辑的跳动

> 源文件:项目十\应用实例\应用实例 7\键盘控制影片跳动.fla

(三)时间事件

在 ActionScript3.0 中使用 Timer 类来取代 ActionScript 之前版本中的 setinterval()函数。而执行对 Timer 类调用的事件进行管理的是 TimerEvent 事件类。要注意的是,Timer 类建立的事件间隔要受到 SWF 文件的帧频和 Flash Player 的工作环境(比如计算机内存的大小)的影响,会造成计算的不准确。

Timer 类有两个事件,分别为:

TimerEvent. TIMER:计时事件,按照设定的事件发出。

TimerEvent. TIMER_COMPLETE:计时结束事件,当计时结束时发出。

例如:通过时间事件控制影片剪辑的旋转。让影片剪辑 fk_mc 每隔 1 s 顺时针旋转 30°,当旋转角度到达 150°时停止。

> 源文件:项目十\应用实例\时间事件控制影片.fla

 应用实例 8——制作"弹性碰撞的小球"

通过时间事件控制影片剪辑的运动,让多个小球随机上下左右运动,在四周碰壁后反弹运动。

> 源文件:项目十\应用实例\应用实例 8\小球碰撞反弹.fla

 典型案例 5——制作"电子表"

> 源文件:项目十\典型案例 2\电子表.fla

设计思路

- 新建文档。
- 设计界面。
- 编写脚本。
- 测试影片。

设计效果

创建如图 10 - 27 所示效果。

图 10 - 27　最终设计效果

操作步骤

1. 新建文档

运行 Flash CS5,新建 Flash ActionScript3.0 文档,设置文档尺寸为"408 像素×108 像素",其他属性保持默认参数,并将该文档保存为"电子表. fla"。

2. 设计界面

(1) 将"图层 1"重命名为"界面"层,使用"矩形工具"绘制如图 10-28 所示的界面。

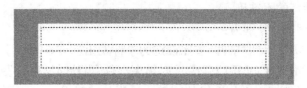

图 10-28　绘制电子表界面

(2) 新建"图层 2"重命名为"文本"层,使用"文本工具"T 绘制两个动态文本,并将上面文本的实例名称命名为"sj_txt",将下面文本的实例名称命名为"rq_txt"。

3. 编写脚本

新建"代码"层,单击该层的第 1 帧,打开"动作"面板,输入如下脚本:

```
fscommand("fullscreen","true");//全屏命令
var date,dh,dm,ds;
var sjdx:Timer = new Timer(1000);
//创建一个时间对象
sjdx. addEventListener(TimerEvent. TIMER,sjhs);
//添加时间事件监听;
sjdx. start();
//启动定时器;

function displaydate()
{//自定义函数
    var sjrq:Date=new Date();
    var xq:Array = ["星期日","星期一","星期二","星期三","星期四","星期五:,
"星期六"];
    rq_txt. text=sjrq. fullYear+"年"+(sjrq. month+1)+"月"+sjrq. date+"日"+
xq[sjrq. day];
}
displaydate();//调用函数

//显示时、分、秒函数
function displaytime()
{
```

```
date = new Date();
dh = date. hours;
dm = date. minutes;
ds = date. seconds;
sj_txt. text = dh + " : " + displaydm() + " : " + displayds();
}// End of the function
```
//提取系统时间,并在文本"sj_txt"中显示
```
displaytime();//调用函数
```

//显示分钟函数
```
function displaydm()
{
  if (dm < 10)
  {
    return ("0" + dm);
  }
  else
  {
    return dm;
}// end if
}
```
//如果分钟小于10,则输出"01~09"中的数,否则直接输出

//显示秒函数
```
function displayds()
{
  if (ds < 10)
  {
    return ("0" + ds);
  }
  else
  {
    return ds;
  }// end if
}
```
//如果秒小于10,则输出"01~09"中的数,否则直接输出

```
function sjhs(event:TimerEvent)
{
displaytime();//每隔1秒调用函数一次
displaydate();
}
```

图10-29 "时间轴"面板状态

最终"时间轴"面板状态如图10-29所示。

4. 测试影片

按【Ctrl＋Enter】组合键测试影片,完成本例的制作。

案例小结

通过本案例的学习,使读者了解 Flash 应用程序开发方法——界面设计与脚本编写,同时加深对 Timer 类时间事件的认识和了解。

（四）帧循环事件

帧循环 ENTER_FRAME 事件,又称重复执行事件,是ActionScript3.0中动画编程的核心事件。该事件能够控制代码跟随 Flash 的帧频播放,在每次刷新屏幕时改变显示对象。

使用该事件时,需要把该事件代码写入事件侦听函数中,然后在每次刷新屏幕时,都会调用 Event. ENTER_FRAME 事件,从而实现动画效果。

例如:通过帧循环事件控制影片剪辑不停地旋转,当按下空格键时停止。

➤ 源文件:项目十\应用实例\帧循环事件. fla

 应用实例 9——多个影片剪辑循环左右运动

方法一:采用在主时间轴上编写代码。

➤ 源文件:项目十\应用实例\应用实例 9\多个实例重复执行. fla

方法二:采用"元件类"法实现。

➤ 源文件:项目十\应用实例\应用实例 9\多个实例重复执行(类). fla

 应用实例 10——制作"3D 翻转的图形"

➤ 源文件:项目十\应用实例\应用实例 10\3D 翻转的图形. fla

习题与实训

一、思考题

1. 简述类和对象的概念,各有哪些特性?

2. 如何创建和显示对象?

3. ActionScript3.0 系统核心类有多少个? 如何使用这些类和创建自定义的类?

二、实训题

1. 编写 ActionScript3.0 代码,制作如图10-30所示的鼠标跟随动画效果。

2. 编写 ActionScript3.0 代码,实现如图10-31所示的两球来回碰撞效果。

3. 编写 ActionScript3.0 代码,实现如图10-32所示的绘制正弦曲线效果。

4. 编写 ActionScript3.0 代码,实现小球沿正弦曲线运动,效果如图10-33所示。

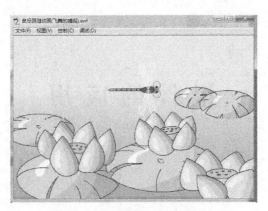

图 10 - 30 鼠标跟随动画效果

图 10 - 31 两球碰撞效果

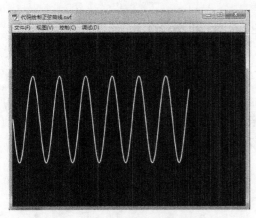

图 10 - 32 绘制正弦曲线效果

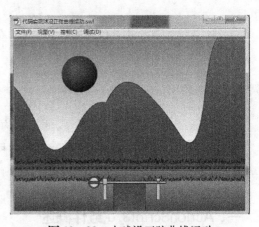

图 10 - 33 小球沿正弦曲线运动

5. 编写 ActionScript3.0 事件代码,制作如图 10 - 34 所示的弹出菜单。

图 10 - 34 弹出菜单

项目十一

组 件 的 应 用

组件是带有参数的影片剪辑,是 Flash 中的重要部分。使用组件可以帮助开发者将应用程序的设计过程和编码过程分开。即使完全不了解 ActionScript3.0 的设计者也可以根据组件提供的接口来改变组件的参数,从而改变组件的相关特性,达到设计的目的。通过组件用户可方便而快速地构建功能强大且具有一致外观和行为的应用程序。本项目将详细讲述 Flash CS5 中组件的概念与操作方法,并讲解如何使用脚本对这些组件进行综合应用。

任务一　组件的基础知识

学习要点

1. 了解组件的概念、优点、类型、体系结构等基础知识。
2. 学会使用手动和代码添加组件到舞台的方法。

知识准备

一、ActionScript3.0 组件概述

1. 组件的概念

组件通俗地讲就是一种带有参数的影片剪辑。每个组件都有一组独特的动作脚本方法,即使对动作脚本语言没有深入的理解,用户也可以修改这个剪辑的外观以及参数,快速地构建出一些应用程序界面控件。

在 Flash CS5 中可以通过"组件"面板添加组件。在应用组件后,还可以通过 ActionScript3.0 修改组件的行为或实现新的行为,每个组件都有唯一的一组 ActionScript 方法、属性和事件,它们构成了该组件的"应用程序编程接口"(application programming interface, API),API 允许用户在应用程序运行时创建并操作组件,另外,使用 API 用户还可以创建出自定义的组件。

> **提示:**Flash CS5 包括 ActionScript2.0 组件和 ActionScript3.0 组件,用户不能混合使用这两种组件。如何选择使用哪种组件取决于用户创建的是基于 ActionScript2.0 的文档还是基于 ActionScript3.0 的文档。

2. 组件的优点

组件可以将应用程序的设计过程和编码过程分开，其目的是为了让开发人员重复使用和共享代码，以及封装复杂的功能。此外，在舞台中添加组件后，组件就会自动存放到"库"面板中，以后使用组件就可像使用影片剪辑一样，可以从"库"面板重复调用。

3. 组件的类型

Flash 中的组件都显示在"组件"面板中，选择菜单栏中的"窗口"→"组件"命令或按【Shift＋F7】组合键，打开"组件"面板，在该面板中可查看和调用系统中的组件。在 Flash CS5 中的组件包括了 Flex 组件、User Interface 组件（简称 UI 组件）和 Video 组件三大类，如图 11－1 所示。

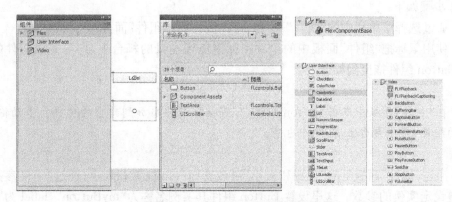

图 11－1　Flash CS5 组件的类型

其中，User Interface 组件用于设置用户的界面，并通过界面使用户与应用程序进行交互操作，该类组件类似于网页中的表单元素，如 Button(按钮)组件、RadioButton(单选按钮)组件等；Video 组件主要用于对播放器中的播放状态和播放进度等属性进行交互操作。

4. 组件的体系结构

Flash CS5 中组件具有两种体系结构，分别为"FLA"与"SWC"，其中用户界面组件是基于 FLA (.fla)的文件，FLVPlayback 和 FLVPlaybackCaptioning 组件是基于 SWC 的组件。

1) 基于 FLA 的组件　ActionScript3.0用户界面组件是具有内置外观的基于 FLA (.fla)的文件，用户可以在舞台中双击组件切换到组件的影片剪辑编辑模式中对组件的外观进行编辑。这种组件的外观及其他资源位于时间轴的第 2 帧上。双击这种组件时，Flash 将自动跳到第 2 帧并打开组件外观的调色板，如图 11－2 所示。

2) 基于 SWC 的组件　基于 SWC 的组件由一个 FLA 文件和一个 ActionScript 类文件构成，但它们已编译并导出为 SWC 文件。SWC 文件是一个由预编译的 Flash 元件和 ActionScript 代码组成的包，使用它可避免重新编译不会更改的元件和代码。"组件"面板中的 FLVPlayback ▦ 和 FLVPlaybackCaptioning 🗨组件就是基于 SWC 的组件，它

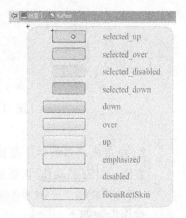

图 11－2　组件编辑窗口

们具有外部外观,而不是内置外观。在舞台中双击这两个组件不会切换到组件的编辑窗口中。

SWC组件包含编译剪辑、此组件的预编译 ActionScript 定义以及描述此组件的其他文件。如果用户创建自己的组件,则可以将其导出为 SWC 文件以便使用。

二、添加组件

添加组件到舞台有两大类方法:一是手动添加法,即通过鼠标拖曳组件到舞台中;二是代码添加法,即在测试运行时动态地加载组件。

1. 使用手动添加组件

操作步骤如下:

(1) 通过选择菜单栏中的"窗口"→"组件"命令,打开"组件"面板。

(2) 使用鼠标把"组件"面板中的组件图标拖曳到场景的舞台上,即可完成组件的添加。例如将 Button 组件拖曳到舞台上。

> **技巧:**在"组件"面板中双击 Button 组件,可直接将组件添加到舞台的中央。手动拖曳法创建的组件,不但舞台上有,库中也有。

(3) 通过"属性"面板下的"位置和大小"可改变组件的位置和大小;通过"组件参数"下的参数标签设定实例的参数。这里设置 Button 组件其实例名称为"myButton",label 为"手动添加的按钮",如图 11-3 所示。

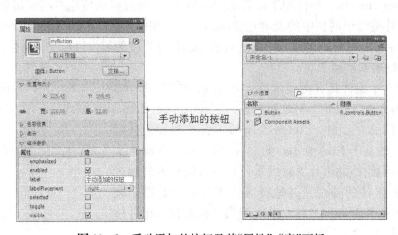

图 11-3 手动添加的按钮及其"属性"、"库"面板

2. 使用代码添加单个组件

方法一:使用"动作"面板添加代码。

➤ 源文件:项目十一\使用代码添加组件\代码添加单个按钮.fla

操作步骤如下:

(1) 将要使用的组件拖曳到"库"面板中,这里将 Button 组件拖曳到"库"面板中(也可直接拖曳组件到舞台中,然后删除该组件)。

（2）在时间轴的第 1 帧上输入以下代码：

```
//导入 Button 组件的外部库
import fl. controls. Button;
//设置按钮上的文字字体样式及字体大小样式
var myTextFormat:TextFormat＝new TextFormat();
myTextFormat. bold = true;
myTextFormat. font = "Comic Sans MS";
myTextFormat. size = 16;
//创建一个实例名称为 myButton 的 Button 组件对象
var myButton:Button = new Button();
//将新建的 myButton 对象添加到舞台
addChild(myButton);
//修改 myButton 对象的 label 参数,即按钮上显示的文字
myButton. label ="代码添加的按钮";
//设置 myButton 对象的位置
myButton. move(100,100);
myButton. setSize(120,20);
myButton. setStyle("textformat",myTextFormat);
```

添加脚本后,可以看到在场景中没有任何组件,然后按【Ctrl＋Enter】组合键,在测试影片窗口中就可以看到创建出的 Button 组件。

方法二:使用"类文件"添加代码。

➤ 源文件:项目十一\使用代码添加组件\代码添加单个按钮(类). fla

操作步骤如下：

（1）将要使用的组件拖曳到"库"面板中,这里将 Button 组件拖曳到"库"面板中。

（2）选择菜单栏中的"文件"→"新建"→"ActionScript3. 0 类"命令,新建一个 ActionScript3. 0 类文件,在其中输入如下代码：

```
package
{
    //导入 Button 组件的外部库
    import fl. controls. Button;
    import flash. display. Sprite;
    import flash. text. TextFormat;
    public class jzan extends Sprite
    {
        //声明一个按钮类型的变量
        public function jzan()
        {
            //设置按钮上的文字字体样式及字体大小样式
            var myTextFormat:TextFormat = new TextFormat;
            myTextFormat. bold = true;
```

```
        myTextFormat. font = "Comic Sans MS";
        myTextFormat. size = 16;
        //创建一个实例名称为 myButton 的 Button 组件对象
        var myButton = new Button ;
        //将新建的 myButton 对象添加到舞台
        addChild(myButton);
        //修改 myButton 对象的 label 参数,即按钮上显示的文字
        myButton. label = "代码添加的按钮";
        //设置 myButton 对象的 x、y 位置
        myButton. move(100, 100);
        myButton. setSize(120, 20);
        myButton. setStyle("textformat",myTextFormat);
        }
    }
}
```

保存文件为"jzan. as",并与 Flash 文档保存于同一目录下。

(3) 选择菜单栏中的"文件"→"新建"→"ActionScript3. 0"命令,新建一个 Flash ActionScript3. 0 文档,在其"属性"面板的"文档类"框中输入类"jzan"。

(4) 按【Ctrl+Enter】组合键,在测试影片窗口中就可以看到创建出的 Button 组件。

3. 使用代码添加批量组件

➤ 源文件:项目十一\使用代码添加组件\代码添加批量按钮. fla

操作步骤如下:

(1) 仍将要使用的组件拖曳到"库"面板中,这里将 Button 组件拖曳到"库"面板中。

(2) 在时间轴的第 1 帧上输入以下代码:

```
//导入 Button 组件的外部库
import fl. controls. Button;
//设置按钮上的文字字体样式及字体大小样式
var myTextFormat:TextFormat=new TextFormat();
myTextFormat. bold = true;
myTextFormat. font = "Comic Sans MS";
myTextFormat. size = 8;
var myButton:Array = new Array(10);
//定义一个变量,用于存储要创建按钮的数量
var i:int;
//使用 for 语句循环创建按钮元件
for (i = 0; i<10; i++)
{
    //新建按钮,并将按钮存储在数组的单个元素中
    myButton[i] = new Button();
    //将按钮添加到舞台
```

```
addChild(myButton[i]);
//修改按钮的显示文字
myButton[i]. label = "代码添加的按钮"+(i+1);
//修改按钮在舞台上的位置
myButton[i]. move(30 + i * 30,30 + i * 30);
myButton[i]. setSize(120, 20);
myButton[i]. setStyle("textformat",myTextFormat);
}
```

按【Ctrl+Enter】组合键,在测试影片窗口中就可以看到创建出的批量 Button 组件,如图 11-4 所示。

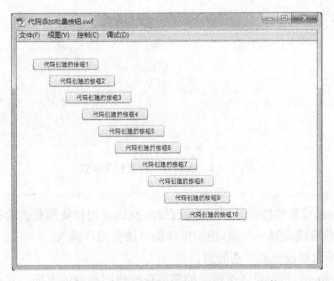

图 11-4 使用代码添加的批量 Button 组件

从上面的实例可以看出,使用 ActionScript 动作脚本添加组件的方法要比手动添加法更加灵活,而且在程序控制上更加方便。

任务二 常用组件及应用

学习要点

1. 掌握常用 UI 组件的使用。
2. 掌握常用 Video 组件的使用。
3. 通过实例掌握两种组件的配合使用方法。

知识准备

Flash CS5 中组件主要由 UI 组件和 Video 组件构成。UI 组件用于设置用户界面,并实现大部分的交互式操作,因此在制作交互式动画方面,UI 组件应用最广,操作简单,也是最常用的组件类别;Video 组件用于对视频播放进行控制。

一、常用 UI 组件

1. 按钮组件 Button

Button 组件是一个可使用自定义图标来定义其大小的按钮,可以执行鼠标和键盘的交互事件,也可以将按钮的行为从按下改为切换。它是许多表单和 Web 应用程序的基础部分,例如,可以将 Button 组件作为表单的"提交"按钮。在舞台中添加 Button 组件后,可以通过"属性"面板中"组件参数"选项设置 Button 组件的相关参数,如图 11－5 所示。

图 11 - 5 Button 组件及相关参数

（1）emphasized:设置当按钮处于弹起状态时,Button 组件周围是否绘有边框。

（2）enabled:获取或设置一个值,指示组件能否接受用户输入。

（3）label:用于设置按钮上文本的值。

（4）labelPlacement:用于设置按钮上的文本在按钮图标内的方向。该参数可以是以下四个值之一:left、right、top 或 bottom,默认值为 right。

（5）selected:该参数指定按钮是处于按下状态还是释放状态,默认值为释放状态。

（6）toggle:将按钮转变为切换开关。如果勾选此选项,则按钮在单击后保持按下状态,并在再次单击时返回到弹起状态。如果不勾选此选项,则按钮行为与一般按钮相同,默认为此种状态。

（7）visible:设置组件是否显示,勾选此选项表示显示组件,不勾选此选项表示不显示组件。

➤ 源文件:项目十一\组件编程\Button1～3.fla

2. 复选框组件 CheckBox

CheckBox 组件是一个可以选中或取消选中的方框,它是表单或应用程序中常用的控件之一,当需要收集一组非互相排斥的选项时都可以使用复选框。

在舞台中添加 CheckBox 组件后,可以通过"属性"面板中"组件参数"选项设置 CheckBox 组件的相关参数,如图 11－6 所示。

（1）enabled:获取或设置一个值,指示组件能否接受用户输入。

（2）label:用于设置复选按钮右侧显示的文本内容。

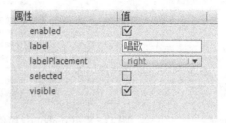

图 11 - 6　CheckBox 组件及相关参数

（3）labelPlacement：用于设置按钮上的文本在按钮图标内的方向。该参数可以是以下四个值之一：left、right、top 或 bottom，默认值为 right。

（4）selected：用于设置复选按钮的初始值为被选中或取消选中。勾选此选项复选按钮会被选中，不勾选此选项会取消选择复选按钮。

（5）visible：设置组件是否显示，其参数为布尔值，true 值表示显示组件，false 值表示不显示组件。

➢ 源文件：项目十一\组件编程\CheckBox1～3.fla

3. 颜色拾取组件 ColorPicker

ColorPicker 组件为包含一个或多个颜色调色板，用户可从中选择颜色。在舞台中添加 ColorPicker 组件后，可以通过"属性"面板中的"组件参数"选项设置 ColorPicker 组件的相关参数，如图 11 - 7 所示。

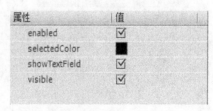

图 11 - 7　ColorPicker 组件及相关参数

（1）enabled：获取或设置一个值，指示组件能否接受用户输入。

（2）selectedColor：用于设置 ColorPicker 组件的调色板中当前加亮显示的颜色。

（3）showTextField：用于设置是否显示 ColorPicker 组件中选择颜色的颜色值，默认为显示。

（4）visible：设置组件是否显示，默认为显示。

➢ 源文件：项目十一\组件编程\ColorPicker 组件\ColorPicker1～5.fla

4. 下拉菜单组件 ComboBox

ComboBox 组件为下拉菜单的形式，用户可以在弹出的下拉菜单中选择其中一项。在舞台中添加 ComboBox 组件后，可以通过"属性"面板中的"组件参数"选项设置 ComboBox 组件的相关参数，如图 11 - 8 所示。

图 11-8 ComboBox 组件及相关参数

（1）dataProvider：用于设置下拉菜单中显示的内容以及传送的数据。

（2）editable：用于设置下拉菜单中显示的内容是否为可编辑的状态。

（3）enabled：获取或设置一个值，指示组件能否接受用户输入。

（4）prompt：设置对 ComboBox 组件开始显示时的初始内容。

（5）restrict：设置用户可以在文本字段中输入的字符。

（6）rowCount：用于设置下拉菜单中可显示的最大行数。

（7）visible：设置组件是否显示，默认为显示。

➤ 源文件：项目十一\组件编程\ComboBox1～2.fla

5. 下拉列表组件 List

List 组件为下拉列表的形式，用户可以从下拉列表中选择一项或多项。在舞台中添加 List 组件后，可以通过"属性"面板中的"组件参数"选项设置 List 组件的相关参数，如图 11-9 所示。

图 11-9 List 组件及相关参数

（1）allowMultipleSelection：设置能否一次选择多个列表项目，勾选此选项表示可一次选择多个项目；不勾选此选项表示一次只能选择一个项目。

（2）dataProvider：设置下拉列表中显示的内容以及传送的数据。

（3）enabled：获取或设置一个值，指示组件能否接受用户输入。

（4）horizontalLineScrollSize：设置当单击水平方向上滚动箭头时水平移动的数量。其单位为像素，默认值为 4。

（5）horizontalPageScrollSize：设置按滚动条轨道时水平滚动条上滚动滑块要移动的像素数。当该值为 0 时，该属性检索组件的可用宽度。

（6）horizontalScrollPolicy：设置水平滚动条是否始终打开。

（7）verticalLineScrollSize：设置当单击垂直方向上滚动箭头时垂直移动的数量。其单位为像素，默认值为 4。

（8）verticalPageScrollSize：设置按滚动条轨道时垂直滚动条上滚动滑块要移动的像素数。当该值为 0 时，该属性检索组件的可用高度。

（9）verticalScrollPolicy：设置垂直滚动条是否始终打开。

（10）visible：设置组件是否显示，默认为显示。

➤ 源文件：项目十一\组件编程\List 组件\list1（电子相册）.fla

6. 单选按钮组件 RadioButton

RadioButton 组件允许在互相排斥的选项之间进行选择，可以利用该组件创建多个不同的组，从而创建一系列的选择组。在舞台中添加 RadioButton 组件后，可以通过"属性"面板中的"组件参数"选项设置 RadioButton 组件的相关参数，如图 11 - 10 所示。

图 11 - 10 RadioButton 组件及相关参数

（1）enabled：获取或设置一个值，指示组件能否接受用户输入。

（2）groupName：单选按钮的组名称，一组单选按钮有一个统一的名称。

（3）label：设置单选按钮上的文本内容。

（4）labelPlacement：确定单选按钮上的文本的方向。

（5）selected：设置单选按钮的初始值为被选中或取消选中。被选中的单选按钮中会显示一个圆点，同一组单选按钮内只有一个可以被选中。

（6）value：设置选择单选按钮后传递的数据值。

（7）visible：设置组件是否显示，默认为显示。

➤ 源文件：项目十一\组件编程\RadioButton1.fla

7. 滚动窗格组件 ScrollPane

如果需要在 Flash 文档中创建一个能显示大量内容的区域，但又不想为此占用太大的舞台空间，那么就可以使用滚动窗格组件 ScrollPane。在 ScrollPane 组件中可以添加有垂直或水平滚动条的窗口，用户可以将影片剪辑、JPEG、PNG、GIF 或者 SWF 文件导入到该窗口中。在舞台中添加 ScrollPane 组件后，可以通过"属性"面板中的"组件参数"选项设置 ScrollPane 组件的相关参数，如图 11 - 11 所示。

（1）enabled：获取或设置一个值，指示组件能否接受用户输入。

（2）horizontalLineScrollSize：设置当单击水平方向上滚动箭头时水平移动的数量。其单位为像素，默认值为 4。

（3）horizontalPageScrollSize：设置按滚动条轨道时水平滚动条上滚动滑块要移动的像素数。当该值为 0 时，该属性检索组件的可用宽度。

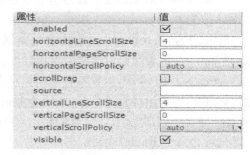

图 11-11 ScrollPane 组件及相关参数

（4）horizontalScrollPolicy：设置水平滚动条是否始终打开。

（5）scrollDrag：设置当用户在滚动窗格中拖动内容时是否发生滚动。

（6）source：设置滚动区域内显示的图像文件或 SWF 文件。

（7）verticalLineScrollSize：设置当单击垂直方向上滚动箭头时垂直移动的数量。其单位为像素，默认值为 4。

（8）verticalPageScrollSize：设置按滚动条轨道时垂直滚动条上滚动滑块要移动的像素数。当该值为 0 时，该属性检索组件的可用高度。

（9）verticalScrollPolicy：设置垂直滚动条是否始终打开。

（10）visible：设置组件是否显示，默认为显示。

➤ 源文件：项目十一\组件编程\ScrollPane1～3. fla

8. 文本区域组件 TextArea

TextArea 组件用于创建多行文本字段。例如，可以在表单中使用 TextArea 组件创建一个静态的注释文本，或者创建一个支持文本输入的文本框。另外，通过设置 HtmlText 属性可以使用 HTML 格式来设置 TextArea 组件，并且还可以用星号遮蔽文本的形式创建密码字段。在舞台中添加 TextArea 组件后，可以通过"属性"面板中的"组件参数"选项设置 TextArea 组件的相关参数，如图 11-12 所示。

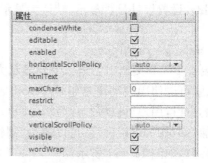

图 11-12 TextArea 组件及相关参数

（1）condenseWhite：设置是否从包含 HTML 文本的 TextArea 组件中删除额外空白。

（2）editable：设置 TextArea 组件是否为可编辑状态，默认为勾选状态，表示为可以编辑状态。

（3）enabled：获取或设置一个值，指示组件能否接受用户输入。

（4）horizontalScrollPolicy：设置水平方向的滚动条，有三个参数值：auto、on 和 off。auto 设置自动出现水平方向滚动条；on 设置始终出现水平方向滚动条；off 设置没有水平方向滚动条。

（5）htmlText：设置文本框中输入的文本内容，可以输入 html 格式文本。

（6）maxChars：设置用户可以在文本字段中输入的最大字符数。

（7）restrict：设置文本字段从用户处接受的字符串。

（8）text：设置 TextArea 组件中的文本内容。

（9）verticalScrollPolicy：设置垂直方向的滚动条。

（10）visible：设置组件是否显示，默认为显示。

（11）wordWrap：设置文本是否自动换行，默认为勾选状态，表示可以自动换行。

➤ 源文件：项目十一\组件编程\TextArea1~2.fla

9. 单行文本框组件 TextInput

TextInput 组件为单行文本框。在舞台中添加 TextInput 组件后，可以通过"属性"面板中的"组件参数"选项设置 TextInput 组件的相关参数，如图 11 - 13 所示。

图 11 - 13　TextInput 组件及相关参数

（1）displayAsPassword：设置单行文本输入，框内输入文本信息是否以密码的形式显示，勾选此选项则输入框以密码方式显示 *。

（2）editable：设置 TextInput 组件是否为可编辑状态，默认为勾选状态，表示 TextInput 组件为可编辑状态。

（3）enabled：获取或设置一个值，指示组件能否接受用户输入。

（4）maxChars：设置用户可以在文本字段中输入的最大字符数。

（5）restrict：设置文本字段从用户处接受的字符串。

（6）text：设置 TextInput 组件中显示的文本内容。

（7）visible：设置组件是否显示，默认为显示。

➤ 源文件：项目十一\组件编程\TextInput1~2.fla

10. UIScrollBar 组件

UIScrollBar 组件包括所有滚动条功能，此组件通过 scrollTarget（）方法可以被附加到 TextField 组件实例。在舞台中添加 UIScrollBar 组件后，可以通过"属性"面板中"组件参数"选项设置 UIScrollBar 组件的相关参数，如图 11 - 14 所示。

图 11-14 UIScrollBar 组件及相关参数

（1）direction：用于设置滚动条的方向，默认参数值为"vertical"，表示滚动条为垂直方向，如果参数设置为"horizontal"，表示滚动条为水平方向。

（2）scrollTargetName：设置被附加在滚动条的对象的实例名称。

（3）visible：设置组件是否显示，默认为显示。

➤ 源文件：项目十一\组件编程\UIScrollBar 组件\UIScrollBar1～3.fla

至于其他几个组件，如 DataGrid 组件（数据表组件）、NumericStepper 组件（数字增减组件）、Slide 组件（滑块组件）、TitleList 组件（对象列表组件）以及 UIloader 组件（加载容器组件）等，读者可参照"项目十一\组件编程"目录下的相应实例进行自主练习，此处不再赘述。

 典型案例 1——制作"个人信息注册表"

在日常工作和娱乐中，在申请各种账号的时候，都需要填写各种注册信息表。Flash CS5 提供的组件可方便快捷地完成注册表的制作。

➤ 源文件：项目十一\典型案例 1\效果\个人信息注册与核对.fla

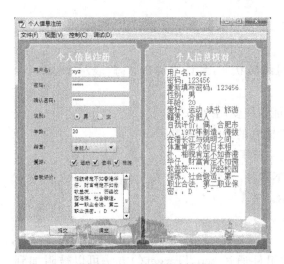

图 11-15 最终设计效果

设计思路

- 设计表格内容。
- 使用组件布局表格。
- 使用程序完成后台控制。

设计效果

创建如图 11-15 所示效果。

操作步骤

1. 设计表格内容

设计表格内容包括制作背景、制作背景框和输入文字。在此，可打开教学资源包中的"项目十一\典型案例 1\素材\个人信息注册与核对.fla"文档。

2. 使用组件布局表格

（1）根据日常经验分析，确定需要用户填写的信息项有用户名、密码、确认密码、性别、年龄、籍贯、爱好和自我评价八项。将 Label 组件拖曳到舞台上，然后复制七个，并从上到下依次放置到相应位置上。

（2）新建"组件"层，在"属性"面板中，从上到下依次修改 Label 组件的"text"属性值为："用户名"、"密码"、"确认密码"、"性别"、"年龄"、"籍贯"、"爱好"和"自我评价"。修改完成后的效果如图 11－16 所示。

（3）通过分析，"用户名"、"密码"、"确认密码"、"年龄"四项需使用 TextInput 组件，"性别"使用 RadioButton 组件，"籍贯"使用 ComboBox 组件，"爱好"使用 CheckBox 组件，"自我评价"使用 TextArea 组件。

（4）将一个 TextInput 组件拖曳到舞台中，设置其宽高为"130 像素×22 像素"，复制出三个 TextInput 组件，并放置到相应位置。需注意的是：TextInput 组件应与相应的

图 11－16　输入选项

Label 组件对齐。由于当用户输入密码时，"密码"和"确认密码"两项需要自动加密显示，所以在"属性"面板上勾选其 TextInput 组件的 displayAsPassword 属性值。

（5）将一个 RadioButton 组件拖曳到舞台中，设置其宽高为"50 像素×22 像素"，复制出一个，并放置到相应位置，然后分别修改其 label 属性值为"男"、"女"。

图 11－17　设置 dataProvider 属性值

（6）将一个 ComboBox 组件拖曳到舞台中，设置其宽高为"100 像素×22 像素"，并放置到相应位置，然后修改其 dataProvider 属性值，如图 11－17 所示。

（7）将一个 CheckBox 组件拖曳到舞台中，设置其宽高为"100 像素×22 像素"，复制两个，并放置到相应位置，然后分别修改其 label 属性值为"运动"、"读书"和"旅游"。

（8）将一个 TextArea 组件拖曳到舞台中，用来输入"自我评价"，设置其宽高为"130 像素×100 像素"，并放置到相应位置。

（9）拖曳两个 Button 组件到舞台中，设置其宽高为"60 像素×22 像素"，然后分别修改其 label 属性值为"提交"和"清空"，并放置到相应位置，如图 11－18 所示。

（10）在"个人信息核对"一侧也需要一个 TextArea 组件来对提交的信息进行显示，所以再拖入一个 TextArea 组件到舞台中，设置其宽高为"180 像素×330 像素"，并放置到相应位置，如图 11－19 所示。

至此组件的布置就完成了，但这样的组件还不能被程序所应用，还需要在"属性"面板中设置每个组件的实例名称。各组件的实例名称如图 11－20 所示。

 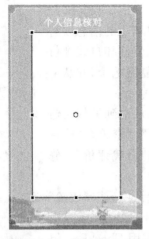 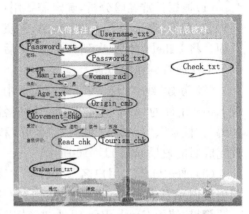

图 11-18 设置 Button 位置　　**图 11-19** 设置核对区域　　**图 11-20** 修改组件实例名称

3. 使用程序完成后台控制

由于本案例的操作为：当用户填写完成之后，单击"提交"按钮即可在"个人信息核对"窗口中显示用户填写的信息，单击"清空"按钮可以清除用户已经填写的内容。所以新建"代码"层，选择该层的第 1 帧，打开"动作"面板，输入如下代码及注释：

```
//导入文本格式类
import flash. text. TextFormat;
var a1,a2,a3:String;
//为提交和清空按钮添加事件监听器
Submit_btn. addEventListener(MouseEvent. CLICK,sClick);
Clear_btn. addEventListener(MouseEvent. CLICK,cClick);
//定义提交响应函数;
function sClick(Event:MouseEvent):void
{
    var tf:TextFormat=new TextFormat();
    tf. color = 0xff0000;
    tf. font ="宋体";
    tf. size = 16;
    Check_txt. setStyle("textFormat",tf);
    //清空核对窗口
    Check_txt. text ="";
    //加入用户名信息
    if (Password_txt. text ! = Password2_txt. text)
    {
        Check_txt. text = "两次输入的密码不一致,请重新输入!";
    }
    else
    {
```

```
Check_txt. text +=    "用户名:";
Check_txt. text +=    Username_txt. text + "\n";
//加入密码信息
Check_txt. text +=    "密码:";
Check_txt. text +=    Password_txt. text + "\n";
//加入重新填写密码信息
Check_txt. text +=    "重新填写密码:";
Check_txt. text +=    Password2_txt. text + "\n";
//加入性别信息
Check_txt. text +=    "性别:";
if (Man_rad. selected == true)
{
    Check_txt. text +=    "男\n";
}
else if (Woman_rad. selected == true)
{
    Check_txt. text +=    "女\n";
}
else
{
    Check_txt. text +=    "\n";
}
if (Movement_chk. selected)
{
    a1 = "运动";
}
else
{
    a1 = "";
}
if (Read_chk. selected)
{
    a2 = "读书";
}
else
{
    a2 = "";
}
if (Tourism_chk. selected)
{
```

```
        a3 = "旅游";
    }
    else
    {
        a3 = "";
    }
    //加入年龄信息
    Check_txt.text +=    "年龄:";
    Check_txt.text +=    Age_txt.text + "\n";
    //加入爱好信息
    Check_txt.text +=    "爱好:";
    Check_txt.text +=    a1 + a2 + a3 + "\n";
    //加入籍贯信息
    Check_txt.text +=    "籍贯:";
    Check_txt.text +=    Origin_cmb.text + "\n";
    //加入自我评价信息
    Check_txt.text +=    "自我评价:";
    Check_txt.text +=    Evaluation_txt.text + "\n";
    }
}
//定义清空响应函数
function cClick(Event:MouseEvent):void
{
    //清空用户名
    Username_txt.text = "";
    //清空密码
    Password_txt.text = "";
    //清空密码
    Password2_txt.text = "";
    //清空年龄
    Age_txt.text = "";
    //清空自我评价
    Evaluation_txt.text = "";
    //清空爱好选项
    Movement_chk.selected = false;
    Read_chk.selected = false;
    Tourism_chk.selected = false;
    //清空核对窗口;
    Check_txt.text = "";
}
```

提示：在教学资源包"项目十一\典型案例1\素材\个人信息注册表代码．txt"中提供了本案例的全部代码。

保存文档并测试影片，完成本案例的制作。

案例小结

通过本案例的制作，读者应该认识到，组件的设计和功能实现是两个分离的部分，不懂程序的设计人员可以设计出精美的布局，而程序人员可以在设计人员的基础上进行编程，达到事半功倍的效果。

二、常用Video组件

除了UI组件之外，在Flash CS5的"组件"窗口中还包含了Video组件，即视频组件。该组件主要用于控制导入到Flash CS5中的视频，其中主要包括了使用视频播放器组件FLVPlayback和一系列用于视频控制的按键组件。

通过FLVPlayback组件，可以将视频播放器包括在Flash CS5应用程序中，以便播放通过HTTP渐进式下载的Flash视频(FLV)文件，或者播放来自Adobe的Macromedia Flash Media Server或Flash Video Streaming Service(FVSS)的流视频文件。

随着Adobe Flash Player 10的发布，Flash Player中的视频内容播放功能得到了显著改进。本次更新包括对FLVPlayback组件的更改，这些更改利用用户的系统视频硬件来提供更好的视频播放性能。对FLVPlayback组件的更改还提高了视频文件在全屏模式下的保真度。

对于添加到舞台中的FLVPlayback组件，可以在"属性"面板中"组件参数"选项设置相关参数，如图11-21所示。

图11-21　设置FLVPlayback组件参数

(1) align：设置载入FLV视频相对于舞台X或Y轴方向的位置。

(2) autoPlay：设置载入FLV视频文件后是开始播放还是停止播放。如果勾选此选项，则该组件在加载FLV视频文件后立即播放；如果不勾选此选项，则该组件加载FLV视频文件第1帧后暂停。

(3) cuePoints：设置FLV视频文件的提示点。提示点允许用户同步包含Flash动画、图形或文本的 FLV 文件中的特定点。

（4）isLive：设置视频是否为实时视频流。

（5）preview：设置载入的 FLV 视频文件实时预览。

（6）scaleMode：设置载入的 FLV 视频文件加载后如何调整其大小。

（7）skin：设置 FLVPlayback 组件的外观，双击右侧的此参数，可以打开"选择外观"对话框，从该对话框中可以选择组件的外观。默认值是最初选择的设计外观，但它在以后将成为上次选择的外观。

（8）skinAutoHide：设置鼠标在 FLV 视频文件下方控制器外时是否隐藏外观。如果勾选此选项，则当鼠标不在 FLV 视频文件下方控制器区域时隐藏外观。如果不勾选此项，则不隐藏。

（9）skinBackgroundAlpha：设置 FLVPlayback 组件外观背景的 Alpha 透明度。

（10）skinBackgroundColor：设置 FLVPlayback 组件外观背景的颜色。

（11）source：指定加载 FLV 视频文件的 URL，或者指定描述如何播放一个或多个 FLV 文件的 XML 文件。FLV 视频文件的 URL 可以是本地计算机上的路径、HTTP 路径或实时消息传输协议（RTMP）路径。单击此选项右侧的 ✎ 按钮，可以打开"内容路径"面板，如图 11-22 所示，单击 📁 按钮，可以弹出"浏览文件"对话框，从中可选择所需要播放的 FLV 视频文件。

（12）volume：用于表示相对于最大音量的百分比。

图 11-22 "内容路径"面板

 典型案例 2——利用"Cue Point"控制视频播放

Flash CS5 对视频的支持显著增强，包括编创模式下，对视频直接导航和预览；新提示点属性方便地添加 ActionScript 类型 Cue Point；到达特定提示点时控制其他对象；实现点击按钮跳转到特定提示点。本案例设计实现的是点击按钮跳转到特定提示点，实现视频的跳转播放功能。

➤ 源文件：项目十一\典型案例 2\效果\利用 Cue Point 控制视频播放.fla

设计思路

- 前台界面设计。
- 添加提示点。
- 后台程序编写。

设计效果

创建如图 11-23 所示效果。

图 11-23 最终设计效果

操作步骤

1. 前台界面设计

（1）运行 Flash CS5，新建一个 Flash ActionScript3.0 文档，设置文档尺寸为"400 像素×300 像素"，其他属性保持默认参数。

（2）将"图层 1"重命名为"界面"层，选中该图层，打开"组件"面板，展开"video"组，拖曳 FLVPlayback2.5 组件到舞台上。

（3）打开"属性"面板，设置 FLVPlayback2.5 组件的宽为"400"像素，高为"300"像素，实例名称为"myVideo"。

（4）新建影片剪辑"元件 1"，进入影片剪辑的编辑状态，选择"文本工具" **T**，输入 TLF 文本"Cue Point1"。

（5）按相同方法再新建影片剪辑"元件 2"、"元件 3"，分别在其中输入文本"Cue Point2"、"Cue Point3"，完成三个跳转按钮的制作，如图 11-24 所示。

图 11-24 制作三个 Cue Point 按钮

（6）返回场景，拖入三个按钮到舞台上，调整其位置，并设置实例名称分别为"CP1"、"CP2"、"CP3"。

2. 添加提示点

选择舞台上的FLVPlayback2.5组件，打开"属性"面板，设置"组件参数"下的属性 source 值为"片段.flv"，在"提示点"下的"添加 ActionScript 提示点"按钮 ➕ ，添加三个提示点，并设置不同的时间节点，如图 11-25 所示。

3. 后台程序编写

（1）选择舞台上的文字为"Cue Point1"的影片剪辑，打开"代码片断"面板，展开"音频和视频"选项，选择其下的"单击以搜寻提示点"项，然后单击面板上方的"添加到当前帧"按钮 🔲 ，如图 11-26 所示。这时会发现"时间轴"面板自动新建图层"Actions"，Flash CS5 也自动为帧添加了脚本，如图 11-27 所示。

图 11-25　添加提示点

图 11-26　"代码片断"面板

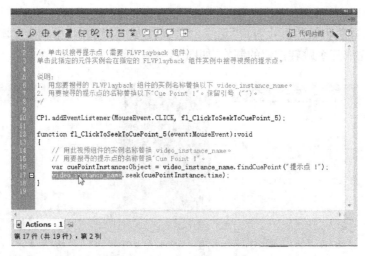

图 11-27　自动添加的脚本

（2）根据代码提示，用户只需要将视频实例名称"video_instance_name"替换成"myVideo"即可。

（3）其他两个影片剪辑按钮"Cue Point2"、"Cue Point3"设置同上，完成本例的制作。保存并测试影片，单击不同的"Cue Point"按钮便可跳转到视频的不同片段播放。

案例小结

本案例使用"FLVPlayback"组件结合"代码片断"面板非常快捷地制作了一个具有跳转功能的 Flash 播放器。通过本案例的制作，让读者对视频组件有个基本的了解和运用。

习题与实训

一、思考题

1. 组件可以方便在哪些方面进行开发？

2. 请以本项目的讲解作为突破口，将本项目没有涉及的组件运用起来。

3. 简述组件的添加方法。

二、实训题

1. 使用用户接口组件开发一个个人性格测试工具，如图 11 - 28 所示。试题可以从教学资源包"项目十一\习题与实训\素材\个人性格测试内容. txt"中获取。

图 11 - 28　个人性格测试界面效果

2. 使用用户接口组件开发一个读者调查表，如图 11 - 29 所示。素材可以从教学资源包"项目十一\习题与实训\素材\读者调查表. fla"中获取。

3. 请使用播放器组件和用户接口组件结合的方式制作一个可以任意设置播放文件路径的播放器，如图 11 - 30 所示。

4. 重做本项目全部实例。

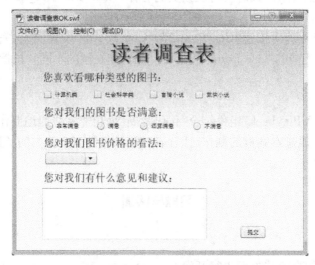

图 11-29　读者调查表界面效果

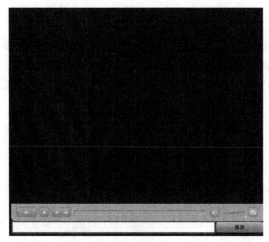

初始界面

播放界面

图 11-30　制作的播放器效果

声音和视频的应用

Flash 动画不同于传统的动画,它不仅可以使用文字、图像等素材,而且还整合了声音和视频多媒体元素,其中声音可以烘托动画的表现气氛,调动观看者的情绪,配合视频文件的使用,使得动画更加引人入胜。在 Flash CS5 软件中不仅可以导入声音和视频文件,还可以对其进行各项编辑操作。通过它们可以制作出交互、动感更强的动画效果,本项目将对 Flash CS5 导入和编辑这两种媒体文件的相关知识和操作方法进行介绍。

任务一　导入和编辑声音文件

学习要点

1. 导入声音文件。
2. 编辑声音文件。

知识准备

Flash 在导入声音时,可以给按钮添加音效,也可以将声音导入到时间轴上,作为整个动画的背景音乐。在 Flash CS5 中,可以导入外部的声音文件到动画中,也可以使用共享库中的声音文件。

一、导入声音文件

1. 声音类型

Flash 中声音分为事件声音和音频流两种。

1) 事件声音　事件声音必须在动画全部下载完后才可以播放,如果没有明确的停止命令,它将连续播放。

2) 音频流　音频流在前几帧下载了足够的数据后就开始播放,通过和时间轴同步可以使其更好地在网站上播放,可以边看边下载。

在实际制作动画过程中,绝大多数是结合事件声音和音频流两种类型声音的方法来插入音频的。

2. 导入声音

Flash 导入声音的格式有多种,不仅可以导入常用的 MP3、WAV 格式的声音文件,如果系统安装了 QuickTimer 4 或更高版本，还可以导入 AIFF、Sun AU 等附加的声音文件格式。首先单击菜单栏中的"文件"→"导入"子菜单中的"导入到舞台"或者"导入到库"命令，然后在弹出的"导入"或"导入到库"对话框中双击选择需要选择的声音文件，即可将选择的声音文件导入到当前文档的"库"面板中。无论采用哪种方法导入声音，只能将声音导入到 Flash 的"库"面板中，而不能直接导入到舞台中，图 12－1 所示为导入声音文件后的"库"面板。

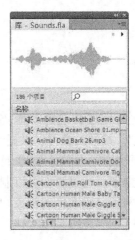

图12－1　导入声音文件后的"库"面板　　　图12－2　声音"公用库"面板

如果想要将"库"面板中的声音文件应用在 Flash 文档中，可以按住鼠标左键，将声音文件从"库"面板中拖曳到舞台上。添加后，"时间轴"面板当前图层中会出现声音的音轨，音轨以波形的形式显示。在 Flash CS5 中，除了可以导入声音文件外，还提供了一个声音"公用库"面板，其中包含了很多的声音特效文件。单击菜单栏中的"窗口"→"公用库"→"声音"命令，可以将该声音"公用库"面板打开，如图 12－2 所示，其中各声音的使用与"库"面板中的声音文件相同，按住鼠标左键将其拖曳到舞台中即可。

二、编辑声音文件

图12－3　弹出的下拉列表

为动画添加声音后，Flash 软件还提供了对导入声音的各项编辑操作，通过在"属性"面板的"声音"选项进行各项编辑，包括添加声音、删除声音、切换声音、声音淡入和淡出、音量大小、声音同步、声音循环等，从而使其更加符合动画的要求。

1. 删除或切换声音

在为当前文档添加声音文件时，除了可以使用按住鼠标左键将其从"库"面板中拖曳到当前工作文档中之外，还可以在"属性"面板中的"声音"选项进行设置。首先选择声音图层的任意一帧，然后在"声音"选项中单击名称右侧的"无"按钮，在弹出的下拉列表中即可进行声音的添加、删除和切换，如图12－3 所示。

（1）删除声音：在弹出的下拉列表中选择"无"选项，可以将该帧处添加的声音删除。

（2）添加声音：在弹出的下拉列表中选择所要添加的声音文件即可将该声音文件添加到当前文档中。

（3）切换声音：如果该文档中包括多个声音，在下拉列表中选择不同的声音文件，可以进行各声音的切换。

2. 套用声音效果

为 Flash 文档添加声音文件后，还可以在"属性"面板中为声音套用不同的声音效果，包括淡入、淡出、左右声道的不同播放等，使之更符合动画的要求。首先选择声音图层的任意一帧，然后在展开"属性"面板的"声音"选项中，单击"效果"右侧的"无"按钮，在弹出的下拉列表即可套用内建的声音特效，如图 12-4 所示。

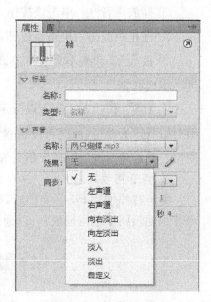

（1）无：选择该项，不对声音应用效果，如果以前的声音添加了特效，还可以将以前添加了的特效删除。

（2）左声道/右声道：选择该项，只在左声道或右声道中播放声音。

（3）向右淡出/向左淡出：选择该项，会将声音从一个声道切换到另一个声道。

（4）淡入：选择该项，在声音的持续时间内逐渐增加音量。

图 12-4 套用声音效果

（5）淡出：选择该项，在声音的持续时间内逐渐减小音量。

（6）自定义：选择该项，或者单击"无"右侧的 ✎ 按钮，可弹出如图 12-5 所示的"编辑封套"对话框，从而根据自己的需要自定义编辑声音的效果，其中上面的编辑窗口为左声道，下面的编辑窗口为右声道。

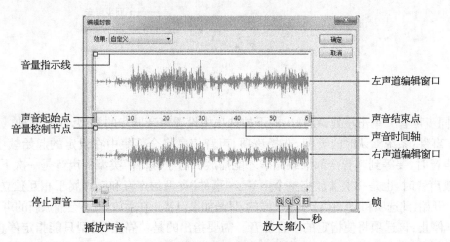

图 12-5 "编辑封套"对话框

① 音量控制节点：以小方框显示，在音量指示线处单击，可以添加一个音量控制节点，按住鼠标拖曳音量控制节点，可以改变音量指示线的垂直位置，从而调节音量，音量指示线的位

置越高,声音越大,反之则相反。对于一些不需要的音量控制节点,可以按住鼠标将其拖曳出编辑窗口即可将其删除。

② 声音起始点与声音结束点:用于截取声音文件的片段,方法很简单,使用鼠标向内拖动时间轴两侧的声音起始点与声音结束点即可。改变了声音文件的长度后,如果双击两侧的声音起始点与声音结束点,还可以将声音文件恢复为原来的长度。

③ 播放声音 ▶ :单击该按钮,可以播放编辑后的声音,从而试听声音效果。

④ 停止声音 ■ :单击该按钮,可以停止声音的播放。

⑤ 放大 🔍 和缩小 🔍 :单击该按钮,可以放大或缩小声道编辑窗口的显示比例,从而便于进一步地调整。

⑥ 秒 🕐 和帧 ▦ :用于设置声道编辑窗口中的单位。单击"秒" 🕐 按钮,可以将声道编辑窗口以"秒"为单位,此时可以观察播放声音所需的时间;单击"帧" ▦ 按钮,以"帧"为单位,方便用户查看声音在时间轴上的分布。

3. 声音同步效果

将声音添加到 Flash 文档后,有时会遇到声音不同步的问题。所谓声音同步效果就是指声音与动画同步进行播放,可以通过"属性"面板的"声音"选项进行设置,如图 12 - 6 所示。

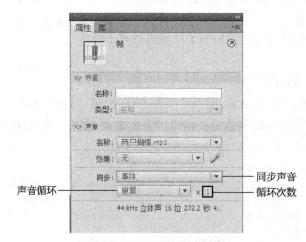

图 12 - 6 "属性"面板的声音同步

1) 同步声音 单击该处,在弹出的下拉选项中设置声音同步的类型,共有四种。

(1) 事件:系统默认时的类型,选择该项,声音信息将全部集中在设定的起始帧中。下载及播放声音时,要等到声音全部下载完毕才能播放。由于"事件"类型的声音是一次下载完毕,所以播放声音时,也是一次播放完整个声音。"事件"类型的声音和动画属于相互独立的。

(2) 开始:此选项和"事件"选项是一样的,只是如果声音正在播放,就不会播放新的声音实例。

(3) 停止:该选项将使指定的声音静音。需要指出的是:"停止"类型只能指定停止一个声音文件的播放,若想要停止动画中的所有声音,需要使用 ActionScript 脚本命令控制。

(4) 数据流:选择此项则 Flash 会强制动画和音频流同步。如果 Flash 不能足够快地绘制动画帧,就跳过帧。与事件声音不同,音频流随着影片的停止而停止。而且,音频流的播放时间绝对不会比帧的播放时间长。数据流声音通常用作动画的背景音乐。

2) 声音循环 单击该处,在弹出的下拉选项中设置声音是进行重复还是循环。

4. 压缩声音

通常情况下,声音文件的体积都很大,在 Flash 中使用声音后,生成的动画文件体积也要相应地增大,所以就需要对声音文件进行压缩。

在 Flash 软件中,声音的压缩操作通过"声音属性"对话框完成。首先选择需要进行压缩的导入声音文件,然后在"库"面板中单击下方的 按钮,或者单击鼠标右键,选择弹出菜单中的"属性"命令,在弹出的"声音属性"对话框中单击"压缩"选项,即可在下拉列表中选择相应压缩格式,如图 12-7 所示。

图 12-7 "声音属性"对话框

1) ADPCM 压缩格式 ADPCM 压缩格式用于设置 8 位或 16 位声音数据的压缩,适用于较短的声音文件,例如,按钮被按下时的声音等。

2) MP3 压缩格式 MP3 压缩格式适用于较长的声音文件,以及设定为数据流类型的声音文件。如果动画要采用的声音质量类似于 CD 音乐的配乐,最适合选用 MP3 压缩格式。

3) 原始和语音压缩格式 "原始"压缩选项是指在导出声音时不会对声音文件进行压缩,只能调整声音文件的采样率;"语音"格式用于设定声音的采样频率,主要用于动画中人物的配音。

5. 发布声音

在制作动画过程中,如果没有对声音属性进行设置,也可以在发布声音时设置。选择菜单栏中的"文件"→"发布设置"命令,打开"发布设置"对话框,单击 Flash 选项卡,在打开的选项卡对话框进行设置,如图 12-8 所示。

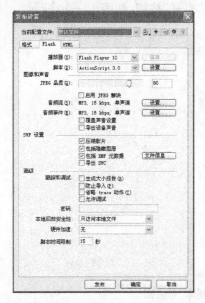

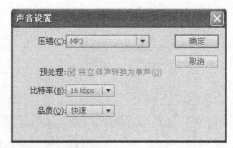

图 12-8 声音"发布设置"

典型案例1——制作"配乐诗'小池'"

在影片中添加声音,首先需要将声音文件导入到影片文件中,接着新建一个图层,用来放置声音,然后选中需要加入声音的关键帧,从"库"面板将声音文件拖入到场景中。下面以制作"配乐诗'小池'"动画为例来学习在影片中添加与设置声音的操作方法。

➤ 源文件:项目十二\典型案例1\效果\配乐诗"小池".fla

图 12-9 最终设计效果

设计思路

- 打开素材文档。
- 导入声音到库。
- 导入声音到动画中。
- 设置声音的播放与停止。
- 保存和测试影片。

设计效果

创建如图 12-9 所示效果。

操作步骤

1. 打开素材文档

运行 Flash CS5,打开教学资源包中的"项目十二\典型案例1\素材\配乐诗'小池'.fla"素材文档。

2. 导入声音到库

(1) 新建一个图层,重命名为"音乐"层,用于放置声音文件。

(2) 执行菜单栏中的"文件"→"导入"→"导入到库"命令,打开"导入到库"对话框,查找音乐存放的路径,选中"高山流水.mp3"文件后,单击"打开"按钮,如图 12-10 所示。

图 12-10 "导入到库"对话框

导入声音后,声音文件自动出现在"库"面板的项目列表中。

3. 导入声音到动画中

执行菜单栏中的"窗口"→"库"命令,打开"库"面板,选中声音所在图层的第 1 帧,将导入的声音文件拖到舞台中,选中的第 1 帧上将显示刚添加的声音。当前帧上会出现一些波浪状的细线,它表示导入的声音文件的波形。

4. 设置声音的播放与停止

(1)希望在第 1 帧停止播放,单击"开始"按钮后才开始播放。打开"属性"面板,将"同步"选项设置为"停止",如图 12-11 所示。

图 12-11　"同步"设置　　　　　图 12-12　"名称"与"同步"设置

(2)选择"音乐"层的第 2 帧,插入关键帧,打开"属性"面板,将"名称"选项设置为"高山流水.mp3","同步"选项设置为"开始",如图 12-12 所示。

5. 保存和测试影片

按【Ctrl+S】组合键保存影片,按【Ctrl+Enter】组合键测试影片,单击"开始"按钮后动画便伴随着美妙的音乐开始播放。

案例小结

在动画的演示过程中,诗词、美景伴随着音乐营造出动人的旋律。通过本案例的学习,可使读者熟悉 Flash CS5 导入声音的方法和设置声音播放与停止的技巧。

> **提示:**除了为影片添加声音外,还可以把声音添加到按钮中。在按钮上添加声音实际是为按钮上的关键帧添加声音。为按钮添加声音效果,只需选中想要添加音效的关键帧,然后从"库"面板中将需要的音效拖到舞台中即可,如图 12-13 所示。

快来点我

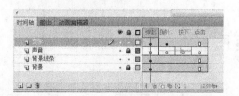

图 12-13　为按钮添加声音

任务二 导入和编辑视频文件

学习要点

1. 导入视频文件。
2. 编辑视频文件。

知识准备

Flash CS5 是一个功能强大的多媒体制作软件,它允许用户将视频、数据、图形、声音和交互式控制融为一体,从而可以轻松创作出高质量的基于 Web 网页的视频演示文稿。

一、导入视频文件

1. Flash 中的视频格式

Flash CS5 软件可将视频素材应用于动画创作中,根据视频导入的方式不同它所支持的视频格式也略有不同。如果是通过链接外部视频文件的方式来播放视频,支持的视频格式就比较多,包括 FLV、F4V(H.264)、MP4、MOV 与 3GP 格式;如果是将视频文件导入到 Flash 文件内播放,只能支持 FLV 或 F4V 视频格式。其中,FLV 视频格式之所以能广泛流行于网络,主要因其具有以下特点:

(1) FLV 视频文件体积小巧,需要占用的 CPU 资源较低。

(2) FLV 是一种流媒体格式文件,用户可以使用边下载边观看的方式进行欣赏。

(3) FLV 视频文件利用了网页上广泛使用的 Flash Player 平台。

(4) FLV 视频文件可以很方便地导入到 Flash 中进行再编辑。

2. 导入视频

在 Flash CS5 导入视频的操作通过"导入视频"对话框完成,单击菜单栏中的"文件"→"导入"→"导入视频"命令,即可弹出"导入视频"对话框,如图 12-14 所示。

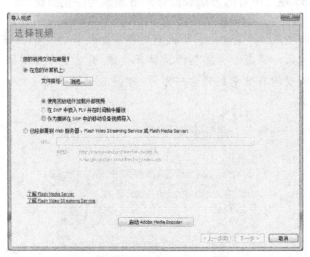

图 12-14 "导入视频"对话框

1）在您的计算机上　勾选该项,可以通过单击右侧的"浏览"按钮,在弹出的"打开"对话框中选择本地计算机上的视频文件。

（1）使用回放组件加载外部视频:通过 FLVPlayback 组件播放外部的视频文件。在网络上播放视频时,需要将 SWF 文件与视频文件一起上传到服务器。

（2）在 SWF 中嵌入 FLV 并在时间轴中播放:将 FLV 嵌入到 Flash 文档中。这样导入视频时,该视频放置于时间轴中可以看到时间轴帧所表示的各个视频帧的位置。嵌入的 FLV 视频文件成为 Flash 文档的一部分。

（3）作为捆绑在 SWF 中的移动设备视频导入:与在 Flash 文档中嵌入视频类似,将视频绑定到 Flash Lite 文档中在移动设备中播放。

2）已经部署到 Web 服务器、Flash Video Streaming Service 或 Flash Media Server　勾选该项,在下方输入 URL,可以直接导入存储在 Web 服务器、Flash Video Streaming Service 或 Flash Media Server 的视频。

在平时应用中,主要以选择本地计算机上视频文件为主,在"在您的计算机上"选项中根据导入视频的应用不同,导入视频时会有一系列不同的向导对话框。图 12-15 和图 12-16 所示是"使用回放组件加载外部视频"与"在 SWF 中嵌入 FLV 并在时间轴中播放"导入视频的方法。

图 12-15　使用回放组件加载外部视频

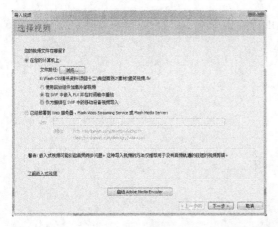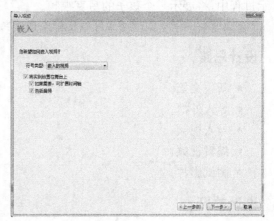

图 12-16　在 SWF 中嵌入 FLV 并在时间轴中播放

二、编辑视频文件

1. 使用"属性"面板编辑

在 Flash 文档中选择嵌入的视频剪辑后,可以进行一些编辑操作。选中导入的视频文件,打开"属性"面板,在"属性"面板中的"实例名称"文本框中,可以为该视频剪辑指定一个实例名称;在"宽"、"高"、"X"和"Y"文本框中可以设置影片剪辑在舞台中的位置及大小。打开"组件参数"选项组,可以设置视频组件播放器的相关参数,如图 12-17 所示。

图 12-17 使用"属性"面板编辑视频

2. 使用 Adobe Media Encoder 编辑

Adobe Media Encoder(简称 AME)是 Flash CS5 安装时可选安装的组件,支持 H.264,通过它可以轻松地将多种文件格式转换为高质量的 H.264 视频(MP4、3GP)或 Flash 媒体(FLV、F4V)文件,并且可控制性更强。

在 Flash CS5 中,导入视频文件必须使用以 FLV 或 H.264 格式编码的视频,如果视频不是 FLV 或 F4V 格式,那么就需要使用 Adobe Media Encoder 以适当的格式对视频进行编码。

 典型案例 2——"金色童年"写真展示

本案例重点讲解 Flash CS5 导入视频和使用 AME 编辑视频的方法和技巧。在动画的演示过程中,将展示一个孩子的写真视频。

➤ 源文件:项目十二\典型案例 2\效果\金色童年.fla

设计思路

- 新建文档。
- 导入外框。
- 导入视频。
- 编辑视频。
- 测试影片。

设计效果

创建如图 12-18 所示效果。

图 12-18　最终设计效果

操作步骤

1. 新建文档

运行 Flash CS5,新建一个 Flash 文档,设置文档尺寸为"640 像素×480 像素",其他属性使用默认参数。

2. 导入外框

(1) 将默认的"图层 1"重命名为"视频"层,然后新建图层重命名为"外框"层。

(2) 单击"外框"层的第 1 帧,选择菜单栏中的"文件"→"导入"→"导入到舞台"命令,将教学资源包中的"项目十二\典型案例 2\素材\外框. png"文件导入到舞台中,并与舞台居中对齐,效果如图 12-19 所示。

3. 导入视频

(1) 选择"视频"层的第 1 帧,执行菜单栏中的"文件"→"导入"→"导入视频"命令,打开"导入视频"对话框。单击对话框中的"浏览"按钮,在打开的对话框中选择视频的路径和需要导入的视频文件,本例将打

图 12-19　导入外框

开教学资源包中的"项目十二\典型案例 2\素材\金色童年. wmv",将弹出如图 12-20 所示的 Adobe Flash Player 不支持所选文件的信息提示框。

(2) 单击"确定"按钮后,再单击该对话框中的"启动 Adobe Media Encoder"按钮,弹出如图 12-21 所示的对话框,提示在 AME 中对该视频进行编码之后再导入视频文件。

4. 编辑视频

(1) 单击"确定"按钮后,如果没有保存文件,会弹出一个"另存为"对话框,将 Flash 文件保存后,稍停片刻,便会启动 AME,如图 12-22 所示。

(2) 单击右侧的按钮,在弹出的"打开"对话框中可继续添加视频。单击右侧的"设置"按钮,可弹出如图 12-23 所示的"导出设置"对话框,用于对导出视频进行时间的修剪、大小的裁切以及音频调整等设置。本例不进行任何操作。

(3) 设置完成后,单击下方的"确定"按钮,完成对视频的导出设置,然后在 AME 中单击右侧的"开始队列"按钮,开始视频的转换,此时在下方将以黄色进度条的形式显示进程。

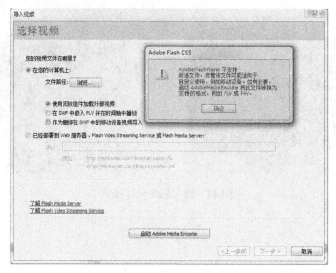

图 12 - 20 弹出的信息提示框

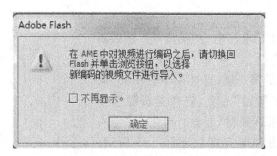

图 12 - 21 弹出的对话框

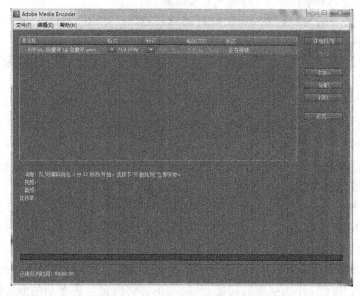

图 12 - 22 启动后的 AME 界面

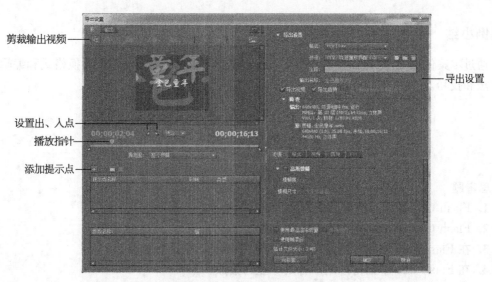

剪裁输出视频

导出设置

设置出、入点

播放指针

添加提示点

图 12-23　"导出设置"对话框

　　(4) 进度条完成后,在 AME 选择视频的"状态"项中将以"☑"显示,表示完成视频的编辑输出工作,此时转换后的视频文件"金色童年. flv"将自动保存在设置的输出目录中。

　　(5) 再次选择"视频"层的第 1 帧,执行菜单栏中的"文件"→"导入"→"导入视频"命令,打开"导入视频"对话框。单击对话框中的"浏览"按钮,在打开的对话框中选择转换后的视频文件"金色童年. flv",将该视频文件导入到舞台中。

　　(6) 调整嵌入的视频"金色童年. flv"文件的位置,使之与舞台对齐,然后在"外框"层的第 396 帧处插入帧,将"外框"层也延续至第 396 帧。最终"时间轴"面板状态如图 12-24 所示。

图 12-24　最终"时间轴"面板状态

5. 测试影片

保存影片后,按【Ctrl＋Enter】组合键测试影片。

案例小结

通过本案例的学习，可使读者熟悉 Flash CS5 导入视频、使用 AME 转换格式和编辑视频的方法和技巧。

习题与实训

一、思考题

1. Flash CS5 导入的声音格式有哪些？

2. Flash CS5 导入的视频格式有哪些？

3. 在 Flash CS5 中包含哪两种声音，它们在运行时各有什么特点？

4. 在 Flash CS5 中如何控制声音的停止与播放？

二、实训题

1. 使用导入声音的功能，制作图 12－25 所示的动态按钮。当鼠标滑过按钮时会听到一个声音，鼠标单击按钮后会听到另一个声音。

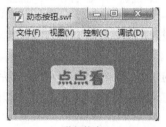 

弹起状态　　　　　　　　　　鼠标滑过和单击状态

图 12－25　动态按钮设计效果

2. 创建一个 Flash 影片，在该影片中添加声音，并将导入到 Flash 动画中的声音以 MP3 的格式进行压缩。

3. 将导入到 Flash CS5 动画中的声音调节为淡入淡出的效果。

4. 使用 Flash CS5 的导入声音功能，制作如图 12－26 所示的"摇滚歌手"动画效果。

5. 使用导入视频的功能，制作图 12－27 所示的"小狗看 MV"效果。

图 12－26　"摇滚歌手"动画效果　　　　**图 12－27　"小狗看 MV"效果**

影片的优化、导出与发布

制作完影片后,可以将影片导出或发布。在发布影片之前,可以根据使用场合的需要,对影片进行适当的优化处理,这样可以保证在不影响影片质量的前提下获得最快的影片播放速度。此外,在发布影片时,可以设置多种发布格式,保证制作影片与其他的应用程序兼容。影片的优化、导出和发布是动画制作完成后不可缺少的步骤,本项目将对优化、导出和发布的相关知识进行学习。

任务一　Flash 影片的优化与测试

学习要点

1. 学会优化 Flash 影片。
2. 掌握测试 Flash 影片。

知识准备

Flash 影片的大小将直接影响下载和回放时间的长短,如果制作的 Flash 影片很大,那么往往会使欣赏者在不断等待中失去耐心,因此优化操作就显得十分有必要,值得注意的是,优化的前提需要在不影响播放质量的同时尽可能地对生成的动画进行压缩,使动画的体积达到最小,同时在优化过程中还可以随时测试影片的优化结果,包括影片的播放质量、下载情况和优化后的动画文件大小等。

一、优化影片

作为动画发布过程的一部分,Flash 会自动检查动画中相同的图形,并在文件中只保存该图形的一个版本,而且还能把嵌套的组对象变为单一的组对象。此外用户还可以执行常用的优化方法进一步减小文件大小。

在 Flash 动画影片中,优化对象有多种,包括元件、动画、图形、位图、颜色、字体、音频等,常用的优化方法如下:

1. 元件的优化

如果影片对象在影片中多次出现,尽量将其转换为元件再使用,重复使用元件实例不会增加文件的大小。

2．动画的优化

尽量使用补间动画，减少关键帧的数目；不同的运动对象安排在不同的图层中；舞台大小适中，不宜过大或过小。

3．图形的优化

多采用实线线条和矢量图形，尽量少用位图图像，避免制作位图动画，填充颜色尽量单一，减少多色彩渐变。

4．位图的优化

导入的位图图像尽可能小，并进行优化压缩，避免使用位图作为影片背景。

5．字体的优化

限制字体和字体样式的数量，尽量少用嵌入字体，对于"嵌入字体"也只选择需要的字符。

6．音频的优化

尽量使用 MP3 音频格式文件，并在导入前根据需要利用音频编辑软件编辑好；对于背景音乐，尽量使用声音中的一部分让其循环播放以减小文件体积。

7．动作脚本的优化

尽量使用本地变量；定义经常重复使用的代码为函数；在"发布设置"对话框的 Flash 选项卡中，启用"省略跟踪动作"复选框。

二、测试影片

对于制作好的影片，在正式发布和输出之前，需要对动画进行测试，通过测试可以发现动画效果是否与设计思想之间存在偏差，一些特殊的效果是否实现，影片播放是否平滑等。随着网络的发展，许多 Flash 作品都是通过网络进行传送的，因此下载性能也非常重要。

Flash CS5 的集成环境中提供了测试影片环境，可以在该环境进行一些比较简单的测试工作。测试 Flash 动画主要有两种方法：一种是使用播放控制栏进行操作；另一种是使用 Flash 动画效果专用测试窗口。

1．使用播放控制栏

图 13-1　播放器控制栏

单击菜单栏中"窗口"→"工具栏"→"控制器"命令，可以打开播放器控制栏，如图 13-1 所示。可以看到，在播放器控制栏中有六个按钮，它们从左到右作用依次为"停止"、"转到第一帧"、"后退一帧"、"播放"、"向前一帧"和"转到最后一帧"。

> **技巧**：在制作动画过程中，按下【Enter】键，可以测试动画在时间轴上的播放效果；反复按【Enter】键可在暂停测试和继续测试之间切换。

2．使用专用测试窗口

如果动画中包括交互动作，场景的转换以及动画的剪辑，使用播放器控制栏就有些力不从心，此时就需要使用 Flash 提供的动画效果专用测试窗口。

单击菜单栏中的"控制"→"测试影片"命令（图 13-2），就可以打开 Flash 动画效果专用测试窗口。

图 13-2 "测试影片"子菜单

利用专用测试窗口测试影片又常分为以下两种情况：

1) 影片整体测试　在动画制作完成后，有时需要对动画整体进行测试，查看动画播放时的效果，这时可使用菜单栏中的"控制"→"测试影片"→"测试"命令。下面以 Flash MV"依然在一起"动画为例来学习具体操作，步骤如下：

(1) 打开需要进行测试的 Flash 动画影片，单击菜单栏中"文件"→"打开"命令，打开教学资源包中的"项目十三\素材"目录下的"依然在一起.fla"文件。

(2) 单击菜单栏中的"控制"→"测试影片"→测试"命令，或按【Ctrl＋Enter】组合键，在 Flash Player 播放器中测试动画的播放效果，如图 13-3 所示。

图 13-3 Flash Player 播放器中测试动画效果

(3) 在影片测试窗口中单击菜单栏中的"视图"→"下载设置"命令，在弹出的子菜单中可以选择在影片测试窗口中模拟的动画下载速度，如图 13-4 所示。

(4) 再次按【Ctrl＋Enter】组合键，在影片测试窗口中以刚才设置的下载速度开始模拟下载影片。

(5) 如果对下载影片所需要时间感觉不满意的话，还可以在影片测试窗口中通过单击菜单栏中的"视图"→"带宽设置"命令，在显示带宽的检测图中观看下载的详细内容，如图 13-5 所示，左侧用于显示各种信息，右侧用于图表显示。

2) 场景测试　在制作动画过程中，根据需要将会创建多个场景，或是在一个场景中创建多个影片剪辑动画效果，如果要对当前场景或元件进行测试，可以使用"测试场景"菜单命令。

图13-4 模拟动画下载速度的弹出菜单　　　　**图13-5** 显示带宽的检测图

　　在"依然在一起.fla"文档打开的状态下,双击场景中的任意动画元件,进入元件的编辑状态,如图13-6所示。这时要想预览动画的播放效果,可执行菜单栏中的"控制"→"测试场景"命令,如图13-7所示。

图13-6 动画效果　　　　　　　　　　　　**图13-7** 测试场景

　　除了以上介绍的测试动画方法,在Flash Player中的一些优化影片和排除动作脚本故障的工具,也可以对动画进行测试。此处不再赘述。

> **技巧:** 对于按钮,需要单击菜单栏中的"控制"→"启用简单按钮"命令或按【Ctrl+Alt+B】组合键,当鼠标在舞台中经过或单击按钮时,可以测试按钮各帧的效果。

任务二　Flash 影片的导出与发布

学习要点

1. 学习导出 Flash 影片。
2. 学会发布 Flash 影片。

知识准备

一、导出影片

在 Flash 软件中制作的动画只是源文件,即"fla"格式,如果想要将制作动画供别人观看欣赏,就需要将其进行导出。Flash 导出的动画格式通常为"swf"格式,这是 Flash 动画特有的动画文件格式。在 Flash 软件中不仅可以导出为常用的"swf"格式,还可以导出为其他图形、图像、声音和视频格式文件。

1. 导出图形和图像文件

在 Flash CS5 软件中允许将制作动画导出为单个的图形和图像文件,可以是位图,也可以是矢量图。通过单击菜单栏中的"文件"→"导出"→"导出图像"命令,在弹出的"导出图像"对话框进行文件格式的设置。

2. 导出视频和声音文件

将 Flash 制作动画导出为视频和声音文件的操作是通过单击菜单栏中的"文件"→"导出"→"导出影片"命令,在"导出影片"对话框进行设置来完成的。不仅可以导出为常用的swf、avi、mov 和 wav 文件,还可以将影片导出为图像序列。

 典型案例——制作"Windows 放映动画(exe 格式)"

播放 Flash 动画需要专门的 Flash 动画播放器,即 Flash Player。如果用户的计算机中安装了 Flash 软件,就会自动安装 Flash Player,从而方便用户观看制作的 Flash 动画效果,但是如果观看动画的用户没有安装 Flash Player,也没有安装用于播放 Flash 动画的其他插件,则相应地就观看不到动画效果。针对这一情况,可以将制作的 swf 格式的动画"打包"为 Windows 放映格式——exe 格式。下面仍以 Flash MV"依然在一起"为例来学习具体操作。

➤ 源文件:项目十三\典型案例\效果\依然在一起.exe

设计思路

- 打开素材文档。
- 导出影片。
- 创建播放器。

设计效果

创建如图 13-8 所示效果。

操作步骤

1. 打开素材文档

单击菜单栏中的"文件"→"打开"命令,打开教学资源包中"项目十三\典型案例\素材"目录下的"依然在一起.fla"文档。

图 13-8 最终设计效果

2. 导出影片

(1) 单击菜单栏中的"文件"→"导出"→"导出影片"命令,在弹出"导出影片"对话框中设置文件名为"依然在一起",保存类型为"SWF影片(∗.swf)"。

(2) 单击"保存"按钮,将制作的动画文件导出为"依然在一起.swf"播放文件,并保存于fla文件所在目录中。

3. 创建播放器

(1) 双击刚才导出的"依然在一起.swf"动画文件,此时打开 Flash Player 动画播放器并且进行动画播放。

(2) 在 Flash Player 动画播放器中,单击菜单栏中的"文件"→"创建播放器"命令,弹出"另存为"对话框,在其中的"文件名"框中输入"依然在一起",单击"保存"按钮,即可以将"依然在一起.swf"动画文件转换为"依然在一起.exe"文件,如图 13-9 所示。这样就可以在任何一台计算机中进行动画的播放观看了。

图 13-9 创建播放器(.exe)

> **提示:** 在 Windows 操作系统的资源管理器中,浏览到 Adobe Flash CS5 安装目录下的"Players"文件夹,可以看到 Flash Player.exe 文件,即 Flash 动画播放器,利用它可创建 Windows 独立放映文件。此外,单击菜单栏中的"文件"→"发布设置"命令,在"发布设置"对话框中勾选"Windows 放映文件"复选框,也可创建 Windows 独立放映文件。

二、发布影片

完成了对制作动画的优化并测试无误后,除了可以将制作动画进行导出操作外,还可以将其进行发布。Flash 影片的发布格式有多种,可以直接将影片发布为 SWF 格式,也可以将影片发布为 HTML、GIF、JPG、PNG 等格式。

在默认情况下,使用"发布"命令可创建 Flash SWF 文件以及将 Flash 影片插入浏览器窗口所需的 HTML 文档。在 Flash CS5 中还提供了其他多种发布格式,可以根据需要选择发布格式并设置发布参数。

1. 预览和发布影片

发布预览是指在进行文件发布的同时,通过默认的浏览器进行预览。单击菜单栏中的"文件"→"发布预览"命令,在弹出的子菜单中即可选择想要预览的文件格式,共有七个选项。系统默认时,"默认(D)-(HTML)Fl2"、"Flash"和"HTML"为可用状态,其他选项为灰色,为不可用状态。如果想要发布预览这些灰色不可用的文件格式,可以通过在"发布设置"对话框中勾选类型选项进行发布文件格式的指定。

在发布影片时,可以进一步对发布的文件格式、所处的位置、发布文件的名称等进行设置。方法是通过菜单栏中的"文件"→"发布设置"命令,可弹出一个用于发布各项设置的"发布设置"对话框,在其中进行具体设置。

在默认情况下,Flash(SWF)和 HTML 复选框处于选中状态,这是因为在浏览器中显示SWF 文件,需要相应的 HTML 文件,此 HTML文件会将 Flash 内容插入到浏览器窗口中。

1)发布为 Flash(SWF)动画格式 SWF 动画格式是 Flash CS5 自身的动画格式,因此它也是输出动画的默认形式。在输出动画的时候,单击"发布设置"对话框中的"Flash"选项卡,打开该选项卡对话框,如图 13－10 所示,可以设定 SWF动画的图像和声音压缩比例等参数。

2)发布为 HTML 动画格式 在默认情况下,HTML 文档格式是随 Flash 文档格式一同发布的。要在 Web 浏览器中播放 Flash 影片,则必须创建 HTML 文档、激活影片和指定浏览器设置。

使用"发布"菜单命令即可以自动生成必须的 HTML 文档。选择"发布设置"对话框中的"HTML"选项卡(图 13－11)可以设置一些参数,控制 Flash 影片出现在浏览器窗口中的位置、背景颜色以及影片大小等。

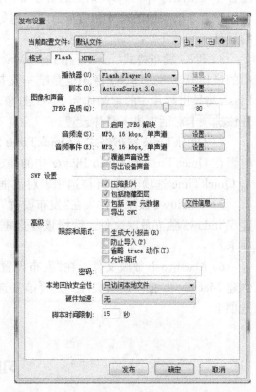

图 13－10 "发布设置"对话框中的"Flash"选项卡

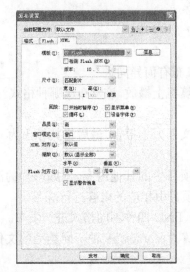

图 13－11 "发布设置"对话框中的"HTML"选项卡

2. 发布为其他格式

Flash CS5 还可以设置其他很多发布格式,如下所示:

1) GIF 发布格式　　GIF 是一种输出 Flash 动画较方便的方法,选择"发布设置"对话框中的 GIF 选项卡。

2) JPEG 发布格式　　使用 JPEG 格式可以输出高压缩的 24 位图像。通常情况下,GIF 更适合于导出图形,而 JPEG 则更适合于导出图像。选择"发布设置"对话框中的 JPEG 选项卡,可以设置导出图像的尺寸和质量。质量越好,则文件越大,因此要按照实际需要设置导出图像的质量。

3) PNG 发布格式　　PNG 格式是 Macromedia Fireworks 的默认文件格式。作为 Flash 中的最佳图像格式,PNG 格式也是唯一支持透明度的跨平台位图格式,如果没有特别指定,Flash 将导出影片中的首帧作为 PNG 图像。可选择"发布设置"对话框中的 PNG 选项卡,打开该选项卡对话框进入具体设置。

4) QuickTime 发布格式　　QuickTime 发布选项可以创建 QuickTime 格式的电影。Flash 电影在 QuickTime 和 Flash Player 中的播放效果完全一样,可以保留所有的交互功能。可单击 QuickTime 选项卡,打开该选项卡对话框进行具体设置。

5) Windows 放映文件　　在"发布设置"对话框中选择"Windows 放映文件"复选框,可创建 Windows 独立放映文件。选择该复选框后,在"发布设置"对话框中将不会显示相应的选项卡。

6) Macintosh 放映文件　　在"发布设置"对话框中选择"Macintosh 放映文件"复选框,可创建 Macintosh 独立放映文件。选择该复选框后,在"发布设置"对话框中将不会显示相应的选项卡。

习题与实训

一、思考题

1. 为什么要对 Flash 动画进行优化? 有哪些方法?

2. 如何模拟带宽进行 Flash 动画的下载性能测试?

3. 为什么要对 Flash 动画进行打包?

4. Flash 输出的文件有哪些格式? 它和 Flash 的发布有何异同?

5. 如果制作的动画需要在没有 Flash 播放器的计算机上播放,该发布成哪种格式?

二、实训题

1. 创建一个 Flash 影片,测试其下载性能,并创建文件大小报告,最后将其导出为 GIF 文件格式。

2. 可以自制表情,发布为 GIF 动画文件。关于本项目中的其他内容,例如影片的测试和优化操作,将文档导出成多种格式的文件,可以根据本项目中相应的内容进行练习。

3. 打开一个 Flash 文件,然后以 Flash、GIF、JPEG、PNG 四种不同格式进行发布。

4. 打开一个 Flash 文件,然后以"*.swf"、"*.avi"、"*.mov"三种不同类型的文件格式进行输出。

5. 打开一个 Flash 动画,然后将它打包成可独立运行的 EXE 文件。

第三篇
Flash CS5 综合应用

在前面的项目中对 Flash CS5 进行了比较详细的讲解,通过典型的案例设计和制作,相信读者已经对 Flash CS5 整体有了充分的认识和了解。在本篇中,将以实践操作为主,通过十大综合实训任务,从实战演练的角度来提升读者对 Flash CS5 的综合运用能力。

============================ 任务导航 ============================

任务列表	■ 任务一　按钮与导航菜单动画制作
	■ 任务二　Flash 网站应用
	■ 任务三　电子相册制作
	■ 任务四　电子贺卡制作
	■ 任务五　课件开发
	■ 任务六　组件应用开发
	■ 任务七　程序应用开发
	■ 任务八　游戏开发
	■ 任务九　3D 应用开发
	■ 任务十　Flash MV 制作
学习方法	任务驱动法、演练结合、分组讨论法
课时建议	16 学时(可选学其中几个作为学期末的综合实训任务)

项目十四

综合任务实训

任务一　按钮与导航菜单动画制作

ActionScript 是 Flash 动画的一个重要组成部分,是 Flash 交互功能的基础,通过 ActionScript 可以实现动画的特定操作。而按钮在交互动画的制作中又成为不可或缺的组成元素,很多交互动画都是通过单击按钮来完成指定功能的。

🔘 实训 1——照片欣赏

下面通过一个实训案例让读者来学习按钮动画的制作。本案例设计的是一个照片欣赏的按钮动画,通过放置照片两侧的"上一页"、"下一页"、"上一组"、"下一组"四个隐形按钮实现对照片的跳转控制。最终设计效果如图 14-1 所示。

➤ 源文件:项目十四\任务一\实训 1\效果\照片欣赏.fla

(所需素材与操作步骤见教学资源包中"项目十四\任务一\实训 1\",读者亦可登陆 www. sstp. cn/ pebooks/download 网站下载。)

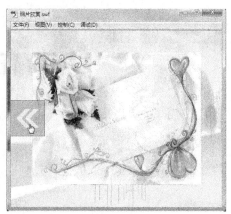

图 14-1　最终设计效果

实训 2——儿童欢乐乐园

　　导航菜单和按钮一样，也是 Flash 交互式动画的一个重要组成元素，常用于商业网站首页导航栏和个性化的 Flash 网页制作中。通过 Flash 可以制作充满动感的下拉式菜单导航栏、色彩式导航栏、变幻式导航栏、特殊标签导航栏等动画特效。本实训案例设计的是一个"儿童欢乐乐园"网站的首页导航动画。最终设计效果如图 14-2 所示。

图 14-2　最终设计效果

➤ 源文件：项目十四\任务一\实训 2\效果\儿童欢乐乐园.fla
　　（所需素材与操作步骤见教学资源包中"项目十四\任务一\实训 2\"。）

任务二　Flash 网站应用

　　网站设计中使用 Flash 的优点主要有：使用 Flash 制作的文件比较小，适合在网络上传播；Flash 的 ActionScript 脚本语言非常强大，交互性强，并能与其他程序语言交互；适用范围广，如网站、广告、游戏、程序、多媒体演示等；应用实体比较多，如手机、触摸屏、电视媒体等。

 实训 3——精品课程网站片头

　　现在各大学校都建立了网络教学资源平台，以便于资源共享和信息交流。很多老师都推出了自己主打的精品课程。除了注重内容上独特、创新、堪称"精品"外，如果配上一个吸引眼球的炫丽网站片头，那绝对是"锦上添花"。接下来学习制作一个精品课程网站的片头动画。最终设计效果如图 14-3 所示。

图 14-3　最终设计效果

　　➢ 源文件：项目十四\任务二\实训 3\效果\精品课程网站片头. fla
（所需素材与操作步骤见教学资源包中"项目十四\任务二\实训 3\"。）

 实训 4——扬州旅游风景区宣传主页

　　下面利用 Flash CS5 进行"扬州旅游风景区"网站主页宣传动画的制作。通过单击不同旅游景点的图片链接，可跳转打开相应的景点介绍页面。最终设计效果如图 14-4 所示。
　　➢ 源文件：项目十四\任务二\实训 4\效果\扬州旅游风景区宣传主页. fla
（所需素材与操作步骤见教学资源包中"项目十四\任务二\实训 4\"。）

图 14 - 4 最终设计效果

任务三　电子相册制作

　　使用微软的 PowerPoint 可以制作出很精美的幻灯片,幻灯片的切换方式也是多种多样的。而使用 Flash 也可以制作出同样效果的精彩的幻灯片。使用 TransitionManager 类也可以使用各种动画类来制作出幻灯片的切换效果。该类的使用对象是影片剪辑,共有十种不同的动画切换效果。

图 14 - 5 最终设计效果

实训 5——酷狗展示

　　本实训案例使用 Fly 类制作出小狗图片的动态飞入效果。单击"上一张"、"下一张"按钮可切换浏览图片。最终设计效果如图 14 - 5 所示。

➤ 源文件:项目十四\任务三\实训 5\效果\酷狗展示.fla

　　(所需素材与操作步骤见教学资源包中"项目十四\任务三\实训 5\"。)

任务四 电子贺卡制作

电子贺卡作为联络感情和互致问候的媒介,深受人们的喜爱,因为它具有温馨的祝福语言、浓郁的民俗色彩、传统的东方韵味、古典与现代交融的魅力,既方便又实用,是促进和谐的重要手段。

 实训6——生日贺卡

顾名思义,生日(birthday)就是一个人出生的日子。一般中国人比较重视老人和儿童的生日,每一年的生日都是一次家庭的聚会。下面就来为远方的家人或朋友制作一张精美的生日贺卡,以寄托浓浓的思念吧。最终设计效果如图14-6所示。

图14-6 最终设计效果

➤ 源文件:项目十四\任务四\实训6\效果\生日贺卡.fla
(所需素材与操作步骤见教学资源包中"项目十四\任务四\实训6\"。)

任务五 课件开发

Flash不仅能让教师制作出精彩的多媒体课件,更可以和其他Adobe产品相整合,制作出绚丽多彩的Flash作品。同样的内容用Flash制作往往比用其他软件制作的容量要小。

实训 7——物理课件

本案例来制作一个关于"简谐振动"与"阻尼振动"物理实验课件的制作过程,最终设计效果如图14-7所示。通过本案例的学习,可使读者掌握包括计算机、语文、数学、地理和历史课程等在内的相关课件的制作方法和技巧。

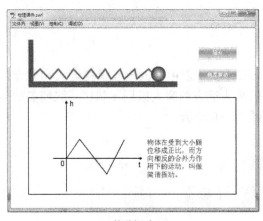 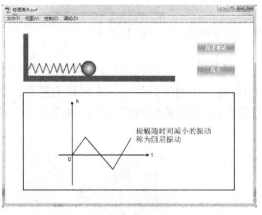

简谐振动　　　　　　　　　　　　　　　　　　　阻尼振动

图14-7　最终设计效果

➤ 源文件:项目十四\任务五\实训7\效果\物理课件.fla
(所需素材与操作步骤见教学资源包中"项目十四\任务五\实训7\"。)

任务六　组件应用开发

组件是带有参数的影片剪辑,这些参数可以用来修改组件的外观和行为。每个组件都有预定义的参数,并且可以被设置。每个组件还有一组属于自己的方法、属性和事件,它们被称为应用程序接口。使用组件可以分离程序设计与软件界面设计,提高代码的可复用性。

 实训 8——Flash 知识小考场

无论是参与网络问卷调查还是现实中的问卷调查,甚至是从小到大经历过的各种各样的考试,四选一的单项选择题是永远不变的经典,在 Flash 动画中可以通过 RadioButton 组件来实现该功能。本例来学习利用 RadioButton 组件制作单选题——Flash 知识小考场。最终设计效果如图 14-8 所示。

➤ 源文件:项目十四\任务六\实训8\效果\Flash 知识小考场.fla
(所需素材与操作步骤见教学资源包中"项目十四\任务六\实训8\"。)

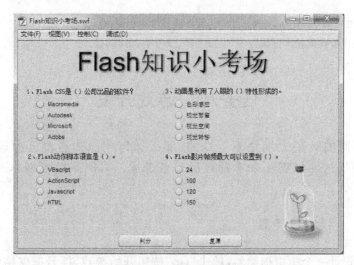

图 14 - 8　最终设计效果

任务七　程序应用开发

 实训 9——"开心农场"蔬菜单词小测试

英语是世界上最通用的语言,在英语学习中最重要的环节就是背诵单词。本例来学习制作蔬菜单词测试的动画。最终设计效果如图 14 - 9 所示。

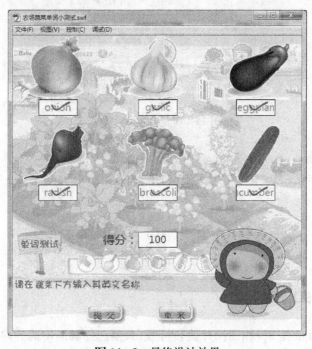

图 14 - 9　最终设计效果

➤ 源文件:项目十四\任务七\实训 9\效果\农场蔬菜单词小测试. fla
(所需素材与操作步骤见教学资源包中"项目十四\任务七\实训 9\"。)

任务八　游戏开发

每个人在不同的时刻运气是不一样的,那么如何才能知道自己的运气是好还是坏呢? 于是有人便通过参加摇奖来看看自己是否走运。本例来学习制作一个模拟摇奖的动画游戏。

 实训 10——模拟摇奖器

本实训案例设计一个模拟摇奖器,单击"Go"按钮开始游戏,摇号框窗格中的三个蔬菜不断快速地跳动变换,当单击"Stop"按钮停止游戏,文字提示是否中奖。只有当摇号框窗格中的三个蔬菜相同时才中奖。最终设计效果如图 14 - 10 所示。

图 14 - 10　最终设计效果

➤ 源文件:项目十四\任务八\实训 10\效果\模拟摇奖器. fla
(所需素材与操作步骤见教学资源包中"项目十四\任务八\实训 10\"。)

任务九　3D 应用开发

 实训 11——3D 旋转相册

本实训案例设计的是 3D 相册图片旋转特效,只要选择画面中的方向按钮,就可以决定该图片的旋转方向。最终设计效果如图 14 - 11 所示。

图 14-11 最终设计效果

➤ 源文件：项目十四\任务九\实训 11\效果\3D 旋转相册. fla
（所需素材与操作步骤见教学资源包中"项目十四\任务九\实训 11\"。）

任务十 Flash MV 制作

人们经常能够从网上欣赏到 Flash MV 作品，MV 将最好的歌曲配以最精美的画面，使原本只是听觉艺术的歌曲变成视觉和听觉结合的一种崭新的艺术样式。

 实训 12——MV"依然在一起"

本实训案例以"依然在一起"的歌曲为主题，用简单的故事情节配上唯美的画面表达了该歌曲的意境。最终设计效果如图 14-12 所示。

场景一：Flash MV 的 Loading 界面

场景二：开始界面

图 14-12 MV"依然在一起"

➤ 源文件：项目十四\任务十\实训 12\效果\依然在一起. fla
（所需素材与操作步骤见教学资源包中"项目十四\任务十\实训 12\"。）

参 考 文 献

［1］胡仁喜,刘昌丽,等. Flash CS5 中文版入门与提高实例教程. 北京:机械工业出版社,2010.

［2］杜秋磊,郭丽. 中文版 Flash CS5 完全自学一本通. 北京:电子工业出版社,2010.

［3］王智强,迟同柱. 中文版 Flash CS5 标准教程. 北京:中国电力出版社,2010.

［4］李如超,袁云华,等. 中文版 Flash CS5 基础教程. 北京:人民邮电出版社,2011.

［5］徐娜,徐敏,唐龙. Flash CS5 动画设计经典 200 例. 北京:科学出版社,2011.

［6］刘旭光,邵忻,孙志义. 中文版 Flash CS4 实例与操作. 北京:航空工业出版社,2011.

［7］孙颖. Flash ActionScript 3 殿堂之路. 北京:电子工业出版社,2007.